普通高等学校"十四五"规划机械类专业精品教材

机械设计基础
（第三版）

主　编　王继焕
副主编　韩　文　吕文阁　吴雪飞　陈　玉
参　编　路家斌　成思源　倪向东　林秀君
　　　　唐文艳　张晓伟　汤卫真

华中科技大学出版社
中国·武汉

内容简介

本书是在第二版的基础上,为适应"新工科"以及模块化教学改革的需求修订完成的。

全书共分为3篇(共16章),第1篇为工程力学基础篇(第1章、第2章);第2篇为常用机构篇(第3章至第7章);第3篇为通用机械零件设计篇(第8章至第16章)。各章后均附有"本章重点、难点"以及"思考题与习题"。

本书可作为高等学校近机类或非机类各专业机械设计基础课程的教材,也可供其他有关专业的师生和工程技术人员参考。授课教师可根据学生的专业特点及教学学时,对教材内容酌情进行取舍。

图书在版编目(CIP)数据

机械设计基础/王继焕主编. —3版. —武汉:华中科技大学出版社,2022.5
ISBN 978-7-5680-7785-9

Ⅰ.①机… Ⅱ.①王… Ⅲ.①机械设计-高等学校-教材 Ⅳ.①TH122

中国版本图书馆 CIP 数据核字(2022)第 079139 号

机械设计基础(第三版)　　　　　　　　　　　　　　　王继焕　主编
Jixie Sheji Jichu (Di-san Ban)

策划编辑:张少奇
责任编辑:刘　飞
封面设计:原色设计
责任监印:周治超
出版发行:华中科技大学出版社(中国·武汉)　　电话:(027)81321913
　　　　　武汉市东湖新技术开发区华工科技园　　邮编:430223
录　　排:华中科技大学惠友文印中心
印　　刷:武汉开心印印刷有限公司
开　　本:787mm×1092mm　1/16
印　　张:17
字　　数:407千字
版　　次:2022年5月第3版第1次印刷
定　　价:49.80元

　　"爆竹一声除旧,桃符万户更新。"在新年伊始,春节伊始,"十一五"规划伊始,来为"普通高等院校机械类精品教材"这套丛书写这个"序",我感到很有意义。

　　近十年来,我国高等教育取得了历史性的突破,实现了跨越式的发展,毛入学率由低于 10％ 达到了高于 20％,高等教育由精英教育而跨入了大众化教育。显然,教育观念必须与时俱进而更新,教育质量观也必须与时俱进而改变,从而教育模式也必须与时俱进而多样化。

　　以国家需求与社会发展为导向,走多样化人才培养之路是今后高等教育教学改革的一项重要任务。在前几年,教育部高等学校机械学科教学指导委员会对全国高校机械专业提出了机械专业人才培养模式的多样化原则,各有关高校的机械专业都在积极探索适应国家需求与社会发展的办学途径,有的已制定了新的人才培养计划,有的正在考虑深刻变革的培养方案,人才培养模式已呈现百花齐放、各得其所的繁荣局面。精英教育时代规划教材、一致模式、雷同要求的一统天下的局面,显然无法适应大众化教育形势的发展。事实上,多年来,已有许多普通院校采用规划教材,就十分勉强,而又苦于无合适教材可用。

　　"百年大计,教育为本;教育大计,教师为本;教师大计,教学为本;教学大计,教材为本。"有好的教材,就有章可循,有规可依,有鉴可借,有道可走。师资、设备、资料(首先是教材)是高校的三大教学基本建设。

　　"山不在高,有仙则名。水不在深,有龙则灵。"教材不在厚薄,内容不在深浅,能切合学生培养目标,能抓住学生应掌握的要言,能做到彼此呼应、相互配套,就行,此即教材要精、课程要精,能精则名、能精则灵、能精则行。

　　华中科技大学出版社主动邀请了一大批专家,联合了全国几十个应用型机械专业,在全国高校机械学科教学指导委员会的指导下,保证了当前形势下机械学科教学改革的发展方向，交流了各校的教改经验与教材建设计划，确定了一批面向普通高等院校机械学科精品课程的教材编写计划。特别要提出的，教育质量观、教材质量观必须随高等教育大众化而更新。大众化、多样化决不是降低质量，而是要面向、适应与满足人才市场的多样化需求，面向、符合、激活学生个性与能力的多样化特点。"和而不同"，才能生动活泼地繁荣与发展。脱离市场实际的、脱离学生实际的一刀切的质量不仅不是"万应灵丹"，而是"千篇一律"的桎梏。正因为如此，为了真正确保高等教育大众化时代的教学质量，教育主管部门正在对高校进行教学质量评估，各高校正在积极进行教材建设、特别是精品课程、精品教材建设。也因为如此，华中科技大学出版社组织出版普通高等院校应用型机械学科的精品教材，可谓正得其时。

我感谢参与这批精品教材编写的专家们！我感谢出版这批精品教材的华中科技大学出版社的有关同志！我感谢关心、支持与帮助这批精品教材编写与出版的单位与同志们！我深信编写者与出版者一定会同使用者沟通，听取他们的意见与建议，不断提高教材的水平！

特为之序。

中国科学院院士
教育部高等学校机械学科指导委员会主任
杨叔子
2006.1

第三版前言

本书是根据教育部高等学校机械基础课程教学指导分委员会制定的《高等学校机械设计基础课程教学基本要求》以及新发布的有关国家标准,结合近几年各校使用本教材的实践经验修订而成的。

在本版教材的修订过程中,为了适应"新工科"教学改革的需要,编者仍试图从满足教学基本要求、贯彻少而精的原则出发,将先进性与实用性有机结合,把工程力学、机械原理、机械设计的基本内容进行优化整合,注重基本理论、基本知识、基本技能的训练和创新思维设计能力的培养,以满足当前模块化教学改革的需要。在编写过程中,以"必需"、"够用"为度,淡化公式推导,注重理论联系实际,体现应用性特色。全书力求深入浅出,主次分明,语言精练。为突出重点,突破难点,每一章之后增加了"本章重点、难点"小栏目,以加强学习的针对性,且各章均附有一定数量的思考题与习题。

本次修订工作主要体现在以下方面。

1. 教材内容精选、调整及修改。本次修订对教材内容做了精选,并进行局部调整和修改,使之更加完善。根据最新发布的国家标准、规范,对书中的术语、图表、数据等进行了全面订正和更新。

2. 更新了部分参考文献。在起到相同参考作用的前提下,适当地更新了部分参考文献,以准确反映科技领域的新理论和新技术。

3. 增添了一些"二维码"。部分典型机构的视频和动画等课程资源以"二维码"的形式在教材中呈现,以便教师教学和学生学习。

4. 更正了第二版文字、插图与计算中的一些疏漏和错误。

本书由王继焕担任主编,韩文、吕文阁、吴雪飞、陈玉担任副主编。王继焕负责全书的统稿工作。

在本书的修订过程中,编者参阅了其他同类教材、相关资料和文献,并得到许多同行专家的支持与帮助,在此衷心感谢。

由于编者水平有限,书中不当之处在所难免,欢迎读者批评指正。

编 者
2022 年 1 月

第二版前言

本书是根据教育部颁发的《高等学校机械设计基础课程教学基本要求》，并适应当前模块化教学改革的需要，为培养厚基础、强能力、高素质、宽口径应用型人才的需要而编写的。

本书自 2008 年第一版出版、发行以来，承蒙许多高校及广大读者的支持、厚爱与认可，同时，读者提出了许多中肯和宝贵的意见与建议。为了进一步完善该教材，特组织了本次教材的修订工作。

本书在内容上，将先进性与实用性有机地结合，把工程力学、机械原理、机械设计的基本内容进行优化整合，注重基本理论、基本知识、基本技能的训练和创新思维设计能力的培养，在编写过程中，以"必需"、"够用"为度，淡化公式推导，注重理论联系实际，体现应用性特色。全书力求深入浅出，主次分明，语言精练。为突出重点、突破难点，在每章之后增加了"本章重点、难点"小栏目，以加强学习的针对性。

全书内容共分为 3 篇（共 19 章），包括工程力学基础、常用平面机构、机械传动与轴系零部件，主要介绍工程力学的基本知识，常用平面机构的基本概念、工作原理和常用的设计方法，常用机械传动和轴系零部件的设计计算方法。各章末均附有一定数量的思考题与习题。

在本书的编写过程中，采用了最新颁布的国家标准。

参加本书编写的有：新疆石河子大学倪向东（绪论、第 7 章）、吴雪飞（第 8 章），广东工业大学成思源、唐文艳、张晓伟、吕文阁、路家斌、林秀君（分别编写第 1～4、9、19 章），武汉轻工大学王继焕（第 5、6、16、18 章、附录）、汤卫真（第 12、17 章），安徽工程大学陈玉（第 10、11 章），景德镇陶瓷学院韩文（第 13～15 章）。本书由王继焕任主编，韩文、吕文阁、吴雪飞、陈玉任副主编。王继焕对全书文字、插图等内容进行修正、定稿。

在本书的编写过程中，参阅了其他版本的同类教材、相关资料和文献，并得到许多同行专家教授的支持和帮助，在此衷心致谢。

有关课程的多媒体课件及其相关资料，可参阅武汉轻工大学精品课程网站（http://jxsjjc.whpu.edu.cn）。

由于编者的水平和时间有限，误漏之处在所难免，殷切希望同行专家和广大读者批评指正。

编　者
2011 年 2 月

第一版前言

本书是根据教育部颁发的《高等学校机械设计基础课程教学基本要求》,并适应当前模块化教学改革的需要,为培养厚基础、强能力、高素质、宽口径应用型人才而编写的。

本书在内容上,将先进性与实用性有机地结合,把工程力学、机械原理、机械设计的基本内容进行优化整合,注重基本理论、基本知识、基本技能的训练和创新思维设计能力的培养,在编写过程中,以"必需"、"够用"为度,淡化公式推导,注重理论联系实际,体现应用性特色。全书力求深入浅出,主次分明,语言精练。为突出重点、突破难点,在每章之后增加了"本章重难点"小栏目,以加强学习的针对性。

本书内容共分为 3 篇(共 19 章),包括工程力学基础、常用平面机构、机械传动与轴系零部件,主要介绍工程力学的基本知识,常用平面机构的基本概念、工作原理和常用的设计方法,各种机械传动和轴系零部件的设计计算方法。各章末均附有一定数量的思考题与习题。

在本书的编写过程中,采用了最新颁布的国家标准。

参加本书编写的有:新疆石河子大学倪向东(绪论、第 7 章)、吴雪飞(第 8 章),广东工业大学成思源、唐文艳、张晓伟、吕文阁、路家斌、林秀君(分别编写第 1~4、9、19 章),武汉工业学院王继焕(第 5、6、16、18 章、附录)、汤卫真(第 17 章),重庆交通大学张世艺(第 10~12 章),景德镇陶瓷学院韩文(第 13~15 章)。本书由王继焕担任主编,韩文、吕文阁、张世艺、吴雪飞任副主编。全书由王继焕统稿。

在本书的编写过程中,参阅了其他版本的同类教材、相关资料和文献,并得到许多同行专家教授的支持和帮助,在此衷心致谢。

有关本课程的多媒体课件及相关资料,可参阅武汉工业学院精品课程网站(http://jxsjjc.whpu.edu.cn)。

由于编者的水平和时间所限,误漏之处在所难免,殷切希望同行专家和广大读者批评指正。

编 者
2008 年 4 月

目　　录

绪　　论

0.1　本课程研究的对象

机械是机器和机构的总称。机械设计基础是一门以机器和机构为研究对象的课程。

在日常生活和生产过程中，人类广泛地使用着各种各样的机器，如缝纫机、洗衣机、汽车、拖拉机、各种机床等。图0-1所示为单缸四冲程内燃机示意图。它是由汽缸体1、活塞2、连杆3、曲轴4、齿轮5、齿轮6、凸轮7、推杆8等组成的。活塞、连杆、曲轴和汽缸体组成一个曲轴滑块机构，将活塞的往复移动变为曲轴的连续转动。凸轮、推杆和汽缸体组成凸轮机构，将凸轮轴的连续转动变为推杆有规律的间歇运动。曲轴和凸轮轴上的齿轮与汽缸体组成齿轮机构，保证曲轴每转两周，进气阀、排气阀各启闭一次，从而把燃气的热能转换为曲轴转动的机械能。

通过对各种机器的分析研究，可以发现机器的主体部分是由机构组成的。一部机器可以包含一个或若干个机构。例如，鼓风机、电动机只包含一个机构，而内燃机则包含曲柄滑块机构、凸轮机构、齿轮机构等若干个机

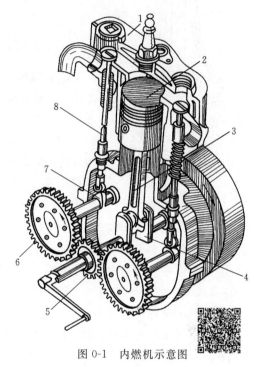

图 0-1　内燃机示意图

构。机器中最常用的机构有连杆机构、凸轮机构、齿轮机构、轮系和间歇运动机构等。虽然各种机器的构造、用途和性能各不相同，但它们具有以下共同的特征。

（1）它们都是人为的实物组合体。

（2）各实体之间具有确定的相对运动。

（3）能够用来变换或传递能量、物料与信息。

就功能而言，一般机器包含四个基本组成部分：动力部分、传动部分、控制部分、执行部分。动力部分可采用人力、畜力、风力、液力、电力、热力、磁力、压缩空气等作为动力源。其中利用电力和热力的原动机（电动机和内燃机）使用最广。传动部分和执行部分由各种机构组成，是机器的主体。控制部分包括计算机、传感器、电气装置、液压系统、气压系统，还包括各种控制机构。例如，内燃机中的凸轮机构便是控制气阀启闭的控制机构。由于信息技术的飞速发展，在近代机器的控制部分中，计算机系统已居于主导地位。

机构是由若干个构件组成的，具有机器的前两个特征。机构只能传递运动和力，而机

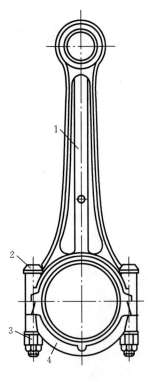

图 0-2　连杆

器除传递运动和力之外，还具有变换或传递能量、物料与信息的功能。构件是运动的单元。它可以是单一的整体，也可以是由几个零件组成的刚性结构。图 0-2 所示内燃机的连杆就是由连杆体 1、螺栓 2、螺母 3 和连杆盖 4 等几个零件组成的。这些零件之间没有相对运动，构成一个运动单元，成为一个构件。零件是制造的单元。机械中的零件可分为两类：一类称为通用零件，它是许多机械中都经常使用的零件，如齿轮、螺栓、轴、轴承等；另一类称为专用零件，它是仅在某些特定类型机器中使用的零件，如内燃机的活塞、曲轴等。

0.2　本课程的性质和内容

随着机械化和自动化生产规模的日益扩大，除机械制造部门外，在动力、采矿、冶金、石油、化工、轻纺、食品等许多生产部门工作的工程技术人员，都会经常接触各种类型的通用机械和专用机械，他们必须具备一定的有关机械方面的知识。因此，机械设计基础是高等学校工科有关专业一门重要的技术基础课，在教学计划中具有承上启下的作用，为这些专业的学生学习专业机械设备课程提供必要的理论基础。通过本课程的学习和课程设计实践，学生可初步具备运用手册设计简单机械传动装置的能力，为今后从事相关的技术工作创造条件。

本课程以力学理论为基础，主要研究机械中的常用机构和通用零件的工作原理、结构特点，以及基本的设计理论和计算方法。

本课程的研究内容分为以下 3 篇。

第 1 篇是工程力学基础篇，主要介绍构件的受力分析与平衡、力系的简化和构件的平衡条件，以及构件在外力作用下的变形、受力和破坏的规律，强度和刚度的计算方法。

第 2 篇是常用机构篇，研究机械中的常用机构（平面连杆机构、凸轮机构、齿轮机构、轮系）的工作原理、特点、应用及设计的基本知识。

第 3 篇是通用机械零件设计篇，研究常用机械连接（螺纹连接、键连接等）、机械传动（螺旋传动、带传动、链传动、齿轮传动和蜗杆传动）、轴系零部件（轴、滑动轴承、滚动轴承、联轴器和离合器）的工作原理、结构特点、基本设计理论和计算方法，并扼要介绍有关的国家标准和规范。

0.3　本课程的学习方法

机械设计基础课程是从理论性、系统性很强的基础课向实践性较强的专业课过渡的一个重要环节，课程涉及的内容广泛，而且所涉及问题的答案不是唯一的，可能有多种方案供选择和判断。因此，学习本课程时，学生必须注意以下几个方面。

（1）认识机械，了解机械。学习本课程时，要理论联系实际，注意观察各种机械设备，掌握各种机构、零部件的工作原理和结构特点。

（2）着重掌握基本理论和基本设计方法，淡化公式推导。理解基本概念、基本定律以及公式建立的前提、意义，重视公式的应用和具体设计方法的掌握，重视结构设计分析及机构、零件设计中主要参数的选择。密切联系生产实际，努力培养解决工程实际问题的能力。

（3）掌握方法，形成总体概念。在学习本课程的过程中，应将各章节研究的各种机构、通用零部件有机地联系起来，防止孤立、片面地学习各章内容。

思考题与习题

0-1　机器具有哪些共同的特征？

0-2　机器与机构有何区别？试用实例说明。

0-3　构件与零件有何区别？试用实例说明。

0-4　本课程的研究对象是什么？

第1篇 工程力学基础篇

工程力学既是工程学科的基础,也是工程设计的基础,包含的内容十分广泛,本篇从实际需要出发,仅选取了静力学和材料力学中最基本的内容。

任何一台机器的设计都离不开工程力学的知识,因为各种机器都是由不同的构件组成的,当机器工作时,这些构件将受到外力的作用。因此,工程力学的任务是:研究构件在外力作用下的受力及平衡条件;研究构件在外力作用下的变形和破坏的规律,为合理设计构件提供有关的强度、刚度和稳定性计算的基本理论和计算方法。工程力学是近机类各专业学生学习机械设计基础的先修课程。

第1章 物体的受力分析与平衡

1.1 基本概念和物体的受力分析

1.1.1 基本概念

1. 力

力是物体间相互的机械作用,这种作用使物体运动状态或形状发生改变。力使物体运动状态发生改变的效应称为力的外效应(又称为运动效应),力使物体变形的效应称为力的内效应(又称为变形效应)。在本章中将物体视为刚体,即在外力作用下形状和大小都保持不变的物体,只研究力的外效应。

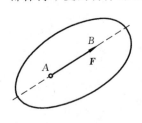

图 1-1 力的表示方法

力对物体的作用效应取决于三个要素,即力的大小、方向和作用点。改变三要素中的任何一个要素,力对物体的作用效应也将随之改变。力是矢量,通常用有向线段来表示:线段的长度表示力的大小;线段箭头的方向表示力的方向;线段的始端 A 或末端 B 表示力的作用点(见图 1-1)。通常用黑体字母 F 表示力矢量,用白体字母 F 表示力的大小。力的单位为 N(牛顿)或 kN(千牛顿)。

2. 力系

作用在同一物体上的一群力称为力系。力系的等效是指两个力系对同一物体的作用效果相同。等效的两个力系可以相互代替。若一力与一力系等效,则此力称为该力系的合力,力系中各力称为此力的分力。

3. 静力学公理

静力学公理是人们在长期生活和生产实践中的经验总结,无须证明而被公认,是研究力系简化和平衡的重要依据。

公理1 力的平行四边形法则

作用在物体上同一点的两个力,可以合成为作用在该点的一个合力。合力的大小和方向由这两个分力为邻边所构成的平行四边形的对角线确定,如图1-2所示。用矢量式表示为

$$F_R = F_1 + F_2 \qquad (1-1)$$

公理1说明,力可按平行四边形法则进行合成与分解。力的平行四边形作图过程可以简化,如图1-2(b)所示,求合力F_R时,实际上不必作出整个平行四边形,只要以力F_1的末端B作为力F_2的始端,画出F_2(即两分力首尾相接),封闭边矢量$\overrightarrow{AC}$便代表合力F_R,这种求合力的方法称为力的三角形法则。力的平行四边形法则是力系合成的主要依据,同时,它也是力分解的法则。在实际问题求解中,常将力沿相互垂直的方向分解,所得的两个分力称为正交分力。

推论(三力汇交定理) 当刚体受三个力作用而平衡时,若其中任何两个力的作用线相交于一点,则此三个力必在同一平面内,且第三个力的作用线通过汇交点。

公理2 二力平衡条件

刚体上仅受两个力的作用而平衡的必要与充分条件是:两个力大小相等,方向相反,且作用在同一直线上(简称等值、反向、共线),如图1-3所示。这两个力可能是拉力,也可能是压力。

在两个力作用下平衡的刚体称为二力体或二力构件,若二力构件的形状为杆状则称之为二力杆,如图1-4所示。显然,该二力沿作用点的连线具有等值、反向、共线的特性。

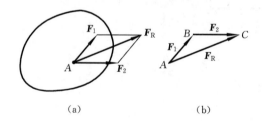 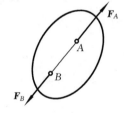 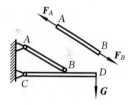

图1-2 平行四边形法则　　　图1-3 二力平衡条件　　图1-4 二力构件

公理3 加减平衡力系条件

在已知力系上加上或减去任意的平衡力系,并不改变原力系对刚体的作用。

由上述公理可引申出**力的可传性原理**:作用在刚体上的力,可以沿其作用线移到刚体内任意一点,并不改变该力对刚体的作用效应。例如,在日常生活中用手推车或沿着同一直线以同样大小的力用绳拉车,对车将产生相同的运动效应,如图1-5所示。

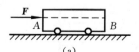 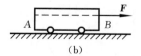

图1-5 力的可传性原理

公理 4　作用力与反作用力定律

两物体之间的相互作用力总是大小相等、方向相反、沿着同一直线,且分别作用在这两个物体上。

1.1.2　约束与约束反力

限制物体运动的其他物体称为约束。约束对该物体的作用力称为约束反力。约束反力的方向总是和该约束所能限制的运动方向相反,其作用点是约束与被约束物体的接触点。与约束反力相对应,凡能主动引起物体运动状态改变或使物体有运动状态改变趋势的力均称为主动力,例如重力、风力、切削力等。

下面介绍工程中常见的几种约束类型和确定约束反力方向的方法。

1. 光滑面约束

当接触面非常光滑,摩擦可以忽略不计时,就属于光滑面约束,其约束特征为:约束不能限制物体沿接触面切线方向的运动,只能限制物体沿接触处的公法线并指向约束物体方向的运动。因此,光滑面给物体的约束反力作用在接触点,方向沿接触面的公法线指向被约束物体,如图 1-6(a)所示。当一物体表面与另一物体尖点光滑接触而形成约束时,可把尖点视为极小的圆弧,则约束反力的方向仍沿接触点的公法线方向,并指向被约束物,如图 1-6(b)所示,这类约束力又称为法向反力。

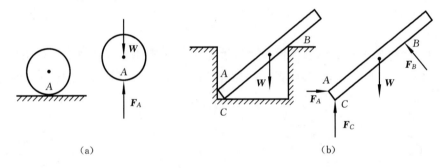

（a）　　　　　　　　　　　　　　　　　　（b）

图 1-6　光滑面约束

2. 柔索约束

由绳索、链条、皮带等柔性物体所构成的约束称为柔索约束。由于柔索只能承受拉力,因此柔索对物体的约束力作用在接触点,方向沿柔索背离被约束的物体(为拉力)。

如图 1-7 所示,用绳索悬挂一重物,绳索只能承受拉力,阻止重物向下运动,它对重物产生的约束反力 F'_A 竖直向上。又如图 1-8 所示,链条绕在链轮上,链条对链轮的约束反力沿轮缘切线方向。

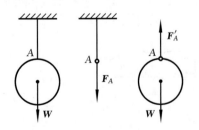

图 1-7　柔索约束 1

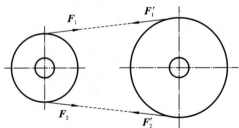

图 1-8　柔索约束 2

3.光滑圆柱铰链约束

这类约束是由圆柱形销钉将两个钻有相同直径销孔的构件连接在一起构成的。图1-9所示的铰链,称为中间铰链约束。如果将其中一个构件固定在地面或机架上,则称为固定铰链约束(见图1-10)。

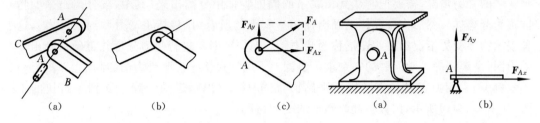

图1-9 中间铰链约束 图1-10 固定铰链约束

由于铰链的圆柱形销钉与构件的圆孔之间为光滑面接触,故圆柱销给杆的约束反力 F_A 必沿圆柱面上接触点的公法线方向,即必过铰链中心。但接触点位置与被约束构件所受载荷有关,一般是未知的。故约束反力的方向不能确定,通常用通过铰链中心的两个正交分力 F_{Ax}、F_{Ay} 表示,如图1-9(c)和图1-10(b)所示。

4.可动铰链支座

如果在铰链支座底部和支承面之间装上辊轴,就构成了辊轴支座,称为可动铰链支座,如图1-11(a)所示。这种支座约束的特点是只能限制沿垂直于支承面方向的运动,不能限制物体沿光滑支承面的移动和绕销钉的转动。所以,可动铰链支座的约束力垂直于支承面,通过圆柱形销钉中心并指向被约束物体。其结构与受力简图如图1-11(b)、(c)所示。

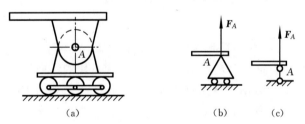

图1-11 可动铰链支座

5.固定端约束

所谓固定端约束,就是物体受约束的一端,既不能向任何方向移动,也不能转动,如图1-12(a)所示。固定端的约束反力如图1-12(b)所示。

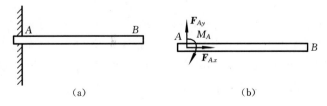

图1-12 固定端约束

1.1.3　物体的受力分析与受力图

在工程实际中，为了求出未知的约束反力，需要根据已知力利用平衡条件求解。为此，首先需要确定研究对象，并分析其受力情况，这个过程称为受力分析。为了清晰地表示物体的受力情况，需要把它从其相联系的周围物体中分离出来（其中，被分离出来的物体称为分离体），然后在分离体上画出作用于其上的所有力（包括主动力和约束反力），这种表示物体受力情况的简明图形称为受力图。对研究对象进行受力分析并正确地画出其受力图，是解决静力学问题的一个重要步骤。下面通过例子说明受力图的画法。

例 1-1　用力 F 拉动碾子以压平路面，已知碾子重 W，运动过程中受到一石块的阻碍，如图 1-13(a)所示，试分析此时碾子的受力情况。

解　(1) 取分离体。

取碾子为研究对象，画出其分离体。

(2) 画主动力。

作用在碾子上的主动力有碾子的重力 W，杆对碾子中心的拉力 F。

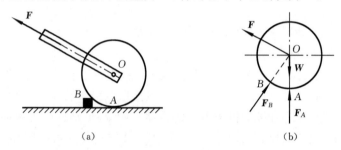

(a)　　　　　　　　　　(b)

图 1-13　碾子的受力分析

(3) 画约束反力。

因为碾子在 A、B 两处分别受到地面和石块的约束，如不计摩擦，则可视为光滑面约束，故在 A 处受地面的法向反力 F_A 作用；在 B 处受到石块的法向反力 F_B 作用，它们都沿着碾子接触点处的公法线方向并指向碾子中心。碾子受力图如图 1-13(b)所示。

例 1-2　如图 1-14(a)所示的三铰拱，由左右两个半拱通过铰链连接而成。各构件自重不计，在拱 AC 上作用有载荷 F，试分别画出拱 AC、BC 及整体的受力图。

解　(1) 取拱 BC 为研究对象。

由于拱的自重不计，且只在 B、C 两处受到铰链约束，因此，拱 BC 为二力构件，在铰链中心 B、C 处分别受 F_B、F_C 两力的作用，且 $F_B = -F_C$，如图 1-14(b)所示。

(2) 取拱 AC 为研究对象。

由于拱的自重不计，因此主动力只有载荷 F，拱在铰链 C 处受有拱 BC 对它的约束反力 F'_C 作用。根据作用力与反作用力定律可知，$F'_C = -F_C$。拱在 A 处受固定铰支座对它的约束反力 F_A 的作用，其方向可用三力汇交定理来确定，如图 1-14(c)所示，也可以根据固定铰链的约束特征，用两个大小未知、相互正交的分力 F_{Ax}、F_{Ay} 表示 A 处的约束反力。

(3) 取整体为研究对象。

由于铰链 C 处所受的力 F_C、F'_C 为作用力与反作用力的关系，这些力成对地出现在整个系统内,称为系统内力。内力对系统的作用相互抵消,并不影响整个系统平衡,故内力在整个系统的受力图上不画出。在受力图上只需画出系统以外的物体对系统的作用力,如图 1-14(d)所示。

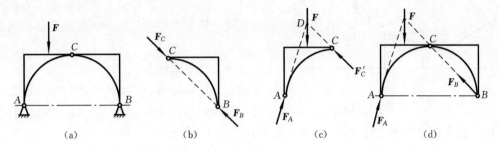

(a)   (b)   (c)   (d)

图 1-14　三铰拱受力分析

1.2　平面汇交力系

各力的作用线在同一平面且汇交于一点的力系称为平面汇交力系。

1. 力在坐标轴上的投影

如图 1-15 所示,力 F 作用于物体的 A 点。在力 F 作用平面内选取平面坐标系 xOy,力 F 与 x 轴正向的夹角为 α。则力 F 在 x、y 轴上的投影分别为 F_x、F_y,其值为

$$\left.\begin{aligned} F_x &= F\cos\alpha \\ F_y &= F\sin\alpha \end{aligned}\right\} \tag{1-2}$$

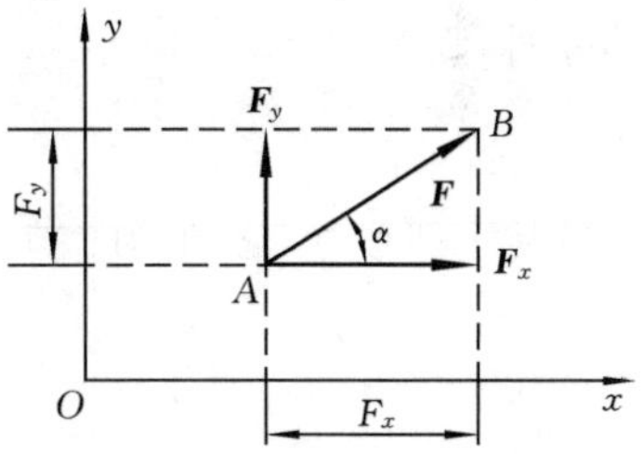

图 1-15　力的投影与力的分解

力在坐标轴上的投影是代数量,其正负号规定如下:当力 F 投影的指向与坐标轴的正向一致时,力的投影为正;反之为负。

注意:投影和分力是两个不同的概念。分力是矢量,投影是代数量;分力与作用点的位置有关,而投影与作用点的位置无关;只有在直角坐标系中,分力的大小才与在同一坐标轴上投影的绝对值相等。如果已知力 F 在直角坐标轴上的投影为 F_x 和 F_y,则可以求出力 F 的大小和方向。

$$\left.\begin{aligned} F &= \sqrt{F_x^2 + F_y^2} \\ \tan\alpha &= \left|\frac{F_y}{F_x}\right| \end{aligned}\right\} \tag{1-3}$$

2. 合力投影定理

平面汇交力系可以简化为一个合力。图 1-16 所示为一个由 F_1、F_2、F_3、F_4 四个力组成的平面汇交力系的力多边形,F_R 是该四个力的合力矢。任选坐标轴 Ox,将合力 F_R 和各分力 F_1、F_2、F_3、F_4 向 x 轴投影,得

$$\begin{aligned} F_{Rx} &= ae = ab + bc + cd - de \\ &= F_{x1} + F_{x2} + F_{x3} + F_{x4} \end{aligned}$$

若力系由 n 个力 F_1,F_2,$\cdots$,F_n 组成,则

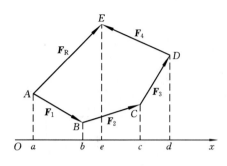

图 1-16 合力投影定理

$$F_{Rx} = F_{x1} + F_{x2} + \cdots + F_{xn} = \sum F_x$$
$$F_{Ry} = F_{y1} + F_{y2} + \cdots + F_{yn} = \sum F_y \qquad (1\text{-}4)$$

式(1-4)表明,合力在某轴上的投影等于力系中各分力在同一轴上投影的代数和。这就是合力投影定理。

3. 平面汇交力系的合成

通过合力投影定理,可将求平面汇交力系合力的矢量运算转化为代数量运算,如已知力系中的各力在所选直角坐标轴上的投影,则合力的大小和方向可由式(1-5)得到:

$$F_R = \sqrt{F_{Rx}^2 + F_{Ry}^2} = \sqrt{\left(\sum F_x\right)^2 + \left(\sum F_y\right)^2}$$
$$\tan\alpha = \left|\frac{\sum F_y}{\sum F_x}\right| \qquad (1\text{-}5)$$

4. 平面汇交力系的平衡条件

平面汇交力系平衡的必要充分条件是汇交力系的合力等于零。由式(1-5)可知,当合力为零时,则有

$$F_R = \sqrt{\left(\sum F_x\right)^2 + \left(\sum F_y\right)^2} = 0$$

欲使上式成立,必须同时满足

$$\sum F_x = 0$$
$$\sum F_y = 0 \qquad (1\text{-}6)$$

即平面汇交力系的平衡条件是:力系中所有各力在两个坐标轴上投影的代数和均等于零。式(1-6)又称为平面汇交力系的平衡方程。

例 1-3 某支架如图 1-17(a)所示,由杆 AB 与 AC 组成,其自重不计,A、B、C 处均为铰链,在圆柱销 A 上悬挂重量为 G 的重物,试求杆 AB 与杆 AC 所受的力。

解 (1) 取圆柱销 A 为研究对象,画受力图。

作用于圆柱销 A 上的力有重力 G、杆 AB 和 AC 的约束反力 F_{AB} 和 F_{AC}；因杆 AB 和 AC 均为二力杆,先假设两杆均承受拉力,则圆柱销 A 的受力图如图 1-17(b)所示,作用在点 A 上的各力组成一个平面汇交力系。

(2) 列平衡方程。

建立坐标系如图 1-17(b)所示,列平衡方程:

$$\sum F_x = 0, \quad -F_{AB} - F_{AC}\cos 60° = 0 \qquad (a)$$

$$\sum F_y = 0, \quad -F_{AC}\sin 60° - G = 0 \qquad (b)$$

由式(b)解得
$$F_{AC} = -\frac{2}{\sqrt{3}}G = -1.15G$$

代入式(a)得
$$F_{AB} = 0.58G$$

F_{AB} 为正值,表示力的实际方向与假设方向相同,即杆 AB 受拉力；F_{AC} 为负值,表示力的实际方向与假设方向相反,即杆 AC 受压力。

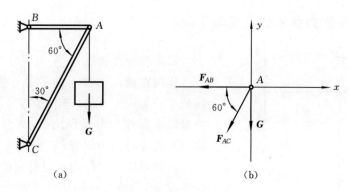

图 1-17 支架及其受力分析

1.3 | 力对点之矩、力偶

1.3.1 力对点之矩

1. 力对点之矩

如图 1-18 所示,用扳手拧紧螺母时作用于扳手一端的力 F 使扳手绕螺母中心点 O 转动。力 F 使扳手绕点 O 转动的效应取决于两个因素:①力的大小与点 O 到该力作用线的垂直距离 h;②力使扳手绕点 O 转动的方向。这两个因素可以用乘积 $F \cdot h$ 并加上正、负号来概括,称为力对点之矩,简称力矩,记为

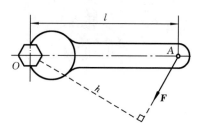

图 1-18 扳手拧螺母

$$M_O(\boldsymbol{F}) = \pm Fh \tag{1-7}$$

式中:点 O 称为矩心;h 称为力臂。力对点之矩是一个代数量,其绝对值等于力的大小与力臂的乘积,其正负号规定为:力使物体绕矩心作逆时针转动时为正,反之为负。力矩的常用单位是牛·米(N·m)、牛·毫米(N·mm)或千牛·米(kN·m)。

力矩具有如下特点:

(1) 力矩的大小和转向与矩心的位置有关,同一力矩对不同矩心的矩不同。

(2) 力作用点沿其作用线移动时,力对点之矩不变。

(3) 当力的作用线通过矩心时,力臂为零,力矩也为零。

(4) 互相平衡的两个力对于同一点之矩的代数和等于零。

2. 合力矩定理

若力 $\boldsymbol{F}_R$ 是平面汇交力系($\boldsymbol{F}_1, \boldsymbol{F}_2, \cdots, \boldsymbol{F}_n$)的合力,由于合力 $\boldsymbol{F}_R$ 与力系等效,则合力对平面内任意一点之矩,等于力系中各分力对同一点之矩的代数和。这就是合力矩定理,即

$$M_O(\boldsymbol{F}_R) = M_O(\boldsymbol{F}_1) + M_O(\boldsymbol{F}_2) + \cdots + M_O(\boldsymbol{F}_n) = \sum_{i=1}^{n} M_O(\boldsymbol{F}_i) \tag{1-8}$$

1.3.2 平面力偶系的合成与平衡

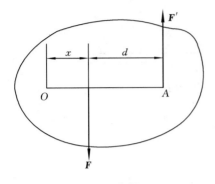

图 1-19　力偶

1. 力偶和力偶矩

作用在同一刚体上的一对等值、反向而不共线的平行力称为力偶，记作（F，F'），两力作用线所决定的平面称为力偶作用面，两力作用线之间的垂直距离 d 称为力偶臂，如图 1-19 所示。

力偶对物体的作用效应是使物体的转动状态发生改变，力偶的应用如图 1-20 所示。在工程实际和日常生活中，钳工用双手转动丝锥攻螺纹（见图 1-20（a））、汽车司机用双手转动方向盘（见图 1-20（b）），人用手拧水龙头（见图 1-20（c），所施加的都是力偶。

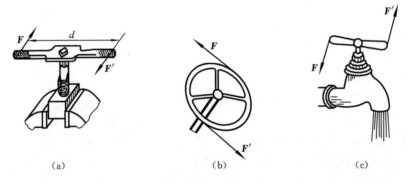

(a)　　　　　　　　　(b)　　　　　　　　　(c)

图 1-20　力偶的应用

如图 1-21 所示，力偶（F，F'）对力偶作用面内任一点 O 的矩为 $M_O(F,F')$，则有

$$M_O(F,F') = M_O(F) + M_O(F') = -F \cdot x + F'(x+d) = Fd$$

因为矩心 O 是任选的，由上式可见，力偶对物体的转动效应不仅与力的大小成正比，而且还与力偶臂成正比，而与矩心的位置无关。因此，可用两者的乘积 Fd 来度量，称为力偶矩，记作 $M(F,F')$，或简写为 M，即

$$M = M(F,F') = \pm Fd \tag{1-9}$$

式中的正、负号表示力偶的转向，规定力偶使刚体逆时针方向转动时，力偶矩为正；反之为负。所以，平面力偶矩是一个代数量，其绝对值等于力偶中一力的大小与力偶臂的乘积。

力偶矩的单位与力矩的单位相同，也是牛·米（N·m）。

2. 力偶的性质

（1）在保持力偶矩的大小和力偶的转向不变的条件下，力偶的位置可在其作用面内任意移动和转动而不改变它对刚体的作用效应。

（2）只要保持力偶矩不变，可以任意改变力偶中两力的大小和力偶臂的长短，而不改变它对刚体的作用效应。

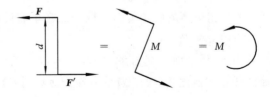

图 1-21　几种常见的力偶表示方法

力偶除了可以用力和力偶臂表示外，也可以直接用力偶矩 M 来表示，图 1-21 为力偶

的几种常见表示方法。

3.平面力偶系的合成与平衡条件

作用在物体同一平面内的两个以上的力偶称为平面力偶系。平面力偶系中各力偶对物体的转动效应可以用一个力偶来等效代替,这个力偶就是平面力偶系的合力偶。可以证明,合力偶的力偶矩等于由它等效代替的各分力偶的力偶矩的代数和,即

$$M = M_1 + M_2 + \cdots + M_n = \sum M_i \qquad (1\text{-}10)$$

式中:M 为合力偶的力偶矩,简称合力偶矩。

若物体在平面力偶系作用下处于平衡状态,则合力偶矩等于零。因此,平面力偶系平衡的充要条件是各分力偶矩的代数和等于零,即

$$\sum M_i = 0 \qquad (1\text{-}11)$$

例 1-4 多轴钻床在水平工件上钻孔时,每个钻头对工件施加一个压力和一个力偶(见图 1-22)。已知三个力偶的力偶矩分别为 $M_1 = M_2 = 9.8 \text{ N} \cdot \text{m}$,$M_3 = 19.6 \text{ N} \cdot \text{m}$,固定螺栓 A、B 之间的距离 $l = 0.2 \text{ m}$。求两个螺栓所受的水平力。

解 取工件为研究对象,其受力如图 1-22 所示。由于力偶合成仍为一力偶,可知约束反力 F_A 和 F_B 构成一力偶,方向如图 1-22 所示。由平衡方程式(1-11)有

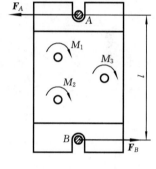

$$\sum M_i = 0$$

于是

$$F_A l - M_1 - M_2 - M_3 = 0$$

可得

$$F_A = \frac{M_1 + M_2 + M_3}{l}$$

$$F_A = F_B = \frac{9.8 + 9.8 + 19.6}{0.2} \text{ N} = 196 \text{ N}$$

图 1-22 水平工件

F_A 和 F_B 为正值,故图 1-22 中所设的力的方向是正确的。

1.4 平面任意力系

各力的作用线在同一平面内任意分布的力系称为平面任意力系。工程中许多结构或构件的受力属于平面任意力系。例如作用在悬臂吊车横梁 AB 上的载荷 G、起吊重物的重力 P、拉力 F_{CB} 和铰链 A 的约束反力 F_{Ax}、F_{Ay},这些力就组成一个平面任意力系(见图 1-23)。又如图 1-24 所示的汽车,它的实际受力情况不是平面任意力系,但是由于汽车和所受的力都对称于车身的纵向对称面,它们可以简化到对称面内,组成一个平面任意力系。

本节将利用力系向一点简化的方法,把平面一般力系分解为两个基本力系——平面汇交力系和平面力偶系,并根据这两个力系的简化结果导出平衡方程。

1.4.1 力的平移定理

设有一力 F 作用在刚体上的 A 点(见图 1-25(a)),为将该力平移到任意一点 O,在点 O 上加上一对平衡力 F' 和 F'',并使 $F' = -F'' = F$(见图 1-25(b)),显然,这三个力与原来的力 F 等效。而在 F、F'、F'' 三个力中,F 和 F'' 两个力组成一个力偶,其力偶臂为 d,力偶

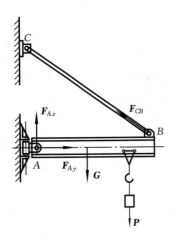

图 1-23 悬臂吊车横梁的受力

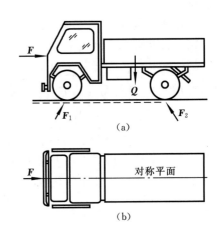

图 1-24 汽车的受力与简化

矩恰好等于原力 $\boldsymbol{F}$ 对点 O 之矩，即

$$M = Fd = M_O(\boldsymbol{F})$$

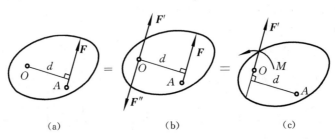

图 1-25 力的平移

由此可见：作用在刚体上某点的力可以平行移动到该刚体上的任一指定点，但必须附加一个力偶（见图 1-25(c)），此附加力偶的力偶矩等于原力对指定点的力矩。此定理称为力的平移定理。

1.4.2 平面任意力系向作用面内任意一点简化

设在刚体上作用一平面任意力系 $\boldsymbol{F}_1, \boldsymbol{F}_2, \cdots, \boldsymbol{F}_n$，如图 1-26(a)所示。在平面内任选一点 O 作为简化中心。根据力的平移定理，将各力平移到点 O，于是得到一个作用在点 O 的平面汇交力系 $\boldsymbol{F}'_1, \boldsymbol{F}'_2, \cdots, \boldsymbol{F}'_n$ 和一个相应的附加力偶系 $M_1, M_2, \cdots, M_n$，如图 1-26(b)所示。其中，$\boldsymbol{F}'_1 = \boldsymbol{F}_1, \boldsymbol{F}'_2 = \boldsymbol{F}_2, \cdots, \boldsymbol{F}'_n = \boldsymbol{F}_n$；$M_1 = M_O(\boldsymbol{F}_1), M_2 = M_O(\boldsymbol{F}_2), \cdots, M_n = M_O(\boldsymbol{F}_n)$。

由平面汇交力系简化结果可知，这个平面汇交力系可以合成为一个力，作用线通过简化中心 O，这个合力称为原力系的主矢，记作 $\boldsymbol{F}'_R$，则

$$\boldsymbol{F}'_R = \boldsymbol{F}'_1 + \boldsymbol{F}'_2 + \cdots + \boldsymbol{F}'_n = \sum \boldsymbol{F}'_i \qquad (1\text{-}12)$$

其大小和方向可由式(1-13)求得

$$\left. \begin{array}{l} F'_R = \sqrt{F_{Rx}'^2 + F_{Ry}'^2} \\ \tan\alpha = \dfrac{F'_{Ry}}{F'_{Rx}} \end{array} \right\} \qquad (1\text{-}13)$$

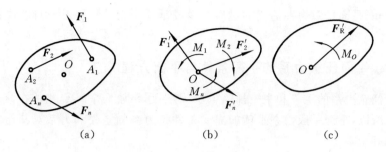

图 1-26　平面任意力系的简化

式中：α 为 $\boldsymbol{F}'_R$ 与 x 轴的夹角。

由平面力偶系的简化结果可知，附加力偶系可合成为一个力偶，该力偶之矩称为原力系对简化中心的主矩，记作 M_O ，即

$$M_O = M_1 + M_2 + \cdots + M_n = M_O(\boldsymbol{F}_1) + M_O(\boldsymbol{F}_2) + \cdots + M_O(\boldsymbol{F}_n) = \sum M_O(\boldsymbol{F}_i) \quad (1\text{-}14)$$

综上所述，平面任意力系向其作用面内任意一点简化，可得到一个主矢和一个主矩，如图 1-26(c)所示。主矢等于原力系中各力的矢量和，作用线通过简化中心，其大小、方向与简化中心的位置无关。主矩等于原力系中各力对简化中心之矩的代数和，其取值与简化中心的位置有关。

1.4.3　简化结果分析

平面任意力系向简化中心 O 简化，可得到一个主矢和一个主矩，下面分四种情况对简化结果进行讨论。

(1) $\boldsymbol{F}'_R = 0, M_O = 0$ ，则原力系为平衡力系。

(2) 若 $\boldsymbol{F}'_R = 0, M_O \neq 0$ ，则原力系简化为一个力偶，其矩为 $M_O = \sum M_O(\boldsymbol{F}_i)$ 。

(3) 若 $\boldsymbol{F}'_R \neq 0, M_O = 0$ ，则原力系简化为作用于简化中心的一个力 $\boldsymbol{F}'_R$ 。这个力就是原力系的合力，合力的作用线通过简化中心。

(4) $\boldsymbol{F}'_R \neq 0, M_O \neq 0$ ，根据力的平移定理的逆定理，可以将其进一步简化为一个力 $\boldsymbol{F}_R$ 。简化过程如图 1-27 所示。先将力偶矩为 M_O 的力偶用两个力 $\boldsymbol{F}_R$ 和 $\boldsymbol{F}''_R$ 来表示，使 $\boldsymbol{F}_R = -\boldsymbol{F}''_R = \boldsymbol{F}'_R$ ，再去掉一对平衡力 $\boldsymbol{F}'_R$ 与 $\boldsymbol{F}''_R$ ，于是就将作用在点 O 的力 $\boldsymbol{F}'_R$ 和力偶 M_O 合成为一个作用在点 O' 的力 $\boldsymbol{F}_R$ 。这个力就是原力系的合力，合力的大小和方向与主矢相同，合力的作用线到原简化中心的距离为

$$d = \frac{M_O}{F_R} \quad (1\text{-}15)$$

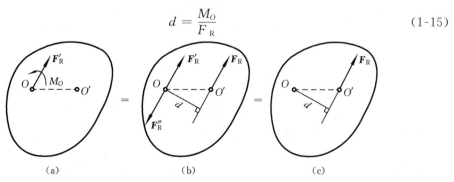

图 1-27　简化结果分析

由上可知,平面任意力系简化的最后结果或是一个力,或是一个力偶,或是一个平衡力系。

1.4.4 平面任意力系的平衡条件与平衡方程

若平面任意力系的主矢和主矩都等于零,则原力系为平衡力系,刚体在该力系作用下处于平衡。所以,平面一般力系平衡的充要条件是力系的主矢和力系对其作用面内任一点的主矩都等于零。

$$F'_R = \sqrt{F_{Rx}^2 + F_{Ry}^2} = 0$$
$$M_O = \sum M_O(\boldsymbol{F}) = 0 \tag{1-16}$$

即

$$\left.\begin{array}{l} \sum F_x = 0 \\ \sum F_y = 0 \\ \sum M_O(\boldsymbol{F}) = 0 \end{array}\right\} \tag{1-17}$$

平面任意力系的平衡条件是:力系中所有各力在力系作用面内任意两个直角坐标轴上投影的代数和均等于为零,所有各力对力系作用面内任意一点之矩的代数和也等于零。式(1-17)称为平面一般力系平衡方程的基本形式。它有两个投影方程和一个力矩方程,所以又称为一矩式平衡方程。

应该指出,投影轴和矩心是可以任意选取的。在进行平衡问题求解时,选择适当的矩心和坐标轴可以简化计算过程。一般情况下,矩心应选在未知力的汇交点上,坐标轴应尽可能与力系中多数力的作用线相垂直或平行。

平面任意力系的平衡方程除了式(1-17)所表示的基本形式外,还有其他两种形式。

(1) 二矩式平衡方程

$$\left.\begin{array}{l} \sum F_x = 0(\text{或} \sum F_y = 0) \\ \sum M_A(\boldsymbol{F}) = 0 \\ \sum M_B(\boldsymbol{F}) = 0 \end{array}\right\} \tag{1-18}$$

其中 A、B 两点的连线不能与 x 轴垂直。

(2) 三矩式方程

$$\left.\begin{array}{l} \sum M_A(\boldsymbol{F}) = 0 \\ \sum M_B(\boldsymbol{F}) = 0 \\ \sum M_C(\boldsymbol{F}) = 0 \end{array}\right\} \tag{1-19}$$

其中 A、B、C 三点不能共线。

例 1-5 如图 1-28(a)所示,水平托架承受两个管子,管重 $G_1 = G_2 = 300$ N,A、B、C 处均为铰链连接,不计杆的重量,试求 A 处的约束反力及支杆 BC 所受的力。

解 (1) 取水平杆 AB 为研究对象,画受力图。

作用于水平杆上的力有管子的压力 $\boldsymbol{F}_1$、$\boldsymbol{F}_2$,其大小分别等于管子的重量 G_1、G_2,铅垂向下,因杆重不计,故 BC 杆是二力杆,水平杆 B 处的约束反力 $\boldsymbol{F}_B$ 沿 BC 杆轴线,假设方

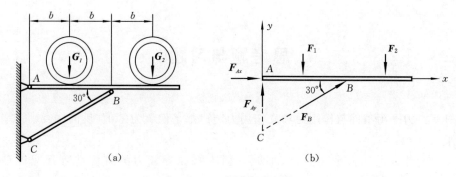

图 1-28　水平托架

向如图 1-28 所示；铰链支座 A 处的约束反力方向未知，故用两正交分力 $\boldsymbol{F}_{Ax}$、$\boldsymbol{F}_{Ay}$ 表示，水平杆的受力如图 1-28(b)所示。这是一个平面任意力系的问题。

（2）建立 xAy 直角坐标系，列平衡方程。

$$\sum F_x = 0，\quad F_{Ax} + F_B\cos30° = 0 \tag{a}$$

$$\sum F_y = 0，\quad F_{Ay} + F_B\sin30° - F_1 - F_2 = 0 \tag{b}$$

$$\sum M_A(\boldsymbol{F}) = 0，\quad -F_1 \cdot b - F_2 \cdot 3b + F_B \cdot 2b\sin30° = 0 \tag{c}$$

根据式（c）得

$$F_B = \frac{F_1 \cdot b + F_2 \cdot 3b}{2b\sin30°} = \frac{G_1 \cdot b + G_2 \cdot 3b}{2b\sin30°} = \frac{G_1 + 3G_2}{2\sin30°} = \frac{300 + 3\times300}{2\sin30°}\ \text{N} = 1\ 200\ \text{N}$$

代入式（a）、式（b）得

$$F_{Ax} = -F_B\cos30° = -1\ 200\cos30°\ \text{N} = -1\ 039\ \text{N}$$

$$F_{Ay} = F_1 + F_2 - F_B\sin30° = (300 + 300 - 1\ 200\sin30°)\ \text{N} = 0\ \text{N}$$

上述的计算结果中，F_B 为正值，说明力的方向与假设的方向相同，F_{Ax} 为负值，说明力的方向与假设的方向相反，即它的方向为水平向左。

本例亦可用二矩式或三矩式求解，同学们可自己练习。

本章重点、难点

重点：几种典型约束的约束反力，物体的受力分析及受力图的绘制；力的投影及平面汇交力系的合力；力矩、力偶的性质与计算，平面力偶系的合成与平衡；平面任意力系的平衡方程及其应用。

难点：物体的受力分析及受力图的绘制，用平面汇交力系的平衡方程求解未知力，平面任意力系平衡方程的应用。

思考题与习题

1-1　二力平衡条件与作用力和反作用力定律都是说二力等值、反向、共线，二者有什么区别？

1-2　为什么说二力平衡条件、加减平衡力系原理和力的可传性等都只能适用于刚体？

1-3　作用在平衡物体上的力系是否一定是平衡力系？

1-4　试比较力矩与力偶矩二者的异同。

1-5　分别画出题 1-5 图中各物体的受力图。

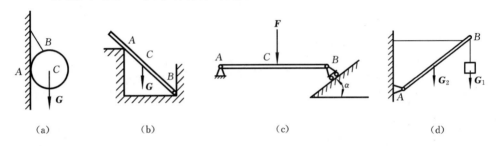

(a)　　　　　(b)　　　　　(c)　　　　　(d)

题 1-5 图

1-6　如题 1-6 图所示，支架由杆 AB、BC 组成，A、B、C 处均为光滑圆柱铰链，在铰链 B 上的悬重 G＝5kN，杆件自重均不计，试求杆 AB 和 BC 所受的力。

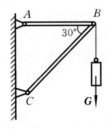

题 1-6 图

1-7　分别计算题 1-7 图所示各种情况下力 F 对点 O 之矩。

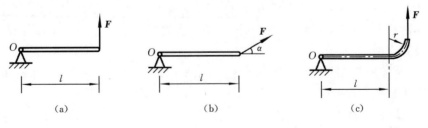

(a)　　　　　(b)　　　　　(c)

题 1-7 图

1-8　如题 1-8 图所示，梁 AB 长为 l，在其上作用一力偶，如不计梁的重量，求 A、B 两点的约束反力。

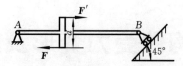

题 1-8 图

1-9　用多轴钻床同时加工某工件上的四个孔,如题 1-9 图所示。钻床每个钻头的主切削力组成一力偶系,其力偶矩均为 $M=15$ N·m,固定工件的两螺栓 A、B 之间的距离 l =0.25 m。试求两螺栓所受到的横向力。

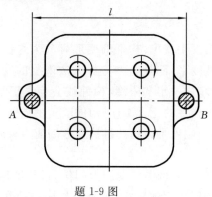

题 1-9 图

第2章 构件受力变形及其应力分析

2.1 轴向拉伸和压缩

2.1.1 概述

构件在外力的作用下会发生变形,构件的变形可分为弹性变形和塑性变形。随外力去除而消失的变形称为弹性变形,随外力去除后无法恢复的变形称为塑性变形。构件所能承受的外力是有限度的,超过一定的限度,构件就会丧失正常功能,这种现象称为失效或破坏。为保证机械或工程构件的正常工作,构件应满足强度、刚度和稳定性的要求。强度是指构件抵抗破坏的能力;刚度是指构件抵抗变形的能力;而稳定性则是构件保持原有平衡状态的能力。

工程结构或机械工作时,其各部分均受到力的作用,并将其互相传递。这些作用在构件上的力称为载荷。载荷按照作用的特征,可分为集中载荷和分布载荷两类。经由极小的面积(与构件本身相比)传递给构件的力,称为集中载荷。在计算时,一般认为集中载荷作用于一点。作用于构件某段长度或面积上的外力称为分布载荷。若分布在整个面积上的力处处相等,则称其为均匀分布载荷;反之,则称其为不均匀分布载荷。按照载荷作用的性质,载荷可分为静载荷和动载荷两类。静载荷的大小不随时间变化或很少变化。动载荷的大小则随时间改变。

构件在不同外力的作用下,会产生不同的变形,其基本变形形式有轴向拉伸和压缩、剪切、扭转和弯曲四种。复杂的变形可以看作这四种基本变形的组合,称为组合变形。

2.1.2 轴向拉伸和压缩的基本概念

在工程实际中,经常遇到受拉伸或压缩的构件。例如:图 2-1 所示的旋臂式吊车,杆 AB 是承受拉伸的构件,杆 BC 是承受压缩的构件;图 2-2 所示的紧固法兰用螺栓则可以看作承受轴向拉伸的直杆。

这些构件大多数都是等直杆,杆件在大小相等、方向相反、作用线与轴线重合的一对力作用下,变形表现为沿轴线方向的伸长或缩短(见图 2-3)。这种变形称为轴向拉伸(或轴向压缩),这类杆件称为拉杆(或压杆)。

2.1.3 轴向拉伸和压缩时的内力与应力

1. 内力与截面法

构件受外力作用发生变形时,构件内部分子因相对位置的改变而引起的相互作用力称为内力。如图 2-4(a)所示的受拉杆件,为了显示和求得其内力,假想以截面 m—m 把杆件截成两段。若弃去右段,取左段为研究对象,如图 2-4 (b)所示。由于此时左段仍保持平衡,所以在横截面上必然有一个力 F_N,它代表了杆右段对左段的作用,是一个内力。由

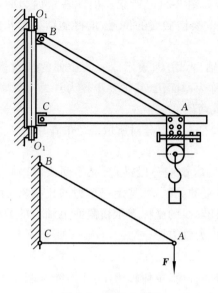

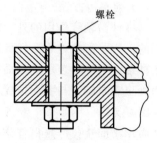

图 2-1　旋臂式吊车　　　　　　　　　　　　　图 2-2　紧固法兰用螺栓

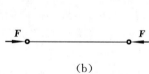

（a）　　　　　　　　　　　　　　　　（b）

图 2-3　轴向伸长、缩短与受力

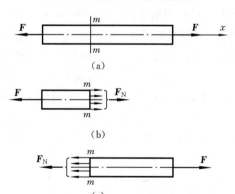

图 2-4　杆件受拉时的计算简图

于内力实际上是分布在整个横截面上的，所以力 F_N 表示内力的合力，其大小可由平衡方程求得。

$$\sum F_x = 0 \quad , \quad F_N - F = 0$$

则

$$F_N = F$$

同样，若以右段为研究对象，可求得左段对右段的作用力，其大小与 F_N 相同，方向与

F_N相反。将该对相互作用的力以同一字母命名,如图 2-4(c)所示。因此在求内力时,可取截面两侧的任一段来研究。同时不难看出,如改换横截面的位置,求得的结果都相同,可见此杆各横截面上的内力是相同的。

由于内力的作用线与杆件轴线重合,故称为轴力,用 F_N 表示。一般拉伸的轴力规定为正,压缩的轴力规定为负。上述求内力的方法称为截面法,其主要步骤为:

(1) 在欲求内力的截面处,假想地将杆件截成两段。

(2) 任取一段为研究对象,在截面上用内力代替弃去部分对所取部分的作用。

(3) 列平衡方程,确定内力的大小和方向。

当杆件沿轴线作用的外力多于两个时,轴力的求解应分段进行,在不同段内,轴力是不同的。为了形象地表示杆件的轴力与横截面位置的关系,可选定一个力的比例尺,用平行于杆轴线的坐标表示横截面的位置,用垂直于杆轴线的坐标表示横截面上轴力的数值,从而画出表示轴力与截面位置关系的图形,此图称为轴力图。

2. 应力

应用截面法仅能求得杆件横截面上分布内力的合力,单凭轴力 F_N 并不能判断拉(压)杆的强度是否足够。例如两根材料相同而粗细不同的拉杆,在相同的拉力作用下,两杆的轴力相同。拉力增大时,细杆先被拉断。这说明杆件的强度不仅与内力有关,而且与截面的大小有关。杆件的强度取决于单位面积上的内力,即内力在截面上的分布集度。内力的集度称为应力。其中:垂直于截面的应力称为正应力,用 σ 表示;平行于截面的应力称为切应力,用 τ 表示。应力的单位为帕斯卡(Pa),$1\ Pa = 1\ N/m^2$,常用单位为 MPa(N/mm²),其关系为:$1\ MPa = 10^6\ Pa$。

为了确定横截面上的应力,必须了解内力在横截面上的分布规律。现以等直杆为例。在图 2-5(a)所示的杆上画出两条垂直于杆轴线的横向线 1—1 与 2—2 以代表两个横截面。当受到拉力 F 作用而产生轴向拉伸变形时,可以看到横向线 1—1 与 2—2 仍为直线,且仍垂直于杆件轴线,只是间距增大,分别平移至图示 $1'—1'$ 与 $2'—2'$ 位置。假设在变形过程中,横截面始终保持为平面(此即为平面假设),故根据材料的均匀连续性假设可推知:横截面上各点处纵向纤维的变形相同,受力也相同,即轴力在横截面上是均匀分布的,且垂直于横截面,故横截面上存在正应力σ,并沿截面均匀分布,如图 2-5(b)所示。其大小为

$$\sigma = F_N/A \tag{2-1}$$

式中:F_N 为横截面上的轴力;A 为横截面面积。正应力的符号与轴力的符号相对应,拉应力为正,压应力为负。

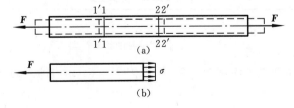

图 2-5　杆的变形

例 2-1　图 2-6(a)所示为左端固定的圆截面直杆。已知直径 $d = 20$ mm,轴向作用力 $F_1 = 15$ kN,$F_2 = 10$ kN,试绘出轴力图,并求杆内的最大正应力。

解　(1) 外力分析。

解除直杆的约束,画其受力图(见图2-6(b)),A端的约束力为F_A。由静力学平衡方程

$$\sum F_x = 0, \quad F_A - F_1 + F_2 = 0$$

得　　$F_A = F_1 - F_2 = (15 - 10)\ \text{kN} = 5\ \text{kN}$

(2) 内力分析。

外力F_A、F_1、F_2将杆件分为AB段和BC段,需要分段利用截面法进行计算。

AB段:作截面1—1,取左段研究(见图2-6(c)),轴力F_{N1}假设为拉力。由静力学平衡方程

$$\sum F_x = 0, \quad F_{N1} + F_A = 0$$

得　　　　$F_{N1} = -F_A = -5\ \text{kN}$

其中,负号表明F_{N1}的实际方向与所设方向相反,即应为压力。

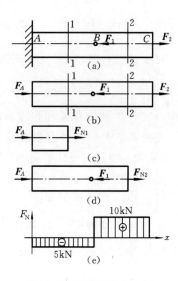

图2-6　直杆的应力分析

BC段:作截面2—2,取左段研究(见图2-6(d)),轴力F_{N2}假设为拉力。由静力学平衡方程

$$\sum F_x = 0, \quad F_A + F_{N2} - F_1 = 0$$

得　　　$F_{N2} = F_1 - F_A = (15 - 5)\ \text{kN} = 10\ \text{kN}$

(3) 画轴力图。

直杆AB段的轴力为F_{N1},直杆BC段的轴力为F_{N2},画出轴力图如图2-6(e)所示。

(4) 计算最大正应力。

由于该杆是等截面直杆,根据轴力图可知,BC段轴力较大,故最大应力以BC段为计算依据。

$$\sigma_{max} = \frac{F_{N2}}{A} = \frac{F_{N2}}{\pi d^2/4} = \frac{4 \times 10 \times 10^3}{\pi \times 20^2}\ \text{MPa} = 31.85\ \text{MPa}(拉应力)$$

2.1.4　拉(压)杆件的强度计算

由经验可知,两根粗细相同、受同样拉力的钢丝和铜丝,钢丝不易拉断,而铜丝易拉断,这说明不同的材料抵抗破坏的能力是不同的。由此可见,构件的强度和变形不仅与应力有关,还与材料本身的力学性能(材料在外力作用下表现出来的性能)有关。材料的力学性能主要依靠各种试验来测定。

1.许用应力与安全系数

为了保证构件在外力作用下能正常工作,不允许构件产生较大的塑性变形或断裂,否则,就认为构件丧失了正常工作的能力。因此,把塑性材料的屈服极限σ_S和脆性材料的强度极限σ_B作为应力的极限值。因此,要保证构件安全正常地工作,必须使构件在外力作用下的工作应力小于极限应力。强度计算中,把极限应力除以大于1的系数作为设计时工作应力的最大允许值,称为材料的许用应力,用$[\sigma]$表示。

对于塑性材料,其失效形式为屈服,极限应力为屈服极限,故许用应力为

$$[\sigma] = \frac{\sigma_S}{n_S} \qquad (2\text{-}2)$$

对于脆性材料，其失效形式为断裂，极限应力为强度极限，则许用应力为

$$[\sigma] = \frac{\sigma_B}{n_B} \qquad (2\text{-}3)$$

式中：n_S、n_B 为屈服极限和强度极限的安全系数。

安全系数是由多种因素决定的。各种材料在不同工作条件下的安全系数或许用应力，可从有关规范或设计手册中查到。在一般静强度计算中，对于塑性材料，$n_S = 1.5 \sim 2.0$；对于脆性材料，$n_B = 2.0 \sim 4.5$。

2. 拉(压)杆的强度条件

根据以上分析，为了保证拉压杆在工作时不致因强度不够而破坏，杆内的最大工作应力 σ_{max} 应满足

$$\sigma_{max} = \frac{F_N}{A} \leqslant [\sigma] \qquad (2\text{-}4)$$

利用上述强度条件，可以解决工程中的三类强度计算问题：

（1）校核强度 若已知杆件的尺寸、所受的载荷及材料的许用应力，可用式(2-4)验算杆件是否满足强度条件。

（2）设计截面尺寸 若已知拉压杆承受的载荷及材料的许用应力，由强度条件可以确定杆件所需的安全横截面面积 A，即 $A \geqslant \dfrac{F_N}{[\sigma]}$，并可根据题意进一步设计截面的有关尺寸。

（3）确定许可载荷 若已知杆件的横截面尺寸及材料的许用应力，由强度条件可以确定杆件所能承受的最大轴力，即 $F_{Nmax} \leqslant A[\sigma]$，然后由轴力 $\boldsymbol{F}_{Nmax}$ 确定结构的许可载荷。

例 2-2 图 2-7 所示为空心圆截面杆，外径 $D = 20$ mm，内径 $d = 15$ mm，承受轴向载荷 $F = 20$ kN，材料的屈服极限 $\sigma_S = 235$ MPa，安全系数 $n_S = 1.5$。试校核杆的强度。

解 杆件横截面上的正应力为

$$\sigma = \frac{F}{\pi(D^2 - d^2)/4} = \frac{4 \times 20 \times 10^3}{\pi(20^2 - 15^2)} \text{ MPa} = 145.6 \text{ MPa}$$

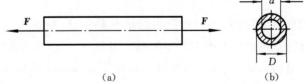

(a)   (b)

图 2-7 空心圆截面杆

材料的许用应力为

$$[\sigma] = \frac{\sigma_S}{n_S} = \frac{235}{1.5} \text{ MPa} = 156.7 \text{ MPa}$$

因为 $$\sigma < [\sigma]$$

所以，杆件满足强度条件。

例 2-3 一旋臂式吊车如图 2-8(a)所示，斜杆由两根等边角钢组成，每根角钢的横截面面积 $A_1 = 480$ mm^2，水平杆由两根 10 号槽钢组成，每根槽钢的横截面面积 $A_2 = 1\,274$

mm^2。材料的许用应力$[\sigma] = 110$ MPa。两杆自重可略去不计。求图示位置时吊车的最大起吊重量 $\boldsymbol{F}$。

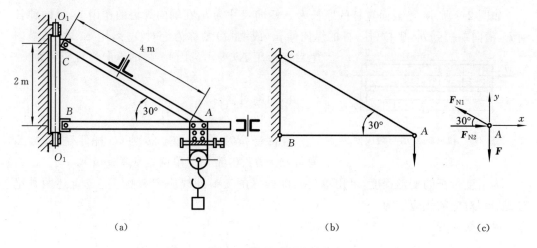

图 2-8　简易悬臂式吊车

解　（1）计算轴力。

AB、AC 杆的两端均可简化为铰链连接，故吊车的计算简图如图 2-8(b)所示。取节点 A 为研究对象，设两杆的轴力分别为 $\boldsymbol{F}_{N1}$ 和 $\boldsymbol{F}_{N2}$，其受力图如图 2-8(c)所示。建立 xAy 直角坐标系，列平衡方程为

$$\sum F_x = 0, \quad F_{N2} - F_{N1}\cos 30° = 0$$

$$\sum F_y = 0, \quad F_{N1}\sin 30° - F = 0$$

解得

$$F_{N1} = 2F, F_{N2} = \sqrt{3}F$$

（2）计算最大起吊重量。

由斜杆 AC 的强度条件，有

$$\sigma_{AC} = \frac{F_{N1}}{2A_1} = \frac{2F}{2A_1} \leqslant [\sigma]$$

所以　　　　　　　　$F \leqslant [\sigma]A_1 = 110 \times 480 \text{ N} = 52\ 800 \text{ N}$

由水平杆 AB 的强度条件，有

$$\sigma_{AB} = \frac{F_{N2}}{2A_2} = \frac{\sqrt{3}F}{2A_2} \leqslant [\sigma]$$

所以　　　　$F \leqslant \frac{2}{\sqrt{3}}[\sigma]A_2 = \frac{2}{\sqrt{3}} \times 110 \times 1\ 274 \text{ N} = 162\ 012 \text{ N}$

要使两杆都能安全工作，吊车的最大许可载荷$[F]$应在 $\boldsymbol{F}_1$、$\boldsymbol{F}_2$ 的许可值中取较小值，即

$$[F] = 52\ 800 \text{ N}$$

2.1.5　拉(压)杆的变形

实验表明，直杆在轴向拉力或压力的作用下所产生的变形表现为轴向尺寸的伸长或

缩短以及横向尺寸的缩小或增大，前者称为纵向变形，后者称为横向变形。

1. 变形与线应变

如图 2-9 所示，等截面直杆的原长为 l，横向尺寸为 b，在轴向外力的作用下，纵向伸长到 l_1，横向缩短到 b_1，则拉（压）杆的纵向伸长（或缩短）量称为绝对变形，用 Δl 表示；横向绝对变形用 Δb 表示。因此，杆的纵向绝对变形为

图 2-9　拉杆的变形与线应变

$$\Delta l = l_1 - l$$

横向绝对变形为

$$\Delta b = b_1 - b$$

杆件受拉时，Δl 为正，Δb 为负；杆件受压时，Δl 为负，Δb 为正。常用的单位是毫米（mm）。

为了度量杆的变形程度，可用单位长度内杆的变形即线应变来衡量。与上述两种绝对变形相对应的线应变为

纵向线应变

$$\varepsilon = \frac{\Delta l}{l} = \frac{l_1 - l}{l}$$

横向线应变

$$\varepsilon' = \frac{\Delta b}{b} = \frac{b_1 - b}{b}$$

实验表明，当杆内应力不超过材料的比例极限时，横向线应变与纵向线应变的比值为一常数，称为横向变形系数，或称为泊松比，用符号 μ 表示，即

$$\mu = \left| \frac{\varepsilon'}{\varepsilon} \right|$$

或

$$\varepsilon' = -\mu\varepsilon \qquad (2-5)$$

几种常用工程材料的弹性模量与泊松比见表 2-1。

表 2-1　材料的弹性模量与泊松比

材料名称	钢与合金钢	铝合金	铜	铸铁	木（顺纹）
E/GPa	200～220	70～72	100～120	80～160	8～12
μ	0.25～0.30	0.26～0.34	0.33～0.35	0.23～0.27	—

2. 胡克定律

实验表明，受拉（压）的杆件，在弹性范围内，杆件的线应变 Δl 与轴力 F_N 及杆件的原长 l 成正比，而与杆件的原横截面面积 A 成反比，即

$$\Delta l \propto \frac{F_N l}{A}$$

引入比例系数 E，上式可改写为

$$\Delta l = \frac{F_N l}{EA} \qquad (2-6)$$

式(2-6)称为胡克定律。比例系数 E 称为材料的弹性模量，其值随材料而异（见表 2-1），可

通过试验测定,它的单位与应力单位相同。出式(2-6)可知,对于长度相同、轴力相同的杆件,分母 EA 越大,杆件的变形 Δl 就越小。EA 反映了杆件抵抗拉压变形的能力,所以 EA 称为杆件的抗拉(压)刚度。

若将

$$\sigma = \frac{F_N}{A}$$

,

$$\varepsilon = \frac{\Delta l}{l}$$

代入式(2-6),则可得到胡克定律的另一种表达式:

$$\sigma = E\varepsilon \tag{2-7}$$

即在弹性范围内,应力与应变成正比。

2.2　剪切与圆轴扭转

剪切和圆轴扭转是构件的另外两种基本变形形式。本章重点讨论构件在剪切和扭转时的受力特点、变形形式、截面上的内力和应力分布以及强度计算问题。构件在受到剪切作用时经常伴随有挤压现象的发生,所以将剪切和挤压问题一并讨论。关于扭转问题,本章只限于研究圆轴扭转。

2.2.1　剪切与挤压

1.剪切与挤压的概念

工程上常用的连接件如螺栓、铆钉和键等都是剪切与挤压的实例,例如图 2-10(a)所示连接两块钢板的铆钉接头。剪切的受力特点是:构件受到大小相等、方向相反且作用线相距很近的一对力作用。变形表现为两力作用线间的截面发生相对错动。这种变形形式称为剪切变形,发生相对错动的平面称为剪切面。

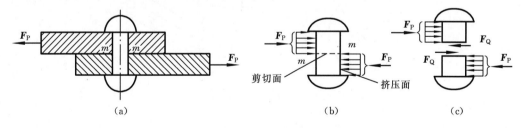

图 2-10　铆钉连接

连接部件在发生剪切时,通常还伴随着局部挤压现象,如图 2-10(b)所示。

2.剪切与挤压强度的实用计算

为了分析铆钉的剪切强度,将铆钉沿剪切面 m—m 截开,可得 $F_Q = F_P$,如图 2-10(c)所示。剪切面上的内力 F_Q 称为剪力,而剪切面上与剪力 F_Q 相应的剪力分布集度 τ 称为切应力。切应力 τ 在剪切面上的分布是比较复杂的,在实用计算中通常假定 τ 在剪切面上均匀分布。若剪切面积用 A_Q 表示,则

$$\tau = \frac{F_Q}{A_Q}$$

相应的剪切强度条件为

$$\tau = \frac{F_Q}{A_Q} \leqslant [\tau] \tag{2-8}$$

式中：F_Q 为剪力，N；A_Q 为剪切面面积，mm^2；τ 为切应力，MPa；$[\tau]$ 为材料的许用切应力，MPa。

在外力作用下，连接件与被连接件在其接触面上发生的相互压紧现象称为挤压，如图 2-10(b)所示。挤压面上的压力称为挤压力，用 F_P 表示。显然，在挤压面上挤压力 F_P 的分布集度称为挤压应力，用 σ_P 表示。挤压应力 σ_P 在挤压面上的分布也是很复杂的，在实用计算中，通常假定 σ_P 在挤压面上均匀分布。若挤压面积用 A_P 表示，则

$$\sigma_P = \frac{F_P}{A_P}$$

相应的挤压强度条件为

$$\sigma_P = \frac{F_P}{A_P} \leqslant [\sigma_P] \tag{2-9}$$

式中：F_P 为挤压力，N；A_P 为受挤压面的面积，mm^2。当挤压面为平面时，A_P 为挤压接触面面积，当接触面为圆柱面时(铆钉、螺栓等)，A_P 为受挤压圆柱体的正投影面积；σ_P 为挤压应力，MPa；$[\sigma_P]$ 为材料的许用挤压应力，MPa。

例 2-4 如图 2-11 所示，某齿轮用平键与轴连接(图中齿轮未画出)，已知轴的直径 $d=56$ mm，键的尺寸为 $b \times h \times l = 16$ mm$\times 10$ mm$\times 80$ mm，轴传递的外力偶矩 $M_e = 1$ kN·m，键的许用切应力 $[\tau]=60$ MPa，许用挤压应力$[\sigma_P]=100$ MPa，试校核键的强度。

解 以键和轴为研究对象，其受力图如图 2-11(a)所示，键所受的力由平衡方程求得。

$$F = \frac{2M_e}{d} = \frac{2 \times 1 \times 10^3}{0.056} \text{ kN} = 35.71 \text{ kN}$$

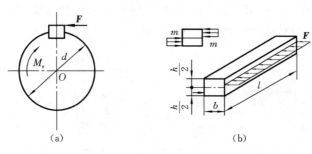

图 2-11 键连接

由图 2-11(b)可知，键的破坏可能是沿截面 m—m 被剪断或与轴、毂之间发生挤压塑性变形。由图可得剪力和挤压力为

$$F_Q = F_P = F = 35.71 \text{ kN}$$

键的剪切面面积 $A_Q = bl$，挤压面面积 $A_P = hl/2$，则由式(2-8)、式(2-9)得

$$\tau = \frac{F_Q}{A_Q} = \frac{35.71 \times 10^3}{16 \times 80} \text{MPa} = 27.9 \text{ MPa} < [\tau]$$

$$\sigma_P = \frac{F_P}{A_P} = \frac{2 \times 35.71 \times 10^3}{10 \times 80} \text{MPa} = 89.3 \text{ MPa} < [\sigma_P]$$

所以,键的抗剪切强度和抗挤压强度均满足要求。

2.2.2 圆轴扭转

1.扭转的概念

在工程实际中,常遇到许多受力后发生扭转变形的杆件。例如,图 2-12 所示的汽车方向盘的操作杆,图 2-13 所示的传动轴。扭转变形的受力特点是:杆件的两端受到一对大小相等、转向相反、作用面垂直于杆轴线的外力偶作用。其变形特点是:两外力偶作用面之间的各横截面都绕轴线产生相对转动,如图 2-14 所示。

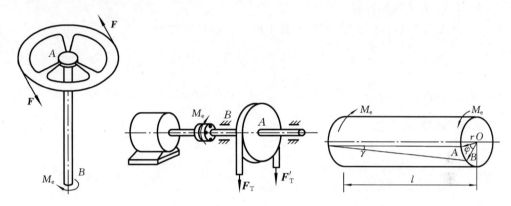

图 2-12 汽车方向盘的操作杆   图 2-13 传动轴   图 2-14 圆轴扭转变形特点

2.扭矩和扭矩图

(1)外力偶矩的计算。

工程中作用于轴上的外力偶矩 M_e 通常根据轴的转速 $n(\mathrm{r/min})$ 和传递的功率 $P(\mathrm{kW})$ 计算得到,其表达式为

$$M_e = 9.55 \times 10^6 \frac{P}{n} \quad \mathrm{N \cdot mm} \tag{2-10}$$

在确定外力偶矩的转向时应注意,主动轮的输入功率所产生的外力偶矩的方向与轴的转向一致,而从动轮的输出功率所产生的外力偶矩的方向与轴的转向相反。

(2)扭矩和扭矩图。

作用在轴上的外力偶矩确定后,即可研究轴的内力。图 2-15(a)所示为一受两外力偶 M_e 作用的圆轴,为了分析轴的内力仍用截面法。在轴的任一横截面 m—m 处将其假想地截成两段,如图 2-15(b)、(c)所示。由任一段的平衡条件均可以看出,在 m—m 截面上连续分布的内力合成后一定也是一个力偶矩,称为该截面上的扭矩,并用 T 表示。

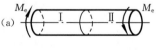

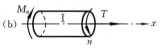

由左段的平衡条件

$$\sum M = 0, \quad T - M_e = 0$$

得截面 m—m 上的扭矩为 $T = M_e$

同样,若以右段为研究对象,也可求得 m—m 截面上的扭矩,其值仍为 M_e,如图 2-15(c)所示,但转向则与左段中的扭矩转向相反。

图 2-15 圆轴扭转时的计算简图

为使上述两种算法所求得的同一横截面上扭矩的正负号相同,对扭矩的符号作如下规定:按照右手螺旋法则,将右手的四指沿着扭矩的方向弯曲,大拇指的指向离开截面时,扭矩为正;反之为负。在计算扭矩时,通常均先将扭矩假设为正值。

当轴上作用多个外力偶矩时,可用图线表示沿轴线方向各横截面上扭矩的变化情况,这种图线称为扭矩图。

例 2-5 如图 2-16(a)所示,已知传动轴的转速 $n = 300 \text{r/min}$,主动轮 A 输入功率 $P_A = 50 \text{kW}$,两个从动轮 B、C,其中轮 B 输出功率 $P_B = 30 \text{kW}$。试计算轴的扭矩,并作扭矩图。

解　(1) 外力偶矩计算。

由式(2-10)可知,作用在 A、B 轮上的外力偶矩分别为

$$M_A = 9.55 \times 10^6 \frac{P_A}{n} = 9.55 \times 10^6 \times \frac{50}{300} \text{ N} \cdot \text{mm} = 1.59 \times 10^6 \text{ N} \cdot \text{mm}$$

$$M_B = 9.55 \times 10^6 \frac{P_B}{n} = 9.55 \times 10^6 \times \frac{30}{300} \text{ N} \cdot \text{mm} = 9.55 \times 10^5 \text{ N} \cdot \text{mm}$$

由轴的平衡条件

$$M_B + M_C - M_A = 0$$

求得
$$M_C = M_A - M_B = 1.59 \times 10^6 - 9.55 \times 10^5 \text{ N} \cdot \text{mm}$$
$$= 6.35 \times 10^5 \text{ N} \cdot \text{mm}$$

(2) 计算各段轴内的扭矩。

用截面法,分别在 AB 段作截面 1—1,取左段为研究对象;在 AC 段作截面 2—2,取右段为研究对象。设各段的扭矩均为正值,并分别用 T_1、T_2 表示,则根据图 2-16(b)、(c),由 $\sum M = 0$ 可得

AB 段：　$M_B + T_1 = 0$　　$T_1 = -M_B = -9.55 \times 10^5 \text{ N} \cdot \text{mm}$

AC 段：　$T_2 - M_C = 0$　　$T_2 = M_C = 6.35 \times 10^5 \text{ N} \cdot \text{mm}$

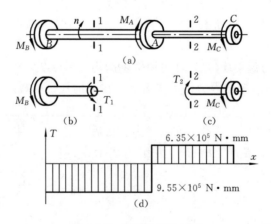

图 2-16　传动轴扭矩分析

(3) 作扭矩图。

根据上述分析,作扭矩图如图 2-16(d)所示。由图可得

$$|T|_{\max} = 9.55 \times 10^5 \text{ N} \cdot \text{mm}$$

讨论:如果将轮 A 和轮 B 的位置互换,轴内最大扭矩有无变化?

2.2.3 圆轴扭转时的应力与强度条件

1. 圆轴扭转时横截面上的应力

圆轴扭转时,横截面上距离圆心为 ρ 的任意点处的切应力 τ_ρ 的计算公式为

$$\tau_\rho = \frac{T\rho}{I_\rho} \tag{2-11}$$

式中:T 为扭矩,$\text{N} \cdot \text{mm}$;I_ρ 为截面的极惯性矩,mm^4;τ_ρ 为切应力,N/mm^2。

显然,在圆截面的边缘上,即 $\rho = r$ 时,得切应力的最大值

$$\tau_{\max} = \frac{T}{I_\rho/r} = \frac{T}{W_T} \tag{2-12}$$

式中:$W_T = I_\rho/r$,称为抗扭截面系数,mm^3。对于实心圆截面,$W_T = \pi d^3/16$,其中 d 为直径,mm;对于空心圆截面,$W_T = \pi D^3(1-\alpha^4)/16$,其中 $\alpha = d/D$,d 为空心圆截面内径,mm,D 为空心圆截面外径,mm。

2. 圆轴扭转时的强度条件

圆轴扭转时,要保证其正常工作,应使轴内的最大切应力 $\tau_{\max}$ 不超过材料的许用切应力 $[\tau]$,故扭转强度条件为

$$\tau_{\max} = \frac{T_{\max}}{W_T} \leqslant [\tau] \tag{2-13}$$

对于变截面轴(如阶梯轴),由于各段的 W_T 不同,$\tau_{\max}$ 不一定发生在 $|T_{\max}|$ 所在的截面上,必须综合考虑 W_T 和 T 两个因素来确定。

根据圆轴扭转时的强度条件,可以解决强度计算中的三类问题,即强度校核、设计截面和求许可载荷。

关于圆轴扭转时的变形与刚度条件,可以参阅相关资料。

2.3 梁 的 弯 曲

2.3.1 弯曲的概念

在工程中经常遇到像火车轮轴(见图 2-17)、造纸机压榨辊(见图 2-18)、冲床的轴承架(见图 2-19)等杆件,它们的受力特点是杆件受到垂直于其轴线的外力或位于其轴线所在平面内的外力偶作用,变形特点是杆件的轴线由直线变为曲线,即发生弯曲变形。这种以弯曲变形为主的杆件称为梁。梁的横截面大多有一根纵向对称轴,梁的无数个横截面的纵向对称轴构成了梁的纵向对称平面,如图 2-20 所示。若梁上的外力(包括外力偶)都作用在梁的纵向对称平面内,梁的轴线将在其纵向对称面内弯曲成一条平面曲线,梁的这种弯曲称为平面弯曲。本节只讨论直梁的平面弯曲问题。

作用在梁上的外力包括载荷和支座的约束反力,载荷可分为集中力、集中力偶以及均布载荷,其中均布载荷为沿梁的全长或部分长度连续分布的横向力,通常用载荷集度 q 表示(N/mm 或 kN/mm),如图 2-20 所示。梁的支座可以简化为固定铰支座、活动铰支座和

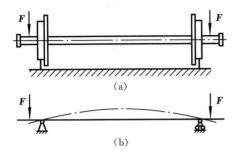

图 2-17　火车轮轴

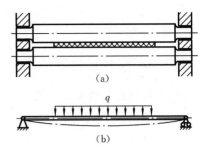

图 2-18　造纸机压榨辊

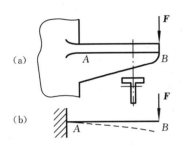

图 2-19　冲床的轴承架

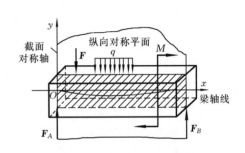

图 2-20　梁的纵向对称面

固定端。工程中的静定梁有三种基本形式。

（1）简支梁　梁的一端为固定铰支座，另一端为活动铰支座（见图 2-18）。

（2）外伸梁　具有一端或两端外伸部分的简支梁（见图 2-17）。

（3）悬臂梁　梁的一端为固定端约束，另一端为自由端（见图 2-19）。

2.3.2　梁的弯曲内力

当作用在梁上的全部外力（载荷和支反力）确定后，运用截面法可求出梁任一截面上的内力。

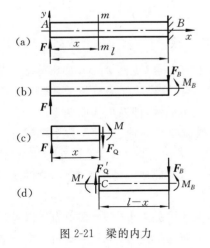

图 2-21　梁的内力

1. 用截面法求梁的内力

图 2-21(a)所示的悬臂梁 AB，在其自由端作用一集中力 F，由静力平衡方程可求出其固定端的约束力 $F_B = F$，约束力偶 $M_B = Fl$（见图 2-21(b)）。为了显示出梁的内力，可假想用一平面沿任一横截面 m—m 将梁截成两段，取左段为研究对象，如图 2-21(c)所示。要使左段梁处于平衡，横截面上必定有一个作用线与外力平行的内力 F_Q 和一个在梁的纵向对称平面内的内力偶 M，由平衡方程求解。

$$\text{由} \qquad \sum F_y = 0 , \ F - F_Q = 0$$

$$\text{得} \qquad\qquad F_Q = F$$

$$\text{由} \qquad \sum M_C = 0 , \ M - Fx = 0$$

$$\text{得} \qquad\qquad M = Fx$$

其中矩心 C 是横截面的形心。力 $\boldsymbol{F}_Q$ 和力偶 M 是梁横截面上的两种不同形式的内力,分别称为剪力和弯矩。同理,如果以右段梁为研究对象(见图 2-21(d)),由平衡条件也可求得 m—m 截面上的剪力 $\boldsymbol{F}'_Q$ 和弯矩 M',但与取左段梁的结果是等值、反向的。

为了使取同一截面左段梁和右段梁所得到的剪力和弯矩,不仅数值相等而且符号一致,对剪力和弯矩的正负号规定如下:在梁内截取微段,使该微段沿顺时针方向转动的剪力规定为正,反之为负(见图 2-22(a));使微段弯曲呈凹形的弯矩规定为正,反之为负(见图 2-22(b))。

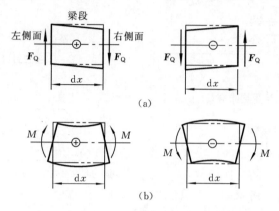

图 2-22　剪力和弯矩的符号规定

2. 剪力图和弯矩图

一般情况下,梁横截面上的剪力与弯矩是随截面位置的变化而连续变化的。为了描述剪力与弯矩的变化情况,沿梁轴线选取坐标 x 表示横截面的位置,则剪力和弯矩可分别表示为

$$F_Q = F_Q(x) \tag{2-14}$$
$$M = M(x) \tag{2-15}$$

式(2-14)和式(2-15)分别称为剪力方程和弯矩方程。根据这两个方程,可以画出剪力和弯矩沿梁轴线变化的曲线,分别称为剪力图和弯矩图。从剪力图和弯矩图可以确定梁的剪力与弯矩的最大值及其所在截面的位置。一般将正的剪力和弯矩画在坐标轴的上方,负的画在坐标轴的下方。

例 2-6　图 2-23(a)所示的简支梁 AB 上作用有均布载荷 q,试作该梁的剪力图和弯矩图。

解　(1) 计算支座的约束力。

由平衡方程求解得
$$F_A = F_B = ql/2$$

(2) 建立剪力、弯矩方程。

取距梁左端为 x 的任意截面,可得剪力方程和弯矩方程

$$F_Q(x) = F_A - qx = \frac{ql}{2} - qx \qquad (0 < x < l)$$

$$M(x) = F_A x - qx \cdot \frac{x}{2} = \frac{ql}{2}x - \frac{q}{2}x^2 \qquad (0 \leqslant x \leqslant l)$$

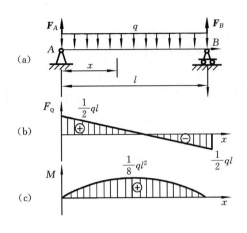

图 2-23　简支梁受均布载荷

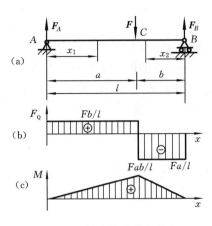

图 2-24　简支梁受集中载荷

（3）画剪力图、弯矩图。

剪力方程是截面坐标 x 的一次函数，为一条斜直线，如图 2-23(b)所示；弯矩方程表明截面弯矩是截面坐标 x 的二次函数，为一条抛物线，如图 2-23(c)所示。

例 2-7　图 2-24(a)所示简支梁 AB，在点 C 处作用集中力 F，试画出该梁的剪力图和弯矩图。

解　（1）计算支座的约束反力。

由平衡方程求得

$$F_A = Fb/l, \quad F_B = Fa/l$$

（2）建立剪力与弯矩方程。

在 AC 段，取与梁左端相距为 x_1 的任意截面（见图 2-24(a)），其剪力方程和弯矩方程分别为

$$F_Q(x_1) = F_A = \frac{Fb}{l} \qquad (0 < x_1 < a)$$

$$M(x_1) = F_A x_1 = \frac{Fb}{l} x_1 \qquad (0 \leqslant x_1 \leqslant a)$$

在 BC 段，为计算方便，取 B 端为坐标原点，并取与梁右端相距为 x_2 的任意截面（见图 2-24(a)），其剪力和弯矩方程分别为

$$F_Q(x_2) = -F_B = -\frac{Fa}{l} \qquad (0 < x_2 < b)$$

$$M(x_2) = F_B x_2 = \frac{Fa}{l} x_2 \qquad (0 \leqslant x_2 \leqslant b)$$

（3）画剪力图、弯矩图。

由剪力方程和弯矩方程作剪力、弯矩图，如图 2-24(b)、(c)所示。由图 2-24(c)可以看出，横截面 C 处的弯矩最大，其值为 $M_{\max} = \dfrac{ab}{l} F$。

例 2-8　图 2-25(a)所示的简支梁 AB，在点 C 处作用集中力偶 M，试画出此梁的剪力图、弯矩图。

解　（1）计算支座的约束反力。

由平衡方程求得

$$F_A = -M/L, \quad F_B = M/L$$

（2）建立剪力与弯矩方程。

梁上作用一个集中力偶时，应分别列出 AC、BC 两段梁上的剪力及弯矩方程。

AC 段内的剪力和弯矩方程分别为

$$F_Q(x_1) = F_A = -\frac{M}{l} \qquad (0 < x_1 \leqslant a)$$

$$M(x_1) = F_A x_1 = -\frac{M}{l} x_1 \qquad (0 \leqslant x_1 < a)$$

CB 段内的剪力和弯矩方程分别为

$$F_Q(x_2) = -F_B = -\frac{M}{l} \qquad (0 < x_2 \leqslant b)$$

$$M(x_2) = F_B x_2 = \frac{M}{l} x_2 \qquad (0 \leqslant x_2 < b)$$

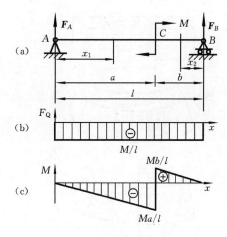

图 2-25　简支梁受集中力偶

（3）画剪力图、弯矩图。

由剪力方程和弯矩方程作剪力图、弯矩图，如图 2-25(b)、(c)所示。

由剪力图、弯矩图可以得出结论：在集中力偶作用下，其左、右两侧横截面上的剪力相同，但弯矩则发生突变，突变值等于该集中力偶之值。

2.3.3　弯曲正应力和强度计算

1. 弯曲时的正应力

在某一段梁内，若梁横截面上既有弯矩又有剪力，称为横力弯曲；若梁横截面上只有弯矩没有剪力，则称为纯弯曲。

在纯弯曲矩形截面梁的侧面上画出一些纵向线和横向线（见图 2-26(a)），然后在梁的两端加上力偶矩，其弯曲变形特点如图 2-26(b)所示。由此可作如下假设：变形前为平面的横截面，变形后仍为平面，且仍垂直于变形后的梁轴线，这个假设称为平面假设，横截面围绕转动的轴称为中性轴。可以证明：中性轴是通过截面形心的，由梁的轴线和中性轴所构成的平面称为中性层（见图 2-26(c)）。根据平面假设可知：中性层上的材料既不伸长，也不缩短。另外，通常还假设梁的各纵向纤维间无相互作用的正应力。

从图 2-26 所示的梁中取一微段 $\mathrm{d}x$，放大后如图 2-27 所示，纵向纤维 O_1O_2 位于中性层上。根据平面假设，变形前相距为 $\mathrm{d}x$ 的两个横截面，变形后各自绕中性轴相对转过一个角度 $\mathrm{d}\theta$，于是，距中性层为 y 的纵向纤维 CD 的应变为

$$\varepsilon = \frac{C'D' - CD}{CD} = \frac{(\rho + y)\mathrm{d}\theta - \rho \mathrm{d}\theta}{\rho \mathrm{d}\theta} = \frac{y}{\rho} \qquad (2\text{-}16)$$

式中：ρ 为中性层的曲率半径，mm。

由于纵向纤维间无正应力，每一纵向纤维都是单向拉伸或压缩，于是，当材料在弹性范围内时，根据胡克定律可得

$$\sigma = E\varepsilon = E\frac{y}{\rho} \qquad (2\text{-}17)$$

这表明：当材料一定时，梁横截面上任意点的正应力与该点距中性层的距离成正比，

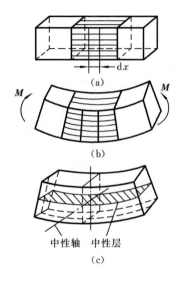

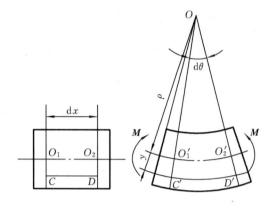

图 2-26　纯弯曲的变形特征　　　　　　　图 2-27　梁的弯曲应力分析

即应力在中性层上为零，距中性层越远应力越大，且中性层的一侧全为拉应力，另一侧全为压应力（见图 2-28(a)）。若从横截面上取微小面积 $\mathrm{d}A$（见图 2-28(b)），可以认为微小面积上的应力均匀分布。然后，将微内力 $\sigma \mathrm{d}A$ 对中性轴取矩，并在整个横截面面积上积分，其结果应该等于横截面面积上的弯矩，即

$$M = \int_A y\sigma\mathrm{d}A = \int_A yE\,\frac{y}{\rho}\mathrm{d}A = \frac{E}{\rho}\int_A y^2\mathrm{d}A \tag{2-18}$$

式中：$\int_A y^2\mathrm{d}A$ 为仅与截面尺寸和形状有关的量，称为截面对 z 轴的惯性矩，用 I_z 表示，其单位为 m^4。对于矩形截面：$I_z = bh^3/12$；对于实心圆截面：$I_z = \pi d^4/64$；对于空心圆截面：$I_z = \pi(D^4 - d^4)/64$；其他截面类型的惯性矩可参阅有关设计手册。

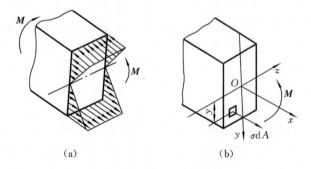

图 2-28　梁横截面应力分布情况

于是，式(2-18)可写成

$$\frac{1}{\rho} = \frac{M}{EI_z} \tag{2-19}$$

将式(2-19)中的 ρ 代入式(2-17)得

$$\sigma = \frac{My}{I_z} \tag{2-20}$$

这就是纯弯曲时正应力的计算公式。

一般来说，梁的强度是由截面上的最大正应力决定的。由式(2-20)可知，在横截面上

最外边缘处,弯曲正应力最大,所以,梁最外边缘各点即为危险点。如果用 $y_{\max}$ 表示最外边缘处的点到中性轴的距离,则横截面上的最大弯曲正应力为

$$\sigma_{\max} = \frac{M_{\max} y_{\max}}{I_z} \tag{2-21}$$

式中:$I_z/y_{\max}$ 可用符号 W_Z 表示,称为抗弯截面系数,mm^3。对于矩形截面:$W_Z = bh^2/6$,其中 b 和 h 分别为宽和高,mm;对于实心圆截面:$W_Z = \pi d^3/32$,其中 d 为直径,mm;对于空心圆截面:$W_Z = \pi D^3(1-\alpha^4)/32$,其中 $\alpha = d/D$,d 和 D 分别为空心圆的内径和外径,mm。

则式(2-21)可写为

$$\sigma_{\max} = \frac{M_{\max}}{W_Z} \tag{2-22}$$

上述弯曲正应力公式是在纯弯曲状态下得到的。当梁受到横向力作用时,在横截面上,一般其横截面上既有弯矩又有剪力,即为横力弯曲。但是根据精确的理论分析和实验验证,当梁的跨度 l 和横截面高度 h 之比 $l/h > 5$ 时,梁的横截面上的正应力分布与纯弯曲时很接近,即剪力的影响很小。而工程上常用梁的跨度比 l/h 往往远大于5,所以纯弯曲正应力公式对于横力弯曲仍可适用。

2.弯曲正应力强度条件

为了保证梁可以安全工作,必须使梁危险截面上的最大弯曲正应力不超过材料的许用弯曲应力。即弯曲强度条件为

$$\sigma_{\max} = \frac{M_{\max}}{W_Z} \leqslant [\sigma] \tag{2-23}$$

式中:$[\sigma]$ 为许用弯曲应力,其值随材料而异,可在有关的手册中查得。

对抗拉强度、抗压强度相同的材料(如碳钢),只要绝对值最大的正应力不超过许用应力即可,对抗拉、抗压强度不相同的材料(如铸铁),则抗拉、抗压的最大正应力都不应超过各自的许用应力。

根据梁的正应力强度条件,可以解决梁在平面弯曲时的三类强度计算问题,即强度校核、截面设计以及确定许可载荷。

例 2-9 图 2-29(a)所示为造纸机上的圆截面辊轴。中段 BC 受均布载荷作用。已知载荷集度 $q = 1\ kN/mm$,许用弯曲正应力 $[\sigma] = 140\ MPa$,试设计辊轴的截面直径。图中尺寸单位为 mm。

解 (1)计算支座约束反力。

拟订如图 2-29(b)所示的计算简图,有

$$F_{Ay} = F_{Dy} = \frac{1}{2} \times 1 \times 1\ 400\ kN = 700\ kN$$

(2)绘制弯矩图并求最大弯矩。

绘制的弯矩图如图 2-29(c)所示。

$$M_{\max} = (700 \times 1 - \frac{1}{2} \times 1\ 000 \times 0.7^2)\ kN \cdot m = 455\ kN \cdot m$$

截面 B、C 的弯矩为

$$M_B = M_C = 700 \times 0.3\ kN \cdot m = 210\ kN \cdot m$$

由式(2-23)所示强度条件式有

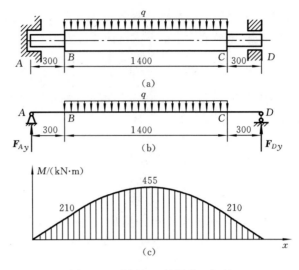

图 2-29　造纸机上的圆截面辊轴

$$d \geqslant \sqrt[3]{\frac{32M}{\pi[\sigma]}}$$

将已知数据代入上式，可得辊轴中段和 AB 段（或 CD 段）的截面直径分别为

$$d_1 \geqslant \sqrt[3]{\frac{32M_{max}}{\pi[\sigma]}} = \sqrt[3]{\frac{32 \times 455 \times 10^6}{\pi \times 140}} \ mm = 321 \ mm$$

$$d_2 \geqslant \sqrt[3]{\frac{32M_B}{\pi[\sigma]}} = \sqrt[3]{\frac{32 \times 210 \times 10^6}{\pi \times 140}} \ mm = 248 \ mm$$

所以，辊轴中段直径 $d_1 = 321$ mm；AB 段（或 CD 段）的直径 $d_2 = 248$ mm。

例 2-10　图 2-30(a)所示桥式起重机的大梁由 32b 工字钢制成，跨长 $l = 10$ m，材料的许用应力为 $[\sigma] = 140$ MPa，电动葫芦 $G = 0.5$ kN，梁的自重不计，求梁能够承受的最大吊重 F。

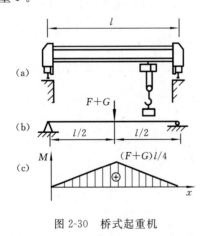

图 2-30　桥式起重机

解　起重机大梁的力学模型为图 2-30(b)所示的简支梁。电动葫芦移动到梁跨长的中点时，梁中点截面处将产生最大弯矩，画弯矩图（见图 2-30(c)）。梁中点截面为危险截面，其最大弯矩为

$$M_{max} = \frac{(G + F)l}{4}$$

由梁的抗弯强度条件：$\sigma_{max} = \dfrac{M_{max}}{W_Z} \leqslant [\sigma]$

得　　　$\dfrac{(G + F)l}{4} \leqslant [\sigma]W_Z$

查热轧工字钢表中的 32b 工字钢的有关技术数据，$W_Z = 7.26 \times 10^5$ mm³，代入上式得

$$F \leqslant \frac{4[\sigma]W_Z}{l} - G = \left(\frac{4 \times 140 \times 7.26 \times 10^5}{10 \times 10^3} - 0.5 \times 10^3 \right) \ N = 40.38 \times 10^3 \ N = 40.38 \ kN$$

所以梁能够承受的最大吊重为 40.38 kN。

2.3.4 提高梁弯曲强度的措施

从梁的弯曲正应力强度条件可以知道:降低梁的最大弯矩、提高梁的抗弯截面系数和减小跨距,都可以提高梁的弯曲强度。

1. 降低梁的最大弯矩

在载荷不变的情况下,可以通过合理布置载荷和合理安排支座来降低梁的最大弯矩。

(1) 集中力远离简支梁的中点。图 2-31(a)所示的简支梁作用有集中力 F,由弯矩图可见,最大弯矩为 $M_{max} = Fab/l$,若集中力 F 作用在梁的中点,即 $a = b = l/2$,则最大弯矩为 $M_{max} = Fl/4$ 。即集中力远离简支梁的中点或靠近支座作用,可降低最大弯矩,提高梁的抗弯强度。

(2) 将载荷分散作用。图 2-31(b)所示的简支梁,若必须在中点作用载荷,则可通过增加辅助梁 CD ,使集中力 F 在 AB 梁上分散作用。集中力作用在梁中点的最大弯矩为 $M_{max} = Fl/4$,增加辅助梁后, $M_{max} = Fx/2$,当 $x = l/4$ 时, $M_{max} = Fl/8$ 。但必须注意,辅助梁 CD 的跨距要选择适当,太长会降低辅助梁的强度,太短不能有效提高梁 AB 的抗弯强度。若将作用于简支梁中点的集中力均匀分散作用在梁的跨长上(见图 2-31(c)),均布载荷集度 $q = F/l$,则梁的最大弯矩为 $M_{max} = ql^2/8 = Fl/8$ 。

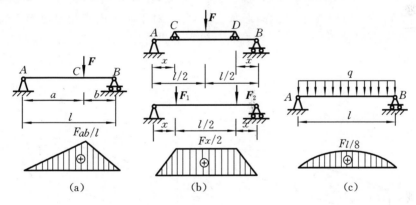

图 2-31 合理布置简支梁的载荷

(3) 合理安排支座的位置   图 2-32(a)所示为受均布载荷作用的简支梁,若将其改为两端外伸的外伸梁(见图 2-32(b)),则梁的最大弯矩值将大为降低。

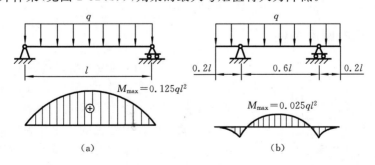

图 2-32 合理安排支座的位置

2. 采用等强度梁

等截面直梁的尺寸是由最大弯矩 M_{max} 确定的,但是其他截面的弯矩值较小,其截面上、下边缘的应力远小于许用应力，材料未得到充分利用。所以，工程中常采用等强度梁，使截面尺寸随截面弯矩的大小而改变，使各截面的最大应力都近似等于材料的许用应力，以期最大限度地利用材料。如摇臂钻床的摇臂AB（见图 2-33（a））、汽车上的板簧（见图 2-33（b））、阶梯轴（见图 2-33（c））等，都是等强度梁的应用实例。

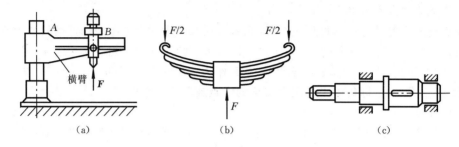

图 2-33　等强度梁的实例

3. 梁截面的合理形状

从最大正应力公式 $\sigma_{\max} = \dfrac{M_{\max}}{W_Z}$ 可知，在给定的截面上，抗弯截面系数 W_Z 越大，截面上的最大应力 $\sigma_{\max}$ 也就越小，截面也就越安全。因此，在设计截面时，应尽量考虑抗弯截面系数 W_Z 大而截面面积 A 小的截面形状。换言之，对于两个面积相等而形状不同的截面，抗弯截面系数 W_Z 较大者抗弯强度较高。以矩形截面梁为例，宽度为 b，高度为 h 的矩形截面梁（假设 $h > b$），平放时（见图 2-34（a）），承载能力小，而竖放时（见图 2-34（b）），承载能力大。这是由于平放时 $W_{Z\text{平}} = \dfrac{1}{6}hb^2$，竖放时 $W_{Z\text{竖}} = \dfrac{1}{6}bh^2$，即 $W_{Z\text{竖}} > W_{Z\text{平}}$，因此，竖放时有较大的抗弯强度。

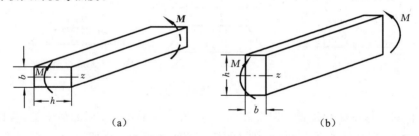

图 2-34　截面形状的合理设计

2.3.5　梁的刚度条件

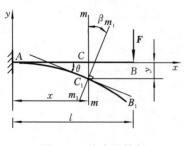

图 2-35　挠度和转角

在工程设计中，通常先根据强度条件确定梁的截面尺寸，然后再进行刚度校核。如图 2-35 所示，在原轴线的垂直方向上的线位移称为梁在该点的挠度，用 y 表示；横截面绕中性轴的转角称为该截面的转角，用 θ 表示。对于最常见的简支梁和悬臂梁，在简单载荷作用下的变形计算可查阅材料力学教材。

校核刚度的目的，就是要合理控制梁的变形，以使梁的最大挠度 y 和最大转角 θ 限制在规定的范围之内,从而保证梁的正常工作。

梁的刚度条件为

$$y_{\max} \leqslant [y] \tag{2-24}$$

$$\theta_{\max} \leqslant [\theta] \tag{2-25}$$

式中:$[y]$ 和 $[\theta]$ 分别为许用挠度和许用转角,其值可根据工作要求或参照有关的设计手册确定。

2.3.6　组合变形时的强度计算

在工程实际中,构件由外力所引起的变形常常同时包含有两种或两种以上的基本变形,称为组合变形。如图 2-36 所示的搅拌轴同时发生拉伸和扭转变形,又如图 2-37 所示的是一个既承受弯矩又承受转矩的转轴。计算组合变形时,若杆件的变形很小且在弹性范围内,就可以应用叠加原理,即先将杆件上的外力分成几组,使每一组外力只产生一种基本形式的变形,分别计算各基本变形所引起的应力,然后叠加,从而确定危险截面,进行组合变形的强度计算。

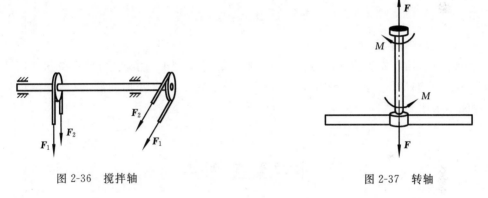

图 2-36　搅拌轴　　　　　　　　　　　图 2-37　转轴

1. 拉(压)弯组合变形

如图 2-38 所示的悬臂矩形截面梁,在自由端截面形心上作用一集中力 F,其作用线位于梁的纵向对称面内,与梁轴线的夹角为 θ。因为力 F 的作用线既不与轴线重合,又不与轴线垂直,故梁的变形既不是单纯的轴向拉压,也不是单纯的平面弯曲。将力 F 分解为两个分力 F_y、F_z,轴向力 F_y 使梁发生拉伸变形,横向力 F_z 使梁发生弯曲变形。故梁在力 F 的作用下,将产生拉弯组合变形。

若作用于直杆上的外力平行于杆的轴线但不通过截面形心时,将产生偏心拉(压)变形,如图 2-39(a)所示的钻床立柱产生偏心拉伸变形,又如图 2-39(b)所示的厂房立柱产生偏心压缩变形。

图 2-39(b)所示的厂房立柱,在顶端作用一偏心压力 F,其作用点与横截面形心的距离为 e,称为偏心距。根据力的平移定理,将偏心压力 F 平移到截面形心,可得到一轴向压力 F' 和一附加力偶 M'。在轴向压力的作用下,杆发生轴向压缩变形;在附加力偶的作用下,杆发生弯曲变形。可见,立柱在偏心压力 F 的作用下,将发生压弯组合变形。

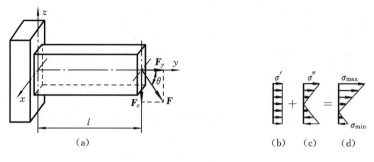

图 2-38　拉伸（压缩）与弯曲组合变形的强度计算

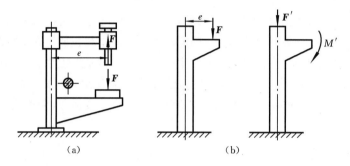

图 2-39　钻床立柱与厂房立柱

2. 弯曲与扭转的组合变形

一般来说，轴在发生扭转时常伴随着弯曲。在弯矩较小的情况下，轴只按扭转问题来处理。但当弯曲变形不能忽视时，就成为弯曲与扭转的组合变形问题，简称弯扭组合变形，参阅本书第 13 章。

本章重点、难点

重点：拉（压）杆横截面上的内力、应力及许用应力的概念。拉（压）杆的强度计算；剪切与挤压强度的实用计算；外力偶和扭矩的计算及扭矩图的绘制，圆轴扭转时的应力、强度条件；剪力、弯矩的计算以及剪力图、弯矩图的绘制，弯曲正应力强度的计算。

难点：拉（压）杆轴力的分析、计算及拉（压）杆的强度计算，扭矩图的绘制，圆轴扭转的强度计算，梁的内力分析及最大弯矩的确定。

思考题与习题

2-1　何谓轴力？轴力的正负号是如何规定的？如何计算轴力？

2-2　何谓扭矩？扭矩的正负号是如何规定的？

2-3　怎样判断剪切面与挤压面？

2-4 何谓扭矩？扭矩的正负号是怎样规定的？如何计算扭矩？如何画扭矩图？

2-5 何谓剪力、弯矩？如何确定梁横截面上的剪力、弯矩？其正负号是如何规定的？

2-6 用截面法求题 2-6 图所示各拉(压)杆指定截面的轴力,并画出各杆的轴力图。

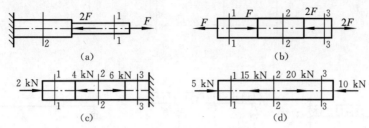

题 2-6 图

2-7 如题 2-7 图所示阶梯形圆截面杆 AC,承受轴向载荷 $F_1 = 200 \text{ kN}$、$F_2 = 100 \text{ kN}$,AB 段的直径 $d_1 = 40 \text{ mm}$。若欲使 BC 与 AB 段的正应力相同,试求 BC 段的直径。

2-8 如题 2-8 图所示的桁架,由圆截面杆 1、2 组成,并在节点 A 承受铅垂载荷 $F = 80$ kN。杆 1、2 的直径分别为 $d_1 = 30 \text{ mm}$ 和 $d_2 = 20 \text{ mm}$,两杆的材料相同,屈服极限 $\sigma_s = 320$ MPa,安全系数 $n = 2.0$。

(1)试校核桁架的强度。

(2)试确定桁架承受载荷的许可值$[F]$。

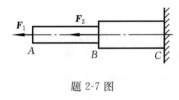

题 2-7 图

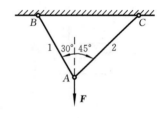

题 2-8 图

2-9 试画出题 2-9 图所示两轴的扭矩图。

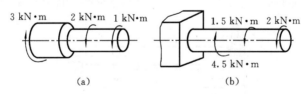

题 2-9 图

2-10 如题 2-10 图所示,圆轴上作用有四个外力偶矩 $M_{e1} = 1 \text{ kN} \cdot \text{m}$,$M_{e2} = 0.6 \text{ kN} \cdot \text{m}$,$M_{e3} = M_{e4} = 0.2 \text{ kN} \cdot \text{m}$。

(1)试画出该轴的扭矩图;

(2)若 M_{e1} 与 M_{e2} 的作用位置互换,扭矩图有何变化？

2-11 写出题 2-11 图所示各梁的剪力和弯矩方程,作相应的剪力图、弯矩图,并求出最大弯矩 M_{max}。

2-12 载荷可按四种方式作用于题 2-12 图所示的简支梁上,若 l、F、$[\sigma]$、W_Z 均相同,

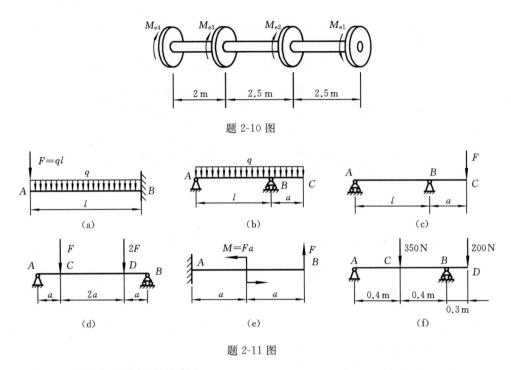

题 2-10 图

题 2-11 图

试判断哪一种方式具有较高的强度。

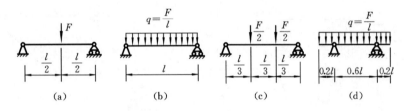

题 2-12 图

2-13　题 2-13 图所示的轧辊轴直径 $D=280$ mm，跨长 $L=1\,000$ mm，$l=450$ mm，$b=100$ mm，轧辊材料的弯曲许用应力$[\sigma]=100$ MPa，求轧辊所能承受的最大允许轧制力。

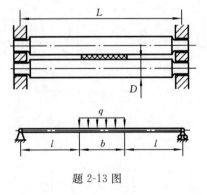

题 2-13 图

第2篇　常用机构篇

　　机器是由机构组成的,一部机器可以包含一个或若干个机构。而机构是由构件组成的,构件是由零件组成的。分析一台机器,例如车床、内燃机、洗衣机等的工作过程可知,其工作过程实际上都是包含着多种机构和零部件的运动过程。

　　本篇着重介绍机械中常用机构(如连杆机构、凸轮机构、齿轮机构、轮系)的工作原理、结构特点、应用及设计的基本知识。

第3章　平面机构的自由度和速度分析

　　机构是一个构件系统,为了传递运动和动力,机构各构件之间应具有确定的相对运动。但任意拼凑的构件系统不一定能发生相对运动,即使能够运动,也不一定具有确定的相对运动。讨论机构满足什么条件时构件间才具有确定的相对运动,对于分析现有机构或设计新机构都是很重要的。

　　实际机构的外形和结构都很复杂,为了便于分析研究,在工程设计中,通常都用简单的线条和符号绘制的机构运动简图来表示实际机械。工程技术人员应当熟悉机构运动简图的绘制方法。

　　所有构件都在同一平面或相互平行平面内运动的机构称为平面机构,否则,称为空间机构。工程中常见的机构大多属于平面机构,因此,本章只讨论平面机构。

3.1　运动副及其分类

　　一个做平面运动的自由构件具有三个独立运动。在坐标系 xOy 中,构件 S 可随其上任一点 A 沿 x 轴、y 轴方向独立移动和绕点 A 独立转动,如图 3-1 所示。构件相对于参考系的独立运动称为自由度。所以,一个做平面运动的自由构件有三个自由度。

　　机构是由许多构件组成的。机构的每个构件都以一定的方式与其他构件相互连接,这种连接不是固定连接,而是能产生一定相对运动的连接。两构件直接接触并能产生一定相对运动的连接称为运动副。构件组成运动副后,其独立运动受到约束,自由度随之减少。

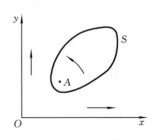

图 3-1　平面运动构件的自由度

　　两构件组成的运动副,不外乎通过点、线或面的接触来实现。按照接触特性,通常把运动副分为低副和高副两类。

　　1. 低副

　　两构件通过面接触组成的运动副称为低副。平面机构中的低副有转动副和移动副两种。

（1）转动副　若组成运动副的两构件只能在平面内相对转动,这种运动副称为转动副或铰链,如图 3-2(a)所示。

（2）移动副　若组成运动副的两构件只能沿某一轴线相对移动,这种运动副称为移动副,如图 3-2(b)所示。

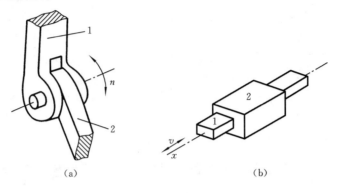

图 3-2　低副

2. 高副

两构件通过点或线接触组成的运动副称为高副。如图 3-3(a)所示的凸轮 1 与从动件 2、图 3-3(b)中的齿轮 1 与齿轮 2 分别在接触点 A 处组成高副。组成平面高副的两构件间的相对运动是沿接触处公切线 $t—t$ 方向的相对移动和在平面内的相对转动。

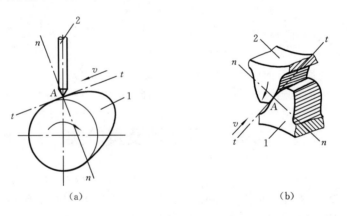

图 3-3　高副

3.2　平面机构运动简图

在对现有机械进行分析或设计新机械时,都需要绘出其机构运动简图。实际构件的外形和结构很复杂,在研究机构运动时,为了使问题简化,有必要撇开那些与运动无关的构件外形和运动副具体构造,仅用简单线条和规定的符号表示构件和运动副,并按比例定出各运动副的位置。这种用来表示机构各构件间相对运动关系的简化图形,称为机构运动简图。国家标准规定了机构运动简图的符号,表 3-1 所示为常用构件和运动副的代表符号。

表 3-1　常用机构构件和运动副的代表符号

名称	两运动构件形成的运动副	两构件之一为机架时所形成的运动副
转动副		
移动副		

构件	二副元素构件	三副元素构件	多副元素构件

齿轮机构	外啮合	内啮合	齿轮齿条	圆锥齿轮	蜗杆传动

其他机构及带传动	凸轮机构	棘轮机构	带传动

机构中的构件可分为三类。

(1) 固定件(机架):用来支承活动构件的构件。

(2) 原动件(主动件):运动规律已知的活动构件,它的运动是由外界输入的。

(3) 从动件:机构中随原动件运动而运动的其余活动构件。

绘制机构运动简图时,应首先分析机构的运动,找出固定件、原动件和从动件,然后从原动件开始,按照运动传递的顺序,分析各构件之间相对运动的性质,确定构件的数目、运动副的类型和数目。一般选择机械中多数构件的运动平面为视图平面。最后,选择适当的比例尺,定出各运动副之间的相对位置,用构件和运动副的简图符号绘制机构运动简图。

下面举例说明机构运动简图的绘制方法。

例 3-1　绘制图 3-4(a)所示颚式破碎机的机构运动简图。

解　(1) 分析机构的运动,确定原动件、从动件和机架。

构件 6 为机架,曲轴(偏心轴)1 为原动件,其余的构件为从动件。当曲轴 1 绕轴线 A 转动时,驱使输出构件动颚板 5 做平面复杂运动,从而将矿石轧碎。

(2) 确定构件数目及运动副的种类和数目。

由原动件开始,按照运动传递顺序可知,曲轴 1 与机架 6、曲轴 1 与构件 2、构件 2 与构件 3、构件 2 与构件 4、构件 3 与构件 6、构件 4 与构件 5、构件 5 与机架 6 之间的相对运动均为转动。由此可知，机构中共有 6 个构件，组成 A、B、C、D、E、F、G 七个转动副。

（3）合理选择视图平面。

图 3-4(a)已能清楚地表达各构件的运动关系，所以选择此平面为视图平面。

（4）合理选择长度比例尺 μ_l(mm /mm)。

比例尺应根据实际机构和图幅大小来选定。

（5）绘制颚式破碎机的机构运动简图。

先确定转动副 A 的位置，然后按选定比例尺确定转动副 B、C、D、E、F、G 的位置，用构件和运动副的规定符号绘出机构运动简图。标明构件号，在机架处画上短斜线，在原动件 1 上标注表示运动方向的弧形箭头，如图 3-4(b)所示。

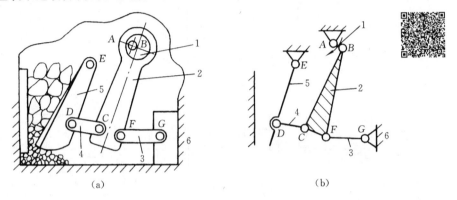

图 3-4　颚式破碎机及其机构运动简图

3.3　平面机构的自由度

机构的各构件之间应具有确定的相对运动。不能产生相对运动或做无规则运动的一堆构件是不能成为机构的。为了使组合起来的构件能产生相对运动并具有确定的运动，有必要探讨机构的自由度和机构具有确定运动的条件。

3.3.1　平面机构自由度计算公式

如前所述，一个做平面运动的构件具有三个自由度。但当构件之间通过运动副连接之后，它们的相对运动就会受到限制，自由度数目也随之减少，这种限制作用称为约束。不同种类的运动副引入的约束不同，所以保留的自由度也不同。低副中的转动副（见图 3-2(a)）约束了两个移动自由度，只保留一个转动自由度；而移动副（见图 3-2(b)）约束了沿一轴方向的移动和在平面内的转动两个自由度，只保留沿另一轴方向移动的自由度；高副（见图 3-3）则只约束了沿接触处公法线 n—n 方向移动的自由度，保留绕接触处的转动和沿接触处公切线 t—t 方向的移动两个自由度。由此可知，在平面机构中：每个低副引入两个约束，使构件失去两个自由度；每个高副引入一个约束，使构件失去一个自由度。

设某平面机构共由 N 个构件组成。除去固定构件，则机构中的活动构件数为 $n=N-1$。在未用运动副连接之前，这些活动构件的自由度总数为 $3n$。当用运动副将构件连接组成机构之后，机构中各构件具有的自由度随之减少。若机构中低副数为 P_L 个，高副数为 P_H 个，则运动副引入的约束总数为 $2P_L+P_H$。因此，活动构件的自由度总数减去运

动副引入的约束总数就是该机构的自由度,用 F 表示,即

$$F = 3n - 2P_{\mathrm{L}} - P_{\mathrm{H}} \tag{3-1}$$

式(3-1)是平面机构自由度的计算公式。由式(3-1)可知,机构的自由度取决于活动构件的数目及运动副的性质和数目。

3.3.2　机构具有确定运动的条件

机构的自由度也就是机构相对机架具有的独立运动的数目。为了使机构具有确定的相对运动,还应使给定的独立运动数目等于机构的自由度。而给定的独立运动规律是由原动件提供的,通常每个原动件具有一个独立运动规律(如电动机转子具有一个独立转动、内燃机活塞具有一个独立移动)。因此,机构的自由度应当与原动件数相等。

例 3-2　计算图 3-4(b)所示颚式破碎机主体机构的自由度。

解　在颚式破碎机主体机构中,活动构件数 $n=5$,低副数 $P_{\mathrm{L}}=7$,高副数 $P_{\mathrm{H}}=0$。由式(3-1)得

$$F = 3n - 2P_{\mathrm{L}} - P_{\mathrm{H}} = 3 \times 5 - 2 \times 7 = 1$$

该机构具有一个原动件(曲柄 1),原动件数与机构自由度数相等。

机构原动件的独立运动是由外界给定的。如果给出的原动件数不等于机构自由度,将会发生下列问题。

图 3-5 所示为原动件数小于机构自由度时的例子(其中原动件数等于 1,机构自由度 $F=3 \times 4 - 2 \times 5 = 2$)。当只给定原动件 1 的位置角 φ_1 时,从动件 2、3、4 的位置不能确定,不具有确定的相对运动。只有给出两个原动件,使构件 1、4 都处于给定位置,才能使从动件获得确定运动。

图 3-6 所示为原动件数大于机构自由度的例子(其中原动件数等于 2,机构自由度 $F=3 \times 3 - 2 \times 4 = 1$)。如果原动件 1 和原动件 3 的给定运动同时都满足,则机构中最弱的构件必将损坏。

图 3-7 所示为机构自由度等于零的构件组合($F=3 \times 4 - 2 \times 6 = 0$),它是一个桁架。它的各构件之间不可能产生相对运动。

综上所述,机构具有确定运动的条件是:机构自由度 $F>0$,且 F 等于原动件数。

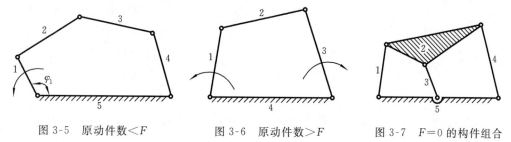

图 3-5　原动件数 $<F$　　　　图 3-6　原动件数 $>F$　　　　图 3-7　$F=0$ 的构件组合

3.3.3　计算平面机构自由度的注意事项

应用式(3-1)计算平面机构的自由度时,须注意以下几种情况,否则得不到正确的结果。

1. 复合铰链

两个以上的构件同时在一处用转动副相连接就构成复合铰链。如图 3-8(a)所示，构件 1、2、3 在同一处构成转动副，而从左视图（见图 3-8(b)）可知，这三个构件共组成两个转动副。显然，如有 m 个构件（包括固定构件）汇集构成的复合铰链，应有 $m-1$ 个转动副。

例 3-3　计算图 3-9 所示直线机构的自由度。

解　机构中有七个活动构件，$n=7$；在 B、C、D、F 四处都是由三个构件组成的复合铰链，各具有两个转动副。所以，$n=7$，$P_L=10$，$P_H=0$，由式(3-1)得

$$F = 3n - 2P_L - P_H = 3 \times 7 - 2 \times 10 = 1$$

机构的自由度数与原动件数相等，故该机构具有确定的相对运动。

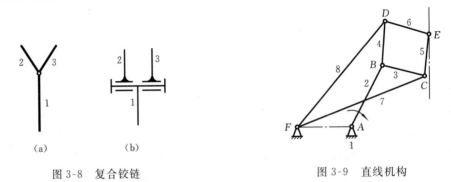

图 3-8　复合铰链　　　　　　　　　　图 3-9　直线机构

2. 局部自由度

机构中常出现一种与输出构件运动无关的自由度，称为局部自由度。在计算机构自由度时应该将其除去不计。

例 3-4　计算图 3-10(a)所示滚子从动件盘形凸轮机构的自由度。

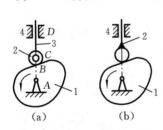

图 3-10　局部自由度

解　如图 3-10(a)所示，当原动件凸轮 1 转动时，通过滚子 2 驱使，从动件 3 以一定运动规律在机架 4 中往复移动，从动件 3 是输出构件。可以看出，滚子绕其自身轴线的自由转动不影响输出构件 3 的运动。因此，滚子绕其中心的转动是一个局部自由度。为了在计算自由度时排除这个局部自由度，可以设想将滚子与从动件焊成一体（转动副 C 也随之消失），化成如图 3-10(b)所示形式，然后进行计算。此时，$n=2$，$P_L=2$，$P_H=1$，按式(3-1)可得

$$F = 3n - 2P_L - P_H = 3 \times 2 - 2 \times 2 - 1 = 1$$

局部自由度虽然不影响整个机构的运动，但滚子可使高副接触处的滑动摩擦变为滚动摩擦，减少磨损。

3. 虚约束

对机构的运动不起限制作用的重复约束称为虚约束，在计算机构自由度时应当除去不计。

例如在图 3-11(a)所示的平行四边形机构中，连杆 3 作平动，其上各点的轨迹均为圆心在线 AD 上而半径等于 $\overline{AB}$ 的圆。若在该机构中再增加一个构件 5，使其与构件 2、4 相

互平行,且长度相等,如图 3-11(b)所示。由于杆 5 上点 E 的轨迹与杆 3 上点 E 的轨迹相互重合,因此,加上杆 5 并不影响机构的运动,但此时机构的自由度为

$$F = 3n - 2P_L - P_H = 3 \times 4 - 2 \times 6 = 0$$

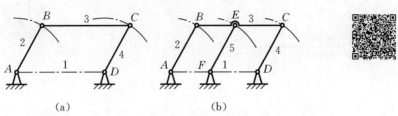

(a)　　　　　　　　(b)

图 3-11　运动轨迹重合引入虚约束

这个结果与实际情况不符,造成这个结果的原因是增加了一个构件 5,引入了三个自由度,但同时又增加了两个转动副,形式上引入了四个约束,即多引入了一个约束。而实际上这个约束对机构的运动起着重复的限制作用,因而它是一个虚约束。在计算机构的自由度时,应先将产生虚约束的构件和运动副去掉(见图 3-11(a)),然后再进行计算,即该机构的自由度为

$$F = 3n - 2P_L - P_H = 3 \times 3 - 2 \times 4 = 1$$

常见的虚约束有以下几种情况。

(1) 如果用转动副连接的两构件运动轨迹重合,则该连接引入的约束为虚约束,如图 3-11(b)所示。

(2) 机构运动时,如果两构件上两点间的距离始终保持不变,将此两点用构件和运动副连接,则会引入虚约束,如图 3-12 所示。

(3) 两个构件之间组成多个导路平行或重合的移动副时,只有一个移动副起作用,其余都是虚约束,如图 3-13 所示。

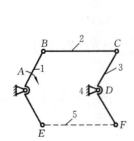

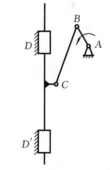

图 3-12　两点间距离不变引入的约束　　　　　图 3-13　多个导路平行或重合引入的虚约束

(4) 两个构件之间组成多个轴线重合的转动副时,只有一个转动副起作用,其余都是虚约束,如图 3-14 所示。

(5) 机构中对传递运动不起独立作用的对称部分。在图 3-15 所示的差动轮系中,为了受力均衡,采取三个行星轮 2、$2'$ 和 $2''$ 对称布置的结构,而事实上只要一个行星轮便能满足运动要求,其余两个行星轮带入的约束为虚约束。

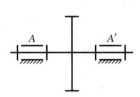

图 3-14　轴线重合引入的虚约束

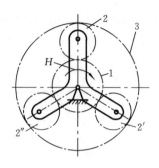

图 3-15　差动轮系

虚约束对机构的运动虽不起作用，但可以增加机构的刚性或改善机构的受力状况，因而被广泛采用。但虚约束要求较高的制造精度，如果加工误差太大，不能满足某些特殊几何条件，虚约束便会变成实际约束，阻碍构件运动。

例 3-5　计算图 3-16(a)所示大筛机构的自由度。

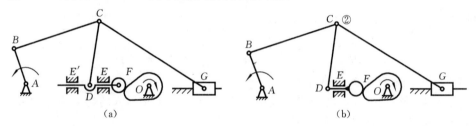

图 3-16　大筛机构

解　机构中的滚子有一个局部自由度，顶杆与机架在 E 和 E' 组成两个导路平行的移动副，其中之一为虚约束。C 处是复合铰链。现将滚子与顶杆焊成一体，去掉移动副 E'，如图 5-16(b)所示。$n=7$，$P_L=9$(七个转动副，两个移动副)，$P_H=1$，由式(3-1)可得

$$F = 3n - 2P_L - P_H = 3 \times 7 - 2 \times 9 - 1 = 2$$

机构的自由度等于2，有两个原动件，因此，该机构具有确定的运动。

3.4　速度瞬心及其在机构速度分析中的应用

3.4.1　速度瞬心及其位置的确定

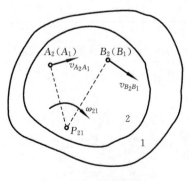

图 3-17　速度瞬心图

如图 3-17 所示，当刚体1、2做平面运动时，在任一瞬时，其相对运动可看作是绕某一重合点的相对转动，该重合点称为速度瞬心，简称瞬心。因此，瞬心是该两刚体上绝对速度相同的重合点（简称同速点）。如果这两个刚体都是运动的，则其瞬心称为相对瞬心；如果两个刚体之一是静止的，则其瞬心称为绝对瞬心。用符号 P_{ij} 表示构件 i 与构件 j 的瞬心。

由于机构中每两个构件之间就有一个瞬心，

根据排列组合的知识,由 N 个构件(含机架)组成的机构,其瞬心总数 K 应为

$$K = \frac{N(N-1)}{2} \tag{3-2}$$

机构中瞬心位置的确定可以采用瞬心定义法和三心定理法。

1. 瞬心定义法

这种方法用于确定通过运动副直接相连的两构件的瞬心位置,如图 3-18 所示。以转动副相连接的两构件的瞬心就在转动副的中心处(见图 3-18(a));以移动副相连接的两构件的瞬心位于垂直于导路的无穷远处(见图 3-18(b));当两构件以平面高副相连接时,若两高副元素之间为纯滚动时,接触点相对速度为零,所以接触点就是其瞬心(见图 3-18(c)),当两高副元素间既有相对滚动,又有相对滑动时,由于接触点的相对速度沿切线方向,因此其瞬心应位于过接触点的公法线上,具体位置还要根据其他条件才能确定(见图 3-18(d))。

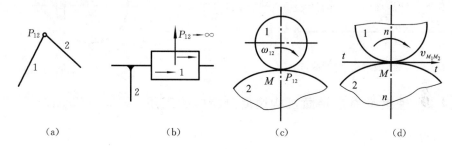

| (a) | (b) | (c) | (d) |

图 3-18 直接组成运动副的两构件的瞬心

2. 三心定理法

对于不直接组成运动副的两构件的瞬心位置,可借助三心定理来确定。所谓三心定理,即作相对平面运动的三个构件共有三个瞬心,这三个瞬心位于同一条直线上。现证明如下。

如图 3-19 所示,设构件 1、2、3 彼此作平面运动,根据式(3-2),它们共有三个瞬心,即 P_{12}、P_{23}、P_{13}。其中,P_{12} 和 P_{13} 分别处于构件 2、1 和构件 3、1 直接构成的转动副的中心,故可直接求出。现只需证明 P_{23} 必定位于 P_{12} 和 P_{13} 的连线上。

设构件 1 为固定构件。因瞬心为两构件上绝对速度相同(方向相同、大小相等)的重合点,如果 P_{23} 不在 P_{12} 和 P_{13} 的连线上,而在图 3-19 所示的任一点 C,则其绝对速度 v_{C_2} 和 v_{C_3} 在方向上就不可能相同。显然,只有当 P_{23} 位于 P_{12} 和 P_{13} 的连线上时,构件 2 和构件 3 的重合点的绝对速度的方向才能一致,故知 P_{23} 必定位于 P_{12} 和 P_{13} 的连线上。

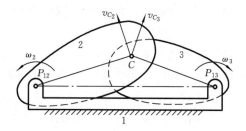

图 3-19 三心定理

例 3-6 求图 3-20 所示铰链四杆机构的瞬心。

解 该机构瞬心数 K 由式(3-2)得

$$K = N(N-1)/2 = 4(4-1)/2 = 6$$

由瞬心的定义可知,瞬心 P_{12}、P_{23}、P_{34}、P_{14} 分别位于转动副中心 A、B、C、D。由三心定理可知,构件1、2、3的三个瞬心 P_{12}、P_{13}、P_{23} 应位于同一直线上;构件1、4、3的三个瞬心 P_{13}、P_{14}、P_{34} 也应位于同一直线上。因此,直线 $P_{12}P_{23}$ 和直线 $P_{14}P_{34}$ 的交点就是瞬心 P_{13}。

同理,直线 $P_{14}P_{12}$ 和直线 $P_{34}P_{23}$ 的交点就是瞬心 P_{24}。

因构件1是机架,所以 P_{12}、P_{13}、P_{14} 是绝对瞬心,而 P_{23}、P_{34}、P_{24} 是相对瞬心。

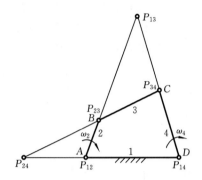
图 3-20　铰链四杆机构的瞬心

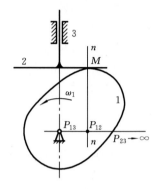
图 3-21　凸轮机构的瞬心

3.4.2　速度瞬心在平面机构速度分析中的应用

1. 求构件的角速度

例3-7　在图3-20所示的铰链四杆机构中,已知各构件的尺寸和原动件2的角速度 ω_2。试求在图示位置时,从动件4的角速度 ω_4。

解　由瞬心定义可知 P_{24} 为构件2、4的等速重合点,故有

$$v_{P_{24}} = \omega_2\,\overline{P_{12}P_{24}} = \omega_4\,\overline{P_{14}P_{24}}$$

由上式可求得从动件4的角速度为

$$\omega_4 = \omega_2\,\frac{\overline{P_{12}P_{24}}}{\overline{P_{14}P_{24}}}$$

2. 求移动构件的速度

例3-8　在图3-21所示的凸轮机构中,设已知各构件的尺寸及凸轮1的角速度 ω_1,求从动件2的移动速度 v_2。

解　该凸轮机构有三个瞬心。P_{13} 位于凸轮回转中心,P_{23} 在垂直于从动件导路的无穷远处。由于凸轮1和从动件2是高副接触(既有滚动又有滑动),则 P_{12} 应在过接触点 M 所作公法线 $n-n$ 上。根据三心定理,可确定 P_{12} 在直线 $P_{13}P_{23}$ 和公法线 $n-n$ 的交点处。又因瞬心 P_{12} 为凸轮1和从动件2的等速重合点,且构件2为移动构件,其上各点速度均相等,故可求得从动件2的移动速度。

$$v_2 = v_{P_{12}} = \omega_1\,\overline{P_{13}P_{12}}$$

由上述分析可见,利用瞬心法求简单机构的速度是很方便的。但当机构的构件较多时,瞬心的数目也很多,且作图时常有某些瞬心落在图纸之外,给求解造成困难。同时,速度瞬心法不能用于机构的加速度分析。

本章重点、难点

重点:运动副及其分类,机构运动简图的绘制,平面机构的自由度的计算,机构具有确定运动的条件。

难点:机构自由度计算过程中虚约束的判定,用速度瞬心法分析机构的速度。

思考题与习题

3-1 何谓构件? 构件与零件有什么区别?

3-2 何谓自由度? 何谓运动副? 何谓约束? 平面运动副有哪些常用类型?

3-3 绘出题 3-3 图所示机构的机构运动简图,并计算其自由度。

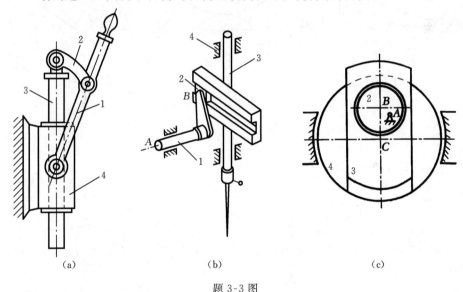

(a)   (b)   (c)

题 3-3 图

3-4 计算题 3-4 图所示诸机构的自由度,并判断机构的运动是否确定(如有复合铰链、局部自由度和虚约束需明确指出)。

3-5 试求下列各机构在题 3-5 图所示位置时的全部瞬心。

3-6 在题 3-6 图所示曲柄滑块机构中,已知 $l_{AB} = 100$ mm,$l_{BC} = 250$ mm,$\omega_2 = 10$ rad/s,试用瞬心法求图示位置构件 4 的速度 v_4。

3-7 求出题 3-7 图所示正切机构的全部瞬心。设 $\omega_2 = 10$ rad/s,求构件 4 的移动速度 v_4。

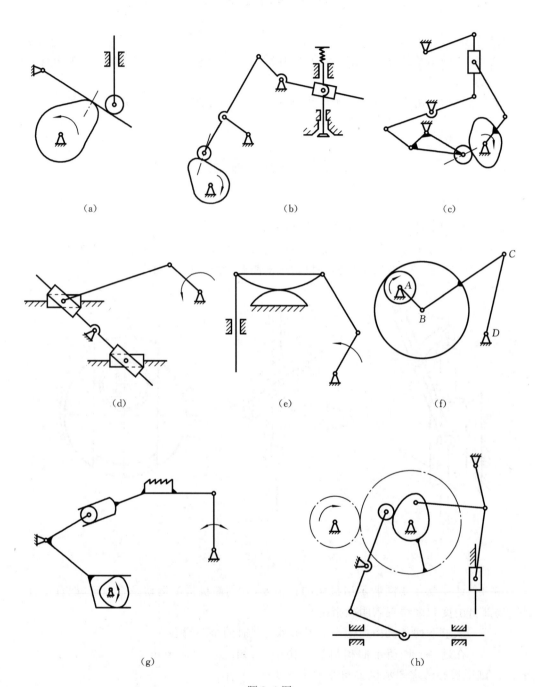

（a）　　　　　　　　　　　　（b）　　　　　　　　　　　　（c）

（d）　　　　　　　　　　　　（e）　　　　　　　　　　　　（f）

（g）　　　　　　　　　　　　（h）

题 3-4 图

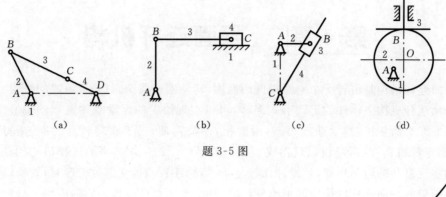

（a）　　　　　（b）　　　（c）　　　（d）

题 3-5 图

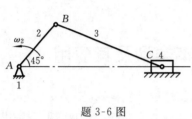

题 3-6 图

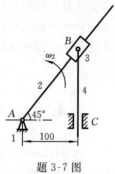

题 3-7 图

第4章 平面连杆机构

平面连杆机构是由若干个刚性构件用低副（转动副或移动副）连接组成的机构。

平面连杆机构中构件的运动形式多样，可以实现给定的运动规律或运动轨迹。低副以圆柱面或平面相接触，承载能力高，耐磨损，制造简便，易于获得较高的制造精度。因此，平面连杆机构在各种机械、仪器仪表中得到了广泛的应用。平面连杆机构的缺点：不易精确实现复杂的运动规律，且设计比较复杂；当构件数和运动副数较多时，效率较低。

最简单的平面连杆机构由四个构件组成，称为平面四杆机构。它的应用十分广泛，而且是组成多杆机构的基础。因此，本章着重介绍平面四杆机构的基本类型、特性及常用的设计方法。

4.1 平面四杆机构的基本类型及其应用

当平面四杆机构中的运动副均为转动副时，称为铰链四杆机构，如图 4-1 所示。机构的固定构件 4 称为机架，与机架相连的构件 1 和构件 3 称为连架杆，不与机架直接相连的构件 2 称为连杆。若组成转动副的两构件能作整周相对转动，则称该转动副为周转副；否则，称为摆转副。与机架组成周转副的连架杆称为曲柄，与机架组成摆转副的连架杆称为摇杆。

在铰链四杆机构中，机架和连杆总是存在的。因此，根据连架杆是曲柄还是摇杆，可将铰链四杆机构分为三种基本类型：曲柄摇杆机构、双曲柄机构和双摇杆机构。

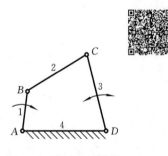

图 4-1 铰链四杆机构

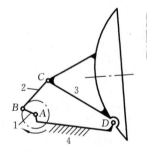

图 4-2 雷达调整机构

1. 曲柄摇杆机构

在铰链四杆机构的两个连架杆中，若一个为曲柄，另一个为摇杆，则称其为曲柄摇杆机构。通常曲柄为原动件，并作匀速转动，而摇杆为从动件，作变速往复摆动。图 4-2 所示为调整雷达天线俯仰角的曲柄摇杆机构，曲柄 1 缓慢匀速转动，通过连杆 2 使摇杆 3 在一定角度范围内摆动，从而调整雷达天线俯仰角的大小。

2. 双曲柄机构

若铰链四杆机构中的两个连架杆均为曲柄，则称其为双曲柄机构。如图 4-3 所示的惯性筛，它的铰链四杆机构 ABCD 是双曲柄机构。当主动曲柄 AB 等速转动时，从动曲柄 CD 变速转动，使筛体 EF 具有所需的加速度，利用加速度所产生的惯性力，使被筛物料在筛上作往复运动,从而达到筛分的目的。

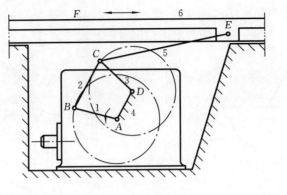

图 4-3 惯性筛机构

在双曲柄机构中,若相对两杆平行且长度相等,则称为平行四边形机构。它有两个显著特性:一是两曲柄以相同速度同向转动,二是连杆作平动。这两个特性在机械工程中均获得了广泛应用。如图 4-4 所示的机车驱动轮联动机构就利用了其第一个特性,而图 4-5 所示的摄影平台升降机构则利用了其第二个特性。必须指出,这种结构当四个铰链中心处于同一直线上时,将出现运动不确定状态(见图 4-6(a)中 AB_2C_2D)。当曲柄 1 由 AB_2 转到 AB_3 时,从动曲柄 3 可能转到 DC_3',也可能转到 DC_3''。为了消除这种运动不确定状态,可以在主、从动曲柄上错开一定角度再安装一组平行四边形机构,如图 4-6(b)所示。当上面一组平行四边形机构转到 $AB'C'D$ 共线位置时,下面一组平行四边形机构 $AB_1'C_1'D$ 却处于正常位置,故机构仍然保持确定运动。而图 4-4 所示的机车驱动轮联动机构,则是利用第三个平行曲柄来消除平行四边形机构在这种位置的运动不确定状态。

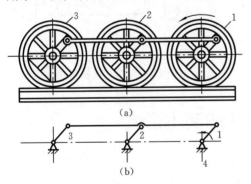

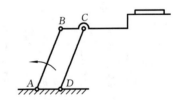

图 4-4 机车驱动轮联动机构

图 4-5 摄影平台升降机构

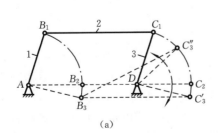

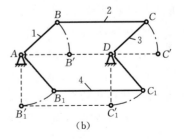

(a)

(b)

图 4-6 平行四边形机构

若双曲柄机构中两相对杆的长度分别相等但不平行，则称其为反平行四边形机构。此时，两曲柄1、3作不同速反向转动，如图4-7(a)所示。图4-7(b)所示的公交车车门开闭机构就利用了这个特性，它可使两扇车门同时敞开或关闭。

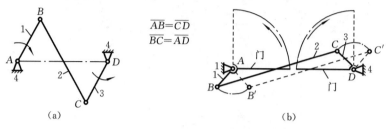

图 4-7　反平行四边形机构

3. 双摇杆机构

铰链四杆机构的两连架杆均为摇杆时，则称为双摇杆机构。图4-8所示的鹤式起重机就是双摇杆机构。当摇杆 AB 摆动时，另一摇杆 CD 随之摆动，选用合适的杆长参数，可使悬挂点 E 的轨迹近似为水平直线，以免被吊重物作不必要的升降而消耗能量。

两摇杆长度相等的双摇杆机构，称为等腰梯形机构。如图4-9所示的汽车前轮的转向机构是其应用实例。

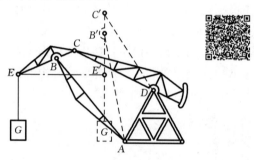

图 4-8　鹤式起重机机构

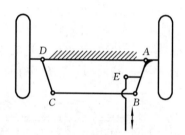

图 4-9　汽车前轮转向机构

4.2　平面四杆机构的演化形式

除上述三种形式的铰链四杆机构之外，在机械中还广泛地采用了其他形式的四杆机构，且这些形式的四杆机构可以看作是由上述基本形式演化得到的。四杆机构的演化，不仅是为了满足运动方面的要求，还往往是为了改善受力状况及满足结构设计上的需要。下面分别介绍几种四杆机构的演化方法及其应用。

1. 改变构件的形状和运动尺寸

图4-10(a)所示的曲柄摇杆机构运动时，铰链 C 将沿圆弧 $\overset{\frown}{\beta\beta'}$ 往复运动。如图4-10(b)所示，若将摇杆3做成滑块形状，使其沿圆弧导轨 $\overset{\frown}{\beta\beta'}$ 往复滑动，显然运动性质不发生改变，但此时铰链四杆机构已演化为具有曲线导轨的曲柄滑块机构。

若将图4-10(a)中摇杆3的长度增至无穷大，则图4-10(b)中的曲线导轨将变成直线导轨，于是机构就演化成为曲柄滑块机构。图4-10(c)所示为具有偏距 e 的偏置曲柄滑块机构，图4-10(d)所示为无偏距的对心曲柄滑块机构。曲柄滑块机构在冲床、内燃机、空

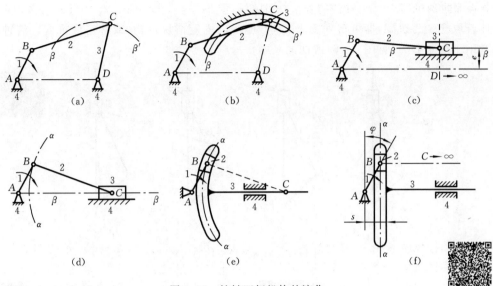

图 4-10　铰链四杆机构的演化

压机等机器中得到了广泛的应用。

　　图 4-10(d)所示的曲柄滑块机构还可以进一步演化为图 4-10(f)所示的曲柄移动导杆机构,其演化过程如图 4-10(e)所示。在图 4-10(f)所示的机构中,从动件 3 的位移与原动件 1 的转角的正弦成正比($s=l_{AB}\sin\varphi$),故称为正弦机构,它多用于仪表和解算装置中。

　　2.取不同的构件为机架

　　对任一机构,若取不同的构件为机架,将得到不同的机构。

　　1)曲柄摇杆机构

　　在图 4-11(a)所示的曲柄摇杆机构中,杆 1 为曲柄,杆 4 为机架。若取杆 1 为机架,则得到图 4-11(b)所示的双曲柄机构;若取杆 2 为机架,则得到图 4-11(c)所示的另一个曲柄摇杆机构;若取杆 3 为机架,则得到图 4-11(d)所示的双摇杆机构。

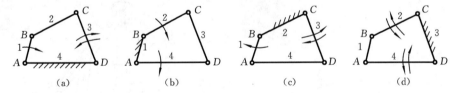

图 4-11　取不同构件为机架时的机构形式

　　2)曲柄滑块机构

　　在图 4-12(a)所示的曲柄滑块机构中,杆 1 是曲柄,杆 4 是机架。若取杆 1 为机架,则得到导杆机构,其中杆 4 称为导杆,通常杆 2 为原动件。当 $l_1<l_2$ 时,杆 2 和杆 4 均可整周转动,称为转动导杆机构(见图 4-12 (b));当 $l_1>l_2$ 时,杆 4 只能往复摆动,称为摆动导杆机构(见图 4-13)。导杆机构广泛应用于回转式油泵、插床以及牛头刨床(见图 4-14)等机器中。

　　若取杆 2 为机架,即可得到图 4-12(c)所示的曲柄摇块机构,这种机构广泛应用于摆缸式内燃机和液压驱动装置中。如图 4-15 所示卡车车厢自动翻转卸料机构中,当油缸 3 中的压力油推动活塞杆 4 运动时,车厢 1 便可绕回转副中心 B 倾倒,当达到一定角度时,物料就自动卸下。

若取杆 3 为机架，即可得到图 4-12(d)所示的固定滑块机构，或称定块机构。这种机构常用于抽水唧筒（见图 4-16）或抽油泵中。

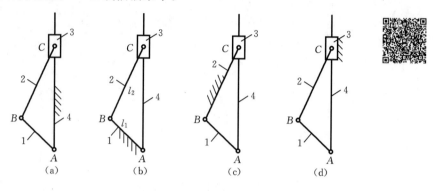

图 4-12　曲柄滑块机构的演化

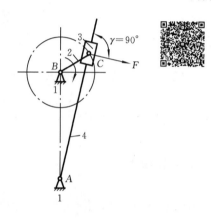

图 4-13　摆动导杆机构

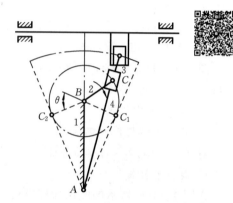

图 4-14　牛头刨床主体机构

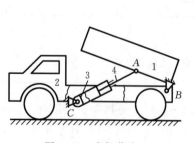

图 4-15　自卸货车

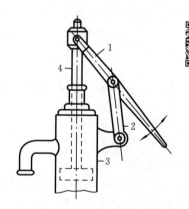

图 4-16　抽水唧筒

3. 改变运动副的尺寸

如图 4-17(a)所示，当曲柄滑块机构中曲柄 AB 的尺寸较小时，常将曲柄制作成如图 4-17(b)所示的偏心轮，其回转中心至几何中心的偏心距等于曲柄的长度，以增加轴颈的尺寸，提高偏心轴的强度和刚度，这种机构称为偏心轮机构，其运动特性与曲柄滑块机构完全相同。偏心轮机构广泛应用于传力较大的剪床、冲床、颚式破碎机、内燃机等机器中。

此外，在各种机械中经常采用的多杆机构，可以看成是由若干个四杆机构组合扩展形成的，如图4-3所示的惯性筛机构则是由双曲柄机构和曲柄滑块机构组合而成的。

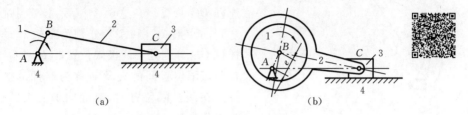

(a)   (b)

图 4-17　偏心轮机构

4.3　平面四杆机构的基本特性

平面四杆机构的基本特性包括运动特性和传力特性两个方面，这些特性不仅反映了机构传递和变换运动与力的性能，而且是四杆机构类型选择和运动设计的主要依据。

1. 铰链四杆机构的曲柄存在条件

铰链四杆机构是否存在作整周回转的曲柄，取决于各杆的相对长度。

在图4-18所示的铰链四杆机构中，设各杆的长度分别为 a、b、c、d。要使杆 AB 成为曲柄，则杆 AB 应能占据在整周回转中的任何位置。而当杆 AB 与杆 AD 两次共线时，可分别得到 $\triangle B_1 C_1 D$ 和 $\triangle B_2 C_2 D$，由三角形边长的关系可得

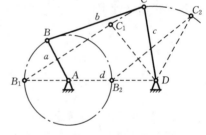

在 $\triangle B_1 C_1 D$ 中

$$a + d \leqslant b + c \qquad (4\text{-}1)$$

图 4-18　铰链四杆机构曲柄存在条件

在 $\triangle B_2 C_2 D$ 中

$$b \leqslant (d - a) + c \quad 即 \quad a + b \leqslant c + d \qquad (4\text{-}2)$$

$$c \leqslant (d - a) + b \quad 即 \quad a + c \leqslant b + d \qquad (4\text{-}3)$$

将上述三式每两式分别相加，则得

$$a \leqslant b, \quad a \leqslant c, \quad a \leqslant d \qquad (4\text{-}4)$$

即 AB 杆为最短杆。

分析上述各式，可得铰链四杆机构曲柄存在条件如下。

(1) 连架杆和机架中必有一杆为最短杆。

(2) 最短杆长度＋最长杆长度≤其余两杆长度之和。此条件称为杆长条件。

根据铰链四杆机构的曲柄存在条件，可得出以下推论。

(1) 若最短杆长度＋最长杆长度≤其余两杆长度之和，则有以下三种情况：

① 取最短杆为机架时，得双曲柄机构；

② 取最短杆的邻杆为机架时，得曲柄摇杆机构；

③ 取最短杆的对杆为机架时，得双摇杆机构。

(2) 若最短杆长度＋最长杆长度＞其余两杆长度之和，则无论取哪个构件作为机架都只能得到双摇杆机构。

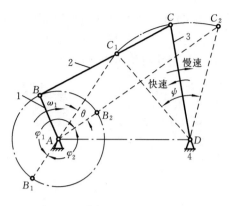

图 4-19　曲柄摇杆机构急回特性

2. 急回运动特性

在图 4-19 所示的曲柄摇杆机构中,设曲柄 AB 为原动件,在其转动一周的过程中,有两次与连杆 BC 共线。在这两个位置,铰链中心 A 与 C 之间的距离 $\overline{AC_1}$ 和 $\overline{AC_2}$ 分别为最短和最长,这时摇杆 CD 分别处于两极限位置 C_1D 和 C_2D。摇杆在两极限位置间的夹角 ψ 称为摇杆的摆角,当摇杆处在两极限位置时,对应曲柄所夹的锐角 θ 称为极位夹角。

当曲柄由位置 AB_1 顺时针转到位置 AB_2 时,曲柄转角 $\varphi_1 = 180° + \theta$,摇杆 CD 由 C_1D 摆到 C_2D,摇杆的摆角为 ψ,所需时间为 t_1,C 点的平均速度为 $v_1 = \overparen{C_1C_2}/t_1$;当曲柄顺时针再转过角度 $\varphi_2 = 180° - \theta$ 时,摇杆由 C_2D 摆回到 C_1D,其摆角仍然是 ψ,所需的时间为 t_2,C 点的平均速度为 $v_2 = \overparen{C_1C_2}/t_2$。由于曲柄等速转动,因 $\varphi_1 > \varphi_2$,所以有 $t_1 > t_2$,$v_2 > v_1$,它表明摇杆往复摆动的快慢不同。若设摇杆自 C_1D 摆至 C_2D 为工作行程,自 C_2D 摆回至 C_1D 为其空回行程,即摇杆具有急回运动特性。牛头刨床、往复式运输机等机械就利用了这种急回特性来缩短非工作时间,提高劳动生产率。

急回运动特性可用行程速度变化系数 K 来表示,即

$$K = \frac{v_2}{v_1} = \frac{\overparen{C_1C_2}/t_2}{\overparen{C_1C_2}/t_1} = \frac{t_1}{t_2} = \frac{\varphi_1}{\varphi_2} = \frac{180° + \theta}{180° - \theta} \qquad (4\text{-}5)$$

或

$$\theta = 180° \frac{K - 1}{K + 1} \qquad (4\text{-}6)$$

由此可见,极位夹角 θ 愈大,K 值愈大,机构的急回运动特性也愈显著。

采用类似的分析方法可知:偏置曲柄滑块机构(见图 4-20(a))和摆动导杆机构(见图 4-20(b))均具有急回运动特性。

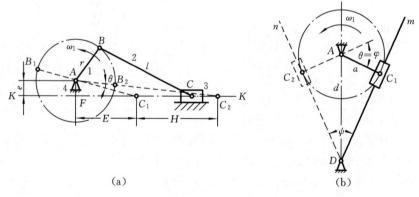

(a)　　　　　　　　　　　　　　　　　(b)

图 4-20　有急回运动的机构

3. 压力角和传动角

在生产中,不仅要求连杆机构能实现预定的运动规律,而且希望运转轻便、效率较高。在图 4-21 所示的曲柄摇杆机构中,若不计各杆质量和运动副中的摩擦,则连杆 BC 为二

力杆,它作用于从动摇杆 CD 的力 $\boldsymbol{F}$ 是沿 BC 方向的。作用在从动件上的驱动力 $\boldsymbol{F}$ 与该力作用点绝对速度 v_C 之间所夹锐角 α 称为压力角。由图可见,力 $\boldsymbol{F}$ 在 v_C 方向的有效分力为 $\boldsymbol{F}_t = \boldsymbol{F}\cos\alpha$,压力角越小,有效分力越大,即压力角可作为判断机构传动性能的标志。

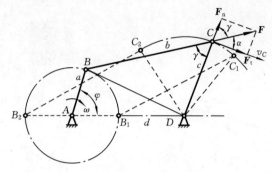

图 4-21　连杆机构的压力角和传动角

在连杆机构设计中,为了度量方便,习惯用压力角 α 的余角 γ(即连杆和从动摇杆之间所夹的锐角)来判断传力性能,γ 称为传动角。因 $\gamma = 90° - \alpha$,所以 α 越小,γ 越大,机构传力性能越好;反之,α 越大,γ 越小,机构传力性能越差。

机构运转时,传动角是变化的,为了保证机构传力性能良好,必须规定最小传动角 γ_{min} 的下限。对于一般机械,通常取 $\gamma_{min} \geq 40°$;对于颚式破碎机、冲床等大功率机械,可取 $\gamma_{min} \geq 50°$。

对于曲柄摇杆机构,出现最小传动角的位置,可分析如下。

在图 4-21 中,由 $\triangle ABD$、$\triangle BCD$ 可分别写出

$$\overline{BD}^2 = a^2 + d^2 - 2ad\cos\varphi$$

$$\overline{BD}^2 = b^2 + c^2 - 2bc\cos\angle BCD$$

由此可得

$$\cos\angle BCD = \frac{b^2 + c^2 - a^2 - d^2 + 2ad\cos\varphi}{2bc} \tag{4-7}$$

当 $\varphi = 0°$ 时,得 $\angle BCD_{min}$;当 $\varphi = 180°$ 时,得 $\angle BCD_{max}$。传动角是用锐角表示的。若 $\angle BCD$ 为锐角时,传动角 $\gamma = \angle BCD$,即 $\angle BCD_{min}$ 为传动角的极小值,它出现在当 $\varphi = 0°$ 的位置。若 $\angle BCD$ 为钝角时,则传动角 $\gamma = 180° - \angle BCD$,显然,$\angle BCD_{max}$ 对应传动角的另一极小值,它出现在曲柄转角 $\varphi = 180°$ 的位置。综上所述可知,曲柄摇杆机构的最小传动角出现在曲柄与机架共线($\varphi = 0°$ 或 $\varphi = 180°$)的两位置之一处。校核传动角时,只需将 $\varphi = 0°$ 或 $\varphi = 180°$ 代入式(4-7),求出 $\angle BCD_{min}$ 和 $\angle BCD_{max}$,然后按下式

$$\gamma = \begin{cases} \angle BCD & (\angle BCD \text{ 为锐角时}) \\ 180° - \angle BCD & (\angle BCD \text{ 为钝角时}) \end{cases}$$

求出两个 γ,其中较小的一个即为该机构的 γ_{min}。

4. 死点位置

在图 4-22 所示的曲柄摇杆机构中,如以摇杆 CD 为原动件,而曲柄 AB 为从动件,则当摇杆摆到极限位置 C_1D 和 C_2D 时,连杆 BC 与曲柄 AB 共线,机构的传动角 $\gamma = 0°$,这时连杆加给曲柄的力通过铰链中心 A,此力对点 A 不产生力矩,因此不能使曲柄转动。机构的这种传动角为零的位置称为死点位置。同样,在曲柄滑块机构中,当以滑块为原动件

时,若连杆与从动曲柄共线,机构也处于死点位置。死点位置会使机构的从动件出现卡死或运动不确定现象。为了消除死点位置的不良影响,可以对从动曲柄施加外力、相同机构错位排列,或利用飞轮及构件自身的惯性作用,使机构通过死点位置。

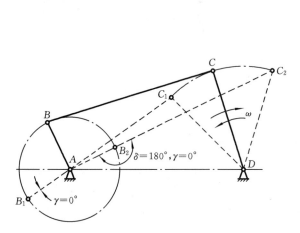

图 4-22　曲柄摇杆机构的死点位置

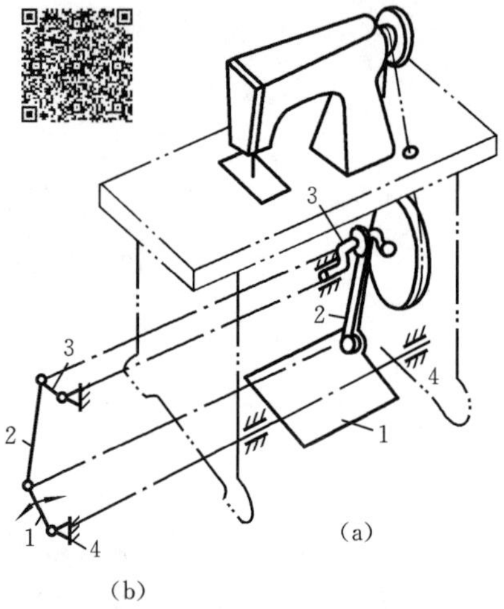

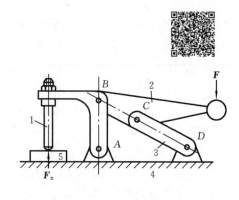

图 4-23　缝纫机踏板机构

图 4-23(a)所示为缝纫机的踏板机构,图 4-23(b)所示为机构运动简图。踏板 1(原动件)往复摆动,通过连杆 2 驱动曲柄 3(从动件)作整周转动,再经过带传动使机头主轴转动。在实际使用中,缝纫机有时会出现踏不动或倒车现象,这就是由于机构处于死点位置引起的。在正常运转时,借助安装在机头主轴上的飞轮(即上带轮)的惯性作用,可以使缝纫机踏板机构的曲柄冲过死点位置。

死点位置对传动虽然不利,但是在工程实际中也常利用机构的死点来实现特定的工作要求。例如图 4-24 所示的飞机起落架机构,当机轮着地时,从动件 CD 与连杆 BC 成一直线,机构处于死点位置,使飞机起落和停放更加可靠。又如图 4-25 所示的夹紧机构,当工件 5 被夹紧时,铰链 B、C、D 共线,工件加在压头 1 上的反作用力 F_n 无论多大,也不能使杆 3 转动。这就保证在去掉外力 F 之后,仍能可靠地夹紧工件。当需要取出工件时,只需向上扳动手柄 2,即可松开夹具。

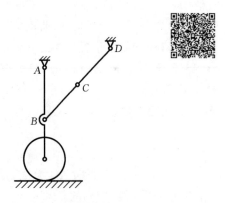

图 4-24　飞机起落架机构

图 4-25　夹紧机构

4.4　平面四杆机构的设计

平面四杆机构设计的主要任务:根据给定的运动条件,确定机构运动简图的尺寸参数。为了使机构设计得合理、可靠,还应考虑几何条件和动力条件(如最小传动角 γ_{min})等。

平面四杆机构设计的方法有解析法、几何作图法和实验法。几何作图法直观,解析法精确,实验法简便,下面仅介绍几何作图法。

1. 按给定连杆位置设计四杆机构

如图 4-26 所示,若已知连杆 BC 的长度及其所处的三个位置 B_1C_1、B_2C_2、B_3C_3,要求设计一铰链四杆机构。设计的主要问题是如何确定固定铰链中心 A 和 D 的位置。由于连杆上的活动铰链中心 B、C 两点的轨迹均为圆弧,故 A、D 应分别为其圆心。因此,可分别作 $\overline{B_1B_2}$ 和 $\overline{B_2B_3}$ 的垂直平分线 b_{12}、b_{23},其交点即为固定铰链 A 的位置;同理,可求得固定铰链 D 的位置,连接 AB_1、C_1D,即得所求铰链四杆机构。

当给定连杆的两个预定位置时,因为固定铰链 A 和 D 的位置可在 $\overline{B_1B_2}$、$\overline{C_1C_2}$ 的垂直平分线上任选,因此有无穷多个解答。实际设计中,还需附加其他条件(如固定铰链安装的范围、许用传动角等)才能获得确定的解。

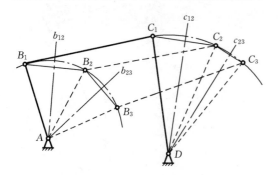

图 4-26　按给定连杆三对应位置的设计

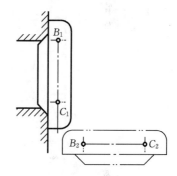

图 4-27　炉门开闭机构

如图 4-27 所示陶瓷厂使用的加热炉炉门开闭机构,要求炉门关闭时占据垂直位置,开启后靠炉膛的一面(热面)朝下呈水平位置,已知炉门上两铰链 B、C 的位置,这就是按给定连杆两位置设计平面四杆机构的问题。

2. 按照给定的行程速度变化系数设计四杆机构

在设计具有急回运动特性的四杆机构时,通常是根据机械的工作性质和需要,先给定行程速度变化系数 K 的数值,然后根据机构在极限位置的几何关系,结合有关辅助条件来确定机构运动简图的尺寸参数。

(1) 曲柄摇杆机构　已知条件:摇杆长度 l_{CD},摆角 ψ 和行程速度变化系数 K。

设计的实质是确定铰链中心 A 的位置,定出其他三杆的尺寸 l_{AB}、l_{BC} 和 l_{AD}。其设计步骤如下。

① 由给定的行程速度变化系数 K,按式(4-6)求出极位夹角 θ。

② 如图 4-28 所示,任选固定铰链中心 D 的位置,由摇杆长度 l_{CD} 和摆角 ψ,作出摇杆两个极限位置 C_1D 和 C_2D。

③ 连接 C_1 和 C_2,并作 $C_1M \perp C_1C_2$;作 $\angle C_1C_2N = 90° - \theta$,$C_2N$ 与 C_1M 相交于 P 点,

则 $\angle C_1 P C_2 = \theta$。

④ 作 $\triangle P C_1 C_2$ 的外接圆,在此圆周(弧 $\overset{\frown}{C_1 C_2}$ 和弧 $\overset{\frown}{EF}$ 除外)上任取一点 A 作为曲柄的固定铰链中心。连接 $A C_1$ 和 $A C_2$,因同一圆弧的圆周角相等,故 $\angle C_1 A C_2 = \angle C_1 P C_2 = \theta$。

⑤ 由极限位置处曲柄与连杆的共线关系,有 $\overline{A C_1} = \overline{B_1 C_1} - \overline{A B_1}$, $\overline{A C_2} = \overline{B_2 C_2} + \overline{A B_2}$, 从而得曲柄、连杆和机架的长度分别为

$$l_{AB} = \frac{\overline{AC_2} - \overline{AC_1}}{2}, \quad l_{BC} = \frac{\overline{AC_2} + \overline{AC_1}}{2}, \quad l_{AD} = \overline{AD}$$

由于 A 点是在 $\triangle C_1 P C_2$ 外接圆上任选的点,所以,仅按行程速度变化系数 K 设计,可得无穷多的解。如果给定机架长度,按照最小传动角最优等辅助条件,则 A 点的位置也随之确定。

(2) 摆动导杆机构　已知条件:机架长度 l_{AC} 和行程速度变化系数 K。

由图 4-29 可知,摆动导杆机构的极位夹角 θ 等于导杆的摆角 ψ,所需确定的尺寸是曲柄长度 l_{AB}。其设计步骤如下。

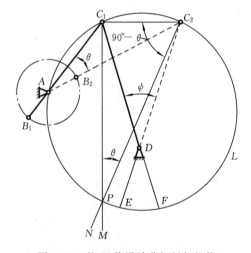

图 4-28　按 K 值设计曲柄摇杆机构

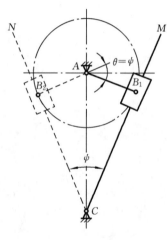

图 4-29　按 K 值设计摆动
导杆机构

① 由行程速度变化系数 K,按式(4-6)求得极位夹角 θ(即摇杆的摆角 ψ)。
② 任选固定铰链中心 C,以夹角 ψ 作出导杆两极限位置 CN 和 CM。
③ 作摆角 ψ 的平分线 AC,并在线上取 $\overline{AC} = l_{AC}$,得固定铰链中心 A 的位置。
④ 过点 A 作导杆极限位置的垂线 AB_1(或 AB_2),即得曲柄长度 $l_{AB} = \overline{AB_1}$,或直接求得 $l_{AB} = \overline{AB_1} = l_{AC} \sin (\psi/2)$。

本章重点、难点

重点:平面四杆机构的基本类型、基本特性及其设计方法。
难点:按行程速度变化系数设计平面四杆机构。

思考题与习题

4-1　平面四杆机构的基本类型有哪些？它有哪些演化形式？演化的方式有哪些？

4-2　何谓曲柄？铰链四杆机构曲柄存在的条件是什么？

4-3　平面连杆机构的急回运动特性有什么含义？什么条件下机构才具有急回运动？

4-4　何谓平面连杆机构的死点？举出避免死点和利用死点进行工作的例子。

4-5　根据题4-5图中注明的尺寸判断铰链四杆机构的类型。

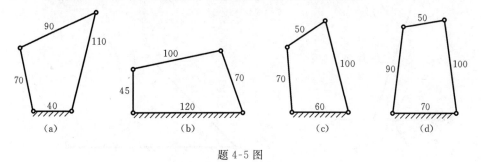

题 4-5 图

4-6　画出题4-6图所示各机构的压力角和传动角。图中标注箭头的构件为原动件。

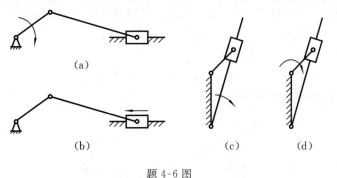

题 4-6 图

4-7　题4-7图所示为一偏置曲柄滑块机构，试求杆 AB 为曲柄的条件。若偏距 $e=0$，则杆 AB 为曲柄的条件又如何？

4-8　设计一砂箱翻转机构。已知托杆上活动铰链的中心距 $\overline{BC}$ 为 200 mm，托台两位置如题4-8图所示。固定铰链在轴线Y—Y上，其相互位置尺寸依比例如图所示。

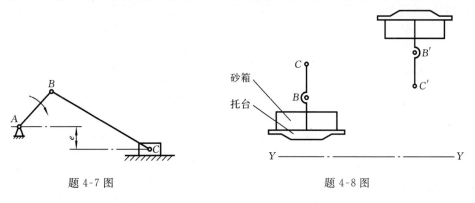

题 4-7 图　　　　　　　　题 4-8 图

4-9　设计缝纫机中曲柄摇杆机构。工作中要求踏板 CD 在水平位置上下摆动 $15°$，如题 4-9 图所示。CD 杆长 $l_{CD} = 175$ mm，AD 杆长 $l_{AD} = 350$ mm，试用图解法求解曲柄 AB 及连杆 BC 的长度 l_{AB}、l_{BC}。

4-10　如题 4-10 图所示，试设计一个曲柄摇杆机构。已知摇杆 CD 长 $l_{CD} = 75$ mm，行程速度变化系数 $K = 1.5$，机架 AD 长 $l_{AD} = 100$ mm，摇杆的一个极限位置与机架间的夹角为 $\psi = 45°$，试求其曲柄的长度 l_{AB} 和连杆的长度 l_{BC}（有两组解）。

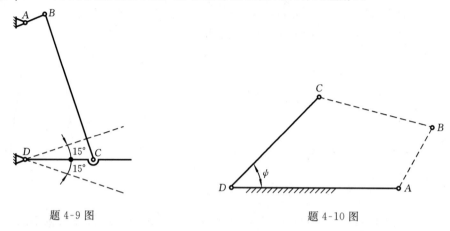

题 4-9 图　　　　　　　　　　　题 4-10 图

4-11　如题 4-11 图所示，试设计一偏置曲柄滑块机构，已知滑块的行程速度变化系数 $K = 1.5$，滑块的行程 $H = 50$ mm，导路的偏距 $e = 20$ mm。

（1）求出曲柄长度 l_{AB} 和连杆长度 l_{BC}。

（2）若从动件向右为工作行程，试确定曲柄的合理转向。

（3）求出机构的最小传动角 γ_{min}。

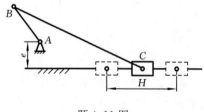

题 4-11 图

4-12　设计一摆动导杆机构。已知机架长度 $l_{AC} = 100$ mm，行程速度变化系数 $K = 1.4$，求曲柄的长度 l_{AB}。

第 5 章　凸 轮 机 构

5.1　凸轮机构的应用和分类

在各种机械,特别是自动机械和自动控制装置中,广泛地应用着各种形式的凸轮机构。

图 5-1 所示为内燃机的配气机构,主动件 1(凸轮)以等角速度回转,它的轮廓驱使从动件 2(阀杆)按预期的运动规律启闭阀门。

图 5-2 所示为一自动机床的进刀机构。当具有凹槽的圆柱凸轮 1 回转时,其凹槽的侧面通过嵌于凹槽中的滚子 3 迫使推杆 2 绕轴 O 作往复摆动,从而控制刀架的进刀和退刀运动。

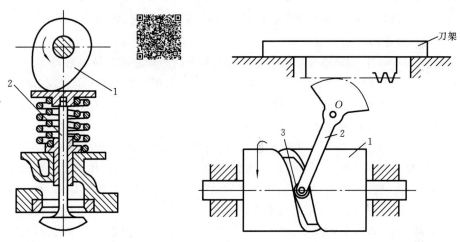

图 5-1　内燃机配气机构　　　　　　图 5-2　自动机床的进刀机构

图 5-3 所示为绕线机的排线机构。当绕线轴 3 快速转动时,经蜗杆传动带动凸轮 1 缓慢地转动,通过凸轮高副驱使从动件 2 往复摆动,从而使线均匀地缠绕在绕线轴上。

图 5-4 所示为磁带录音机的卷带凸轮机构。凸轮 1 随放音键上下移动。放音时,凸轮 1 处于图示最低位置,在弹簧 6 的作用下,安装于带轮轴上的摩擦轮 4 紧靠卷带轮 5,从而将磁带卷紧。停止放音时,凸轮 1 随按键上移,其轮廓迫使从动件 2 顺时针摆动,使摩擦轮与卷带轮分离,从而停止卷带。

由以上诸例可见,凸轮机构主要由凸轮、从动件和机架三个基本构件组成。根据凸轮和从动件的不同形状和类型,凸轮机构可分类如下。

1. 按凸轮的形状分类

(1) 盘形凸轮　它是凸轮的最基本类型。这种凸轮是一个绕固定轴线转动并且具有变化向径的盘形零件,如图 5-1 和图 5-3 所示。

(2) 移动凸轮　当盘形凸轮的回转中心趋于无穷远时,凸轮相对机架作直线移动,这

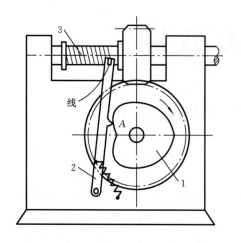

图 5-3　绕线机排线机构

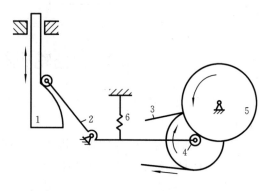

图 5-4　录音机卷带机构

种凸轮称为移动凸轮,如图 5-4 所示。

(3) 圆柱凸轮　将移动凸轮卷成圆柱体即成为圆柱凸轮,如图 5-2 所示。

2. 按从动件的形状分类

(1) 尖顶从动件　如图 5-3 所示,尖顶能与复杂的凸轮轮廓保持接触,从而能实现任意预期的运动规律。但尖顶与凸轮是点接触,磨损快,只适用于受力不大的低速凸轮机构。

(2) 滚子从动件　如图 5-2 和图 5-4 所示,滚子与凸轮之间为滚动摩擦,耐磨损,可以承受较大的载荷,它是从动件中最常用的一种类型。

(3) 平底从动件　如图 5-1 所示,从动件与凸轮轮廓表面接触的端面为一平面,接触面间易形成油膜,利于润滑。当不计摩擦时,凸轮与从动件之间的作用力始终与从动件的平底相垂直,传动效率较高,故常用于高速传动中,但不能用于有凹形轮廓的凸轮中。

以上三种从动件都可以相对机架作往复直线运动或作往复摆动。为了使凸轮与从动件始终保持接触,可以利用重力、弹簧力(见图 5-1、图 5-3、图 5-4)或依靠凸轮上的凹槽(见图 5-2)来实现。

凸轮机构的优点:只需设计适当的凸轮轮廓,就可使从动件得到所需的运动规律,并且结构简单、紧凑,工作可靠。它的缺点:凸轮廓线与从动件之间为点、线接触,易磨损,所以常用在传力不大的控制机构中。

5.2　从动件常用运动规律

5.2.1　凸轮机构的基本名词术语

图 5-5(a)所示为一对心尖顶直动从动件盘形凸轮机构,以凸轮轮廓的最小向径 r_0 为半径所作的圆称为基圆,r_0 称为基圆半径。当尖顶与凸轮轮廓上的点 A 相接触时,从动件处于上升的起始位置。当凸轮以等角速度 ω 顺时针方向转过角度 Φ 时,向径渐增的轮廓 AB 将从动件以一定的运动规律由离凸轮轴心最近的位置 A 推到离凸轮轴心最远的位置 B',这个过程称为推程,此时它所走过的距离 h 称为从动件的升程,而与推程对应的凸轮

转角 Φ 称为推程运动角。当凸轮继续转过角度 Φ_s 时,从动件尖顶与凸轮的圆弧段轮廓 BC 相接触,从动件在离凸轮轴心最远的位置停止不动,Φ_s 称为远休止角。当凸轮继续转过角度 Φ' 时,从动件在弹簧力或重力作用下,以一定运动规律回到起始位置,这个过程称为回程,Φ' 称为回程运动角。当凸轮继续转过角度 Φ_s' 时,从动件尖顶与基圆上 DA 段圆弧相接触,从动件在离凸轮轴心最近的位置停止不动,Φ_s' 称为近休止角。凸轮连续回转,从动件重复上述运动。

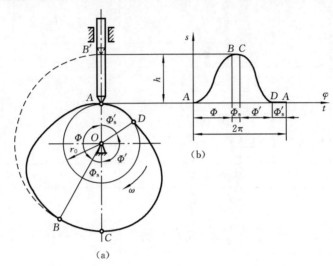

图 5-5　凸轮轮廓与从动件位移线图

若以直角坐标系的纵坐标代表从动件的位移 s,横坐标代表凸轮转角 φ(因通常凸轮等角速转动,故横坐标也代表时间 t),则可画出从动件位移 s 与凸轮转角 φ 之间的关系曲线,如图 5-5(b)所示,称为从动件位移线图。

由以上分析可知,从动件的位移线图取决于凸轮轮廓曲线的形状,即从动件的不同运动规律要求凸轮具有不同的轮廓曲线。

5.2.2　从动件常用运动规律

凸轮机构设计的基本任务是根据工作要求确定合适的凸轮机构形式和从动件运动规律,然后根据从动件运动规律确定凸轮轮廓曲线。因此,选定从动件运动规律并画出从动件位移曲线,是凸轮机构设计的重要环节。表 5-1 中列出了从动件常用运动规律的运动方程式,图 5-6 列出了从动件常用运动规律的运动线图。

表 5-1　从动件常用运动规律的运动方程式

运动规律名称	推　程	回　程
等速运动规律	$0 \leqslant \varphi \leqslant \Phi$	$0 \leqslant \varphi \leqslant \Phi'$
	$s = \dfrac{h}{\Phi}\varphi$	$s = h\left(1 - \dfrac{\varphi}{\Phi'}\right)$
	$v = \dfrac{h}{\Phi}\omega$	$v = -\dfrac{h}{\Phi'}\omega$
	$a = 0$	$a = 0$

续表

运动规律名称	推　　程		回　　程	
	$0 \leqslant \varphi \leqslant \Phi/2$	$\Phi/2 \leqslant \varphi \leqslant \Phi$	$0 \leqslant \varphi \leqslant \Phi'/2$	$\Phi'/2 \leqslant \varphi \leqslant \Phi'$
等加速等减速 运动规律	$s = \dfrac{2h}{\Phi^2}\varphi^2$	$s = h - \dfrac{2h}{\Phi^2}(\Phi-\varphi)^2$	$s = h - \dfrac{2h}{\Phi'^2}\varphi^2$	$s = \dfrac{2h}{\Phi'^2}(\Phi'-\varphi)^2$
	$v = \dfrac{4h\omega}{\Phi^2}\varphi$	$v = \dfrac{4h\omega}{\Phi^2}(\Phi-\varphi)$	$v = -\dfrac{4h\omega}{\Phi'^2}\varphi$	$v = -\dfrac{4h\omega}{\Phi'^2}(\Phi'-\varphi)$
	$a = \dfrac{4h\omega^2}{\Phi^2}$	$a = -\dfrac{4h\omega^2}{\Phi^2}$	$a = -\dfrac{4h\omega^2}{\Phi'^2}$	$a = \dfrac{4h\omega^2}{\Phi'^2}$
余弦加速度 （简谐）运动规律	$0 \leqslant \varphi \leqslant \Phi$		$0 \leqslant \varphi \leqslant \Phi'$	
	$s = \dfrac{h}{2}\left[1 - \cos\left(\dfrac{\pi\varphi}{\Phi}\right)\right]$		$s = \dfrac{h}{2}\left[1 + \cos\left(\dfrac{\pi\varphi}{\Phi'}\right)\right]$	
	$v = \dfrac{\pi h\omega}{2\Phi}\sin\left(\dfrac{\pi\varphi}{\Phi}\right)$		$v = -\dfrac{\pi h\omega}{2\Phi'}\sin\left(\dfrac{\pi\varphi}{\Phi'}\right)$	
	$a = \dfrac{\pi^2 h\omega^2}{2\Phi^2}\cos\left(\dfrac{\pi\varphi}{\Phi}\right)$		$a = -\dfrac{\pi^2 h\omega^2}{2\Phi'^2}\cos\left(\dfrac{\pi\varphi}{\Phi'}\right)$	
正弦加速度 （摆线）运动规律	$0 \leqslant \varphi \leqslant \Phi$		$0 \leqslant \varphi \leqslant \Phi'$	
	$s = \dfrac{h}{\Phi}\varphi - \dfrac{h}{2\pi}\sin\left(\dfrac{2\pi}{\Phi}\varphi\right)$		$s = h - \dfrac{h}{\Phi'}\varphi + \dfrac{h}{2\pi}\sin\left(\dfrac{2\pi}{\Phi'}\varphi\right)$	
	$v = \dfrac{h}{\Phi}\omega - \dfrac{h\omega}{\Phi}\cos\left(\dfrac{2\pi}{\Phi}\varphi\right)$		$v = -\left[\dfrac{h}{\Phi'}\omega - \dfrac{h\omega}{\Phi'}\cos\left(\dfrac{2\pi}{\Phi'}\varphi\right)\right]$	
	$a = \dfrac{2h\pi\omega^2}{\Phi^2}\sin\left(\dfrac{2\pi}{\Phi}\varphi\right)$		$a = -\dfrac{2h\pi\omega^2}{\Phi'^2}\sin\left(\dfrac{2\pi}{\Phi'}\varphi\right)$	

1. 等速运动规律

如图 5-6(a)所示，等速运动规律的位移线图为一斜直线，速度线图为一水平直线。在运动的起点和终点，加速度理论上为无穷大，产生无穷大的惯性力，机构将产生极大的冲击，称为刚性冲击。因此，等速运动规律只适用于低速运动的场合。

2. 等加速等减速运动规律

从动件位移 s 与凸轮转角 φ 的平方成正比，其位移曲线为抛物线，如图 5-6(b)所示。可用图解法作位移曲线：在横坐标轴上将 $\Phi/2$ 的线段分成若干等份（图中为三等份），得分点 1、2、3；过点 O 作任一斜线 OO'，并以任意长度在斜线上按该长度的 1^2、2^2、3^2 倍距点 O 截取分点 1、4、9，连接斜线上分点 9 与纵轴上 $h/2$ 位置的点 $3''$，再过斜线上其他分点作该连线的平行线 $1-1''$、$4-2''$；过分点 $1''$、$2''$、$3''$ 作水平线，过横轴上各分点作竖直线，相应分点处的水平线与竖直线分别相交于点 $1'$、$2'$、$3'$；以光滑的曲线连接点 O、$1'$、$2'$、$3'$ 即为推程等加速段的位移曲线。用同样的方法可求得等减速段的位移曲线。

从动件的加速度为常数，在运动的起点、终点和中间位置处加速度有突变，产生较大的惯性力，但此处加速度的变化量和冲击都是有限的，这种有限冲击称为柔性冲击。因此，等加速等减速运动规律只适用于中低速凸轮机构。

3. 余弦加速度运动规律

点在圆周上做匀速运动时，它在这个圆的直径上的投影所构成的运动称为余弦加速度运动，又称为简谐运动。

如图 5-6(c)所示，可用图解法作位移曲线：以从动件的行程 h 为直径画半圆，并将半

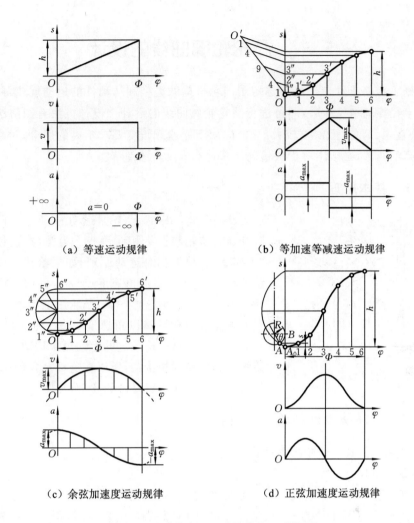

（a）等速运动规律　　　　　　　　　　（b）等加速等减速运动规律

（c）余弦加速度运动规律　　　　　　　　（d）正弦加速度运动规律

图 5-6　从动件常用运动规律的运动线图

圆分成若干等份（图中为六等份），再把凸轮运动角 Φ 也分成相同等份，得圆周上各分点 $1'',2'',3'',\cdots$，以及横轴上各分点 $1,2,3,\cdots$；过分点 $1'',2'',3'',\cdots$作水平线，过横轴上各分点作竖直线，相应分点处的水平线与竖直线分别相交于点 $1',2',3',\cdots$；以光滑曲线连接点 $O,1',2',3',\cdots$，即得推程简谐运动的位移曲线。

从动件在整个运动过程中速度皆连续，但在运动的起点、终点处加速度数值有突变，产生柔性冲击。因此，这种运动规律适用于中低速凸轮机构。

4．正弦加速度运动规律

正弦加速度运动规律又称为摆线运动规律。从动件在整个运动过程中速度和加速度皆连续无突变，如图 5-6(d)所示，既无刚性冲击，也无柔性冲击，故正弦加速度运动规律可用于高速凸轮机构。

为了进一步降低 $a_{\max}$ 或满足某些特殊要求，近代高速凸轮的运动线图还采用多项式曲线或几种曲线的组合。如等速运动和正弦加速度两种运动规律组合，既能使从动件大部分行程保持等速运动以满足工作要求，又能避免等速运动在起始阶段和终止阶段产生的冲击。

5.3 凸轮轮廓曲线的设计

当根据工作要求和应用场合选定了凸轮机构的类型和从动件的运动规律,并确定了凸轮基圆半径等基本尺寸后,即可进行凸轮轮廓曲线的设计。设计方法有图解法和解析法:图解法直观、简单,但误差较大,只能应用于低速或精度要求不高的场合;对高速或精度要求较高的凸轮,必须用解析法精确计算。本章仅介绍图解法。

5.3.1 基本原理

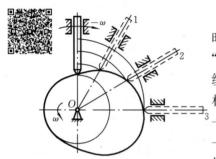

图 5-7 反转法设计原理

凸轮机构工作时,凸轮是运动的,而绘制凸轮轮廓时却需要凸轮与图纸相对静止。为此,在设计中采用"反转法"。根据相对运动原理,如果给整个机构加上绕凸轮轴心 O 的公共角速度$(-\omega)$,机构各构件间的相对运动不变。但这样一来,凸轮固定不动,而从动件一方面随机架和导路以角速度$(-\omega)$绕点 O 转动,另一方面又在导路中按预定的运动规律移动。由于尖顶始终与凸轮轮廓相接触,所以在这种复合运动中,从动件尖顶的运动轨迹就是凸轮轮廓(见图 5-7)。

5.3.2 图解法设计凸轮轮廓曲线

1. 直动从动件盘形凸轮轮廓的设计

1) 尖顶从动件

图 5-8(a)所示为一偏置尖顶直动从动件盘形凸轮机构。已知从动件位移曲线如图 5-8(b)所示,凸轮基圆半径为 r_0,从动件导路偏于凸轮轴心的左侧,偏距为 e,凸轮以等角速度 ω 顺时针方向转动,试设计凸轮的轮廓曲线。

根据反转法的原理,具体设计步骤如下。

(1) 选取适当的比例尺,作从动件的位移线图,如图 5-8(b)所示。将推程和回程阶段位移曲线的横坐标各等分成若干等份(图中各分为四等份),分别得点 $1,2,3,\cdots,8$。

(2) 取相同的比例尺,以点 O 为圆心、r_0 为半径作基圆,以点 O 为圆心、e 为半径作偏距圆与从动件导路切于点 K,基圆与导路的交点 A_0 即为从动件的起始位置。

(3) 在基圆上,自 OA_0 开始,沿$-\omega$方向取凸轮的转角 Φ、Φ'、Φ_s',并将推程运动角和回程运动角分成与图 5-8(b)对应的等份,得点 A_1',A_2',A_3',$\cdots$,A_8'。

(4) 过点 A_1',A_2',A_3',$\cdots$,A_8'作偏距圆的一系列切线,它们便是反转后从动件导路的一系列位置。

(5) 沿以上各切线自基圆开始量取从动件相应的位移量,即取线段 $\overline{A_1A_1'}=11'$,$\overline{A_2A_2'}=22'$,$\overline{A_3A_3'}=33'$,$\cdots$,$\overline{A_8A_8'}=88'$,得反转后尖顶的一系列位置 $A_1,A_2,A_3,\cdots,A_8$。

(6) 将点 $A_0,A_1,A_2,A_3,\cdots,A_8$连接成光滑曲线,即得到所求的凸轮轮廓曲线,如图 5-8(a)所示。

若偏距 $e=0$,则为对心尖顶直动从动件盘形凸轮机构。这时,从动件在反转运动中,其导路位置将不再是偏距圆的切线,而是通过凸轮轴心 O 的径向射线。按图5-8所示的方法,便可求得如图5-9所示的凸轮轮廓曲线。

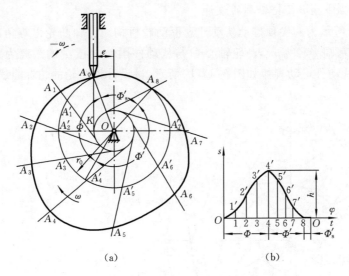

图5-8　偏置尖顶直动从动件盘形凸轮轮廓设计

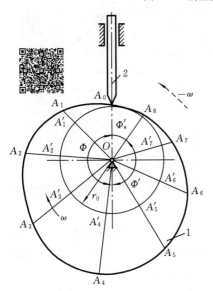

图5-9　对心尖顶直动从动件盘形
　　　　凸轮轮廓设计

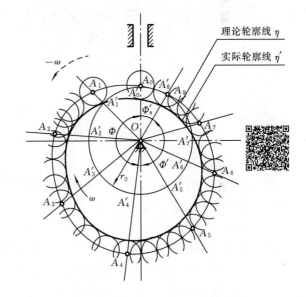

图5-10　对心滚子直动从动件盘形
　　　　　凸轮轮廓设计

2）滚子从动件

若将图5-9中的尖顶改为滚子,如图5-10所示,则其凸轮轮廓可按下述方法绘制。

（1）把滚子中心看作尖顶从动件的尖顶,按照上述尖顶从动件凸轮轮廓曲线的设计方法作出曲线 η。曲线 η 是反转过程中滚子中心的运动轨迹,称为凸轮的理论轮廓线。

（2）以理论轮廓线上各点为圆心,以滚子半径 r_T 为半径作一系列的滚子圆,然后作这些圆的内包络线 η',得凸轮的实际轮廓线 η'。显然,该实际轮廓线是其理论轮廓线的法向等距曲线,其距离为滚子半径。

　　由上述作图过程可知,在滚子从动件凸轮机构的设计中,基圆半径 r_0 是凸轮理论轮廓线的最小向径。

　　2. 摆动从动件盘形凸轮轮廓的设计

　　图 5-11(a)所示为一尖顶摆动从动件盘形凸轮机构。已知凸轮以等角速度 ω 顺时针方向转动,凸轮基圆半径为 r_0,凸轮轴心 O 与从动件摆动中心 A 的距离为 l_{OA},摆动从动件长度为 l_{AB},从动件运动规律如图 5-11(b)所示,试设计该凸轮的轮廓曲线。

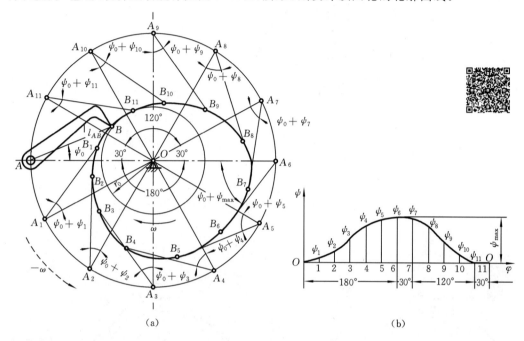

图 5-11　摆动从动件盘形凸轮轮廓设计

　　具体作图步骤如下。

　　(1) 选取适当的比例尺,作出从动件的角位移线图,将推程和回程阶段角位移曲线的横坐标各等分成若干等份,如图 5-11(b)所示。

　　(2) 取相同的比例尺,以点 O 为圆心,以 r_0 为半径作基圆,并根据已知的中心距 l_{OA} 确定从动件摆动中心 A 的位置。再以点 A 为圆心,以从动件杆长 l_{AB} 为半径作圆弧,交基圆于点 B,该点即为从动件尖顶的起始位置。ψ_0 称为从动件的初始角。

　　(3) 以点 O 为圆心,以 l_{OA} 为半径作圆,并自点 A 开始,沿 $-\omega$ 方向将该圆分成与图 5-11(b)的横坐标对应的区间和等份,分别得点 $A_1,A_2,\cdots,A_{11}$,这些点代表反转过程中从动件摆动中心依次占据的位置。径向线 $OA_1,OA_2,\cdots,OA_{11}$ 即代表反转过程中机架 OA 依次占据的位置。

　　(4) 分别作出摆动从动件相对于机架的一系列射线 $A_1B_1,A_2B_2,\cdots,A_{11}B_{11}$,即作 $\angle OA_1B_1=\psi_0+\psi_1$,$\angle OA_2B_2=\psi_0+\psi_2$,$\cdots$,$\angle OA_{11}B_{11}=\psi_0+\psi_{11}$,得摆动从动件在反转过程中依次占据的位置,其中,$\psi_1,\psi_2,\psi_3,\cdots,\psi_{11}$ 为不同位置从动件摆角 ψ 的数值。

　　(5) 分别以 $A_1,A_2,A_3,\cdots,A_{11}$ 为圆心,以 l_{AB} 为半径画圆弧,截射线 A_1B_1 于 B_1 点,截射线 A_2B_2 于 B_2 点,$\cdots$,截射线 $A_{11}B_{11}$ 于 B_{11} 点。点 $B_1,B_2,B_3,\cdots,B_{11}$ 即为反转过程中从动件尖顶依次占据的位置。

（6）将点 $B_1, B_2, B_3, \cdots, B_{11}$ 连成光滑的曲线，即得凸轮的轮廓线。

若采用滚子从动件，则上述凸轮轮廓即为理论轮廓线，只要在理论轮廓线上选一系列点作滚子，然后作它们的包络线，即可求得凸轮的实际轮廓线。

5.4　凸轮机构基本尺寸的确定

前面在讨论凸轮轮廓线的设计时，凸轮的基圆半径 r_0、偏距 e、滚子从动件的滚子半径 r_T 等都假设是给定的，实际上凸轮机构的基本尺寸是要考虑到机构的受力情况是否良好、动作是否灵活、尺寸是否紧凑等因素由设计者确定的。下面将对这些尺寸的确定问题加以讨论。

5.4.1　凸轮机构的压力角

图 5-12 所示为凸轮机构的压力角。当不计凸轮与从动件之间的摩擦时，凸轮给予从动件的力 F 是沿着接触点公法线方向的，从动件运动方向与力 F 之间所夹锐角 α 称为压力角。力 F 可分解为沿从动件运动方向的有效分力 F' 和使从动件紧压导路的有害分力 F''，且

$$F'' = F' \tan\alpha \qquad\qquad (5\text{-}1)$$

式(5-1)表明，驱动从动件的有效分力 F' 一定时，压力角 α 越大，则有害分力 F'' 越大，机构的效率越低。当 α 增大到一定程度，以致 F'' 在导路中所引起的摩擦阻力大于有效分力 F' 时，无论凸轮加给从动件的作用力多大，从动件都不能运动，这种现象称为自锁。

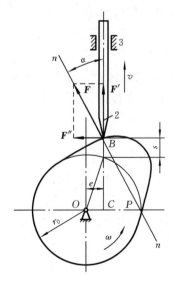

图 5-12　凸轮机构的压力角

为了保证凸轮机构正常工作并具有一定的传动效率，必须对压力角加以限制。凸轮轮廓曲线上各点的压力角一般是变化的，在设计时应使最大压力角不超过许用值，即 $\alpha_{\max} \leqslant [\alpha]$。通常，对于直动从动件，可取许用压力角 $[\alpha] = 30°$；对于摆动从动件，可取 $[\alpha] = 45°$。常见的依靠外力使从动件与凸轮保持接触的凸轮机构，其从动件是在弹簧或重力作

用下返回的，回程不会出现自锁。因此，对于此类凸轮机构，通常只需校核推程压力角。

5.4.2　基圆半径的确定

由图 5-12 可以看出，在其他条件都不变的情况下，若把基圆增大，则凸轮的尺寸也将随之增大。因此，欲使机构紧凑就应当采用较小的基圆半径。但是，必须指出，基圆半径减小会引起压力角增大，现说明如下。

图 5-12 所示为偏置尖顶直动从动件盘形凸轮机构推程的一个任意位置。过凸轮与从动件的接触点 B 作公法线 $n-n$，它与过凸轮轴心 O 且垂直于从动件导路的直线相交于点 P，点 P 就是凸轮和从动件的相对速度瞬心。由瞬心定义可知 $l_{OP} = v/\omega = \mathrm{d}s/\mathrm{d}\varphi$。因此，可由图 5-12 得到直动从动件盘形凸轮机构的压力角计算公式为

$$\tan\alpha = \frac{\left| \dfrac{\mathrm{d}s}{\mathrm{d}\varphi} \mp e \right|}{s + \sqrt{r_0^2 - e^2}} \tag{5-2}$$

式中：s 为对应凸轮转角 φ 的从动件位移。

式(5-2)说明，在其他条件不变的情况下，基圆 r_0 越小，压力角 α 越大。基圆半径过小，压力角就会超过许用值。因此，实际设计中应在保证凸轮轮廓的最大压力角不超过许用值的前提下，考虑缩小凸轮的尺寸。

在式(5-2)中，e 为从动件导路偏离凸轮回转中心的距离，称为偏距。当导路与瞬心 P 在凸轮轴心 O 的同侧时，式中取"－"号，可使压力角减小；反之，当导路与瞬心 P 在凸轮轴心 O 的异侧时，取"＋"号，压力角将增大。因此，为了减小推程压力角，应将从动件导路向推程相对速度瞬心的同侧偏置。但须注意，用导路偏置法虽可使推程压力角减小，但同时却使回程压力角增大，所以偏距 e 不宜过大。

5.4.3　滚子半径的选择

采用滚子从动件时，滚子半径的大小对凸轮实际轮廓有直接的影响。如图 5-13 所示，设理论轮廓外凸部分的最小曲率半径为 $\rho_{\min}$，滚子半径为 r_T，则相应位置实际轮廓的曲率半径 $\rho' = \rho_{\min} - r_T$。

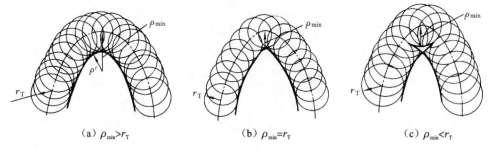

图 5-13　滚子半径的选择

(1) 当 $\rho_{\min} > r_T$ 时，如图 5-13(a)所示，这时，$\rho' > 0$，实际轮廓为一平滑的曲线。

(2) 当 $\rho_{\min} = r_T$ 时，如图 5-13(b)所示，这时，$\rho' = 0$，凸轮实际轮廓出现尖点，这种尖点极易磨损，磨损后就会改变原定的运动规律。

(3) 当 $\rho_{\min} < r_T$ 时，如图 5-13(c)所示，这时，$\rho' < 0$，实际轮廓曲线相交，交点以上的

轮廓曲线在实际加工时将被切去,使这一部分运动规律无法实现,这种现象称为运动失真。

综上所述,滚子半径 r_T 不宜过大,否则产生运动失真,但滚子半径也不宜过小,否则凸轮与滚子接触应力过大且难以装在销轴上。通常,取滚子半径 $r_T = (0.1 \sim 0.5)r_0$,为避免出现尖点,一般要求 $\rho' > 3 \sim 5$ mm。

本章重点、难点

重点:凸轮机构的名词术语,从动件的常用运动规律及特点,用图解法设计凸轮的轮廓曲线,基圆半径、滚子半径、压力角等参数的选择。

难点:基圆半径、滚子半径、压力角等参数的选择。

思考题与习题

5-1 凸轮机构由哪几个基本构件组成?试举出生产实际中应用凸轮机构的几个实例。

5-2 从动件常用的运动规律有哪几种?各有什么特点?适用于何种场合?

5-3 何谓刚性冲击和柔性冲击?哪些运动规律有刚性冲击?哪些运动规律有柔性冲击?哪些运动规律没有冲击?

5-4 若凸轮机构的滚子损坏,能否任选另一滚子来代替?为什么?

5-5 凸轮机构中常见的凸轮形状与从动件的结构形式有哪些?各有何特点?

5-6 用图解法设计滚子直动从动件盘形凸轮轮廓时,实际轮廓线是否可以由理论轮廓线沿导路方向减去滚子半径求得?为什么?

5-7 在题 5-7 图所示的对心滚子直动从动件盘形凸轮机构中,凸轮的实际廓线为一圆,圆心在点 A,半径 $R = 40$ mm,凸轮绕轴心 O 逆时针方向转动,$L_{OA} = 25$ mm,滚子半径为 10 mm,试求:①凸轮的理论廓线;②凸轮的基圆半径;③从动件行程;④图示位置的压力角。

5-8 一对心直动滚子从动件盘形凸轮机构,已知基圆半径 $r_0 = 50$ mm,滚子半径 $r_T = 10$ mm,凸轮逆时针等速转动。凸轮转过 140°,从动件按简谐运动规律上升 30 mm;凸轮继续转过 40°时,从动件保持不动。在回程中,凸轮转过 120°时,从动件以等加速等减速运动规律返回原处。凸轮转过其余 60°时,从动件保持不动。试用图解法设计凸轮的轮廓曲线。

5-9 题 5-8 中的各项条件不变,只是将对心改为偏置,其偏距 $e = 20$ mm,从动件偏在凸轮中心的右边,试用图解法设计凸轮的轮廓线。

5-10 题 5-10 图所示为一摆动滚子推杆盘形凸轮机构,已知 $l_{OA} = 60$ mm,$r_0 = 25$ mm,

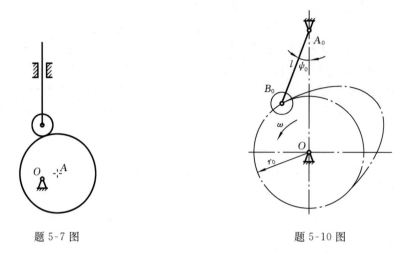

题 5-7 图　　　　　　　　　　　题 5-10 图

$l_{AB} = 50$ mm, $r_T = 8$ mm。凸轮逆时针等速转动，要求当凸轮转过 180°时，推杆以余弦加速度运动向上摆动 25°；转过一周中的其余角度时，推杆以正弦加速度运动摆回到原位置。试以图解法设计凸轮的实际廓线。

第6章 齿轮机构

6.1 齿轮机构的应用和分类

齿轮机构是现代机械中应用最为广泛的传动机构之一。它依靠轮齿齿廓直接接触来传递空间任意两轴间的运动和动力,具有传动比恒定、传动效率高、传递功率范围大、使用寿命长、工作安全可靠等优点;但也存在对制造和安装精度要求较高、成本较高以及不适宜远距离两轴之间的传动等缺点。

依据齿轮两轴间相对位置的不同,齿轮机构可分为平面齿轮机构和空间齿轮机构,如表6-1所示。

表6-1 齿轮机构的类型

	两轴线平行的圆柱齿轮机构				
平面齿轮机构	外啮合直齿圆柱齿轮	内啮合直齿圆柱齿轮	齿轮与齿条	斜齿圆柱齿轮	人字齿轮
	两轴线相交的圆锥齿轮机构			两轴线交错的齿轮机构	
空间齿轮机构	直齿圆锥齿轮	斜齿圆锥齿轮	曲齿圆锥齿轮	交错轴斜齿轮	蜗杆蜗轮

6.2　齿廓啮合基本定律

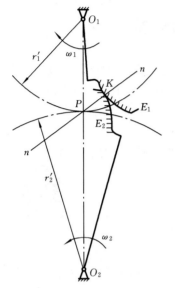

图 6-1 所示为两相互啮合的齿廓 E_1 和 E_2 在点 K 接触。过接触点 K 作两齿廓的公法线 n—n，它与连心线 O_1O_2 的相交点 P 称为节点。由三心定理可知，点 P 是这一对齿廓的相对速度瞬心，且有

$$v_P = \omega_1 \overline{O_1P} = \omega_2 \overline{O_2P}$$

由此可得

$$i_{12} = \frac{\omega_1}{\omega_2} = \frac{\overline{O_2P}}{\overline{O_1P}} \qquad (6-1)$$

i_{12} 为两齿轮瞬时角速比。式(6-1)表明，相互啮合传动的一对齿轮，在任一位置时的传动比，都与其连心线 O_1O_2 被其啮合齿廓在接触点处的公法线所分成的两线段长度成反比，这一规律称为齿廓啮合基本定律。

可以推论，欲使两齿轮保持定角速比传动，则齿廓曲线必须满足如下条件：不论两齿廓在任何位置接触，过接触点所作的齿廓公法线都必须与连心线交于一定点 P，该点称为节点。

图 6-1　齿廓啮合基本定律

传动齿轮的齿廓曲线除要求满足定角速比之外，还必须考虑制造、安装和强度等要求。在机械工程中，常用的齿廓有渐开线齿廓、摆线齿廓和圆弧齿廓等，其中以渐开线齿廓应用最广，故本章仅讨论渐开线齿轮。

过节点 P 所作的两个相切的圆称为节圆，以 r'_1、r'_2 表示两个节圆的半径。由于节点的相对速度等于零，所以一对齿轮传动时，它的一对节圆在作纯滚动。又由图 6-1 可知，一对外啮合齿轮的中心距恒等于其节圆半径之和，角速比恒等于其节圆半径的反比。

6.3　渐开线及渐开线齿轮

6.3.1　渐开线的形成

如图 6-2 所示，当一直线 BK 沿一圆周作纯滚动时，直线上任意一点 K 的轨迹 AK，就是该圆的渐开线。这个圆称为渐开线的基圆，它的半径用 r_b 表示；直线 BK 称为渐开线的发生线；角 θ_k 称为渐开线上点 K 的展角。

6.3.2　渐开线的性质

由渐开线的形成过程可知，渐开线具有下列特性。

(1) 发生线沿基圆滚过的长度，等于基圆上被滚过的圆弧长度，即

$$\overline{BK} = \overset{\frown}{AB}$$

（2）由于发生线沿基圆作纯滚动，故它与基圆的切点 B 即为其速度瞬心。因此，发生线 BK 是渐开线上点 K 的法线。又因发生线恒切于基圆，故渐开线上任意一点的法线必与基圆相切。

（3）渐开线齿廓上任一点 K 的法线（压力方向线）与齿廓上该点绕基圆中心转动的速度方向线所夹的锐角 α_k，称为该点的压力角。由图 6-2 可知

$$\cos\alpha_k = \frac{\overline{OB}}{\overline{OK}} = \frac{r_b}{r_k} \tag{6-2}$$

式（6-2）表明：渐开线上各点的压力角不等，向径 r_k 越大，其压力角也越大。基圆上的压力角为零。

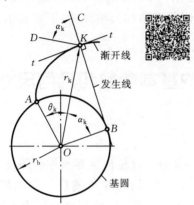

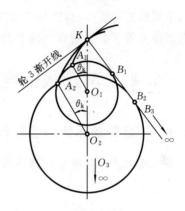

图 6-2　渐开线的形成　　　　　　　图 6-3　基圆大小对渐开线的影响

（4）渐开线的形状取决于基圆的大小。如图 6-3 所示，在展角相同处，基圆半径增大，其渐开线曲率半径也增大；当基圆半径趋于无穷大时，其渐开线就变成一条直线，它就是渐开线齿条的齿廓。

（5）基圆以内无渐开线。

6.3.3　渐开线齿廓的啮合特点

1. 能保证定传动比传动且具有可分性

如图 6-4 所示，渐开线齿廓 E_1、E_2 分别在任意点 K 接触，过点 K 作两齿廓的公法线 n—n 与两轮连心线交于点 P。根据渐开线的特性，n—n 必同时与两基圆相切，即过啮合点所作的齿廓公法线为两基圆的内公切线。齿轮传动时基圆位置不变，同一方向的内公切线只有一条，它与连心线交点的位置是不变的。所以无论两齿廓在何处接触，过接触点所作齿廓公法线均通过连心线上同一点 P，故渐开线齿廓能满足定角速比要求。

由图 6-4 可知，$\triangle O_1 N_1 P \backsim \triangle O_2 N_2 P$，故两齿轮的传动比可以写成

$$i_{12} = \frac{\omega_1}{\omega_2} = \frac{\overline{O_2 P}}{\overline{O_1 P}} = \frac{r_2'}{r_1'} = \frac{\overline{O_2 N_2}}{\overline{O_1 N_1}} = \frac{r_{b2}}{r_{b1}} \tag{6-3}$$

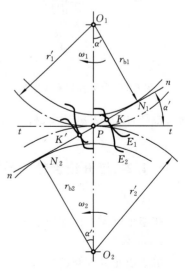

图 6-4　渐开线齿廓的啮合

式(6-3)表示,渐开线齿轮的传动比等于两基圆半径的反比。当一对齿轮加工好后,其基圆的大小也就确定了。因此,即使由于制造、安装等原因,两轮的实际中心距与设计中心距略有偏差,也不会影响两轮的传动比。这种性质称为渐开线齿轮传动的可分性。该特性对渐开线齿轮的加工、安装和使用都十分有利。

2. 渐开线齿廓之间的正压力方向不变

既然渐开线齿廓在任何位置啮合时,过接触点的公法线都是同一条直线 N_1N_2,这就说明一对渐开线齿轮从开始啮合到脱离接触,所有的啮合点均在该直线上,故直线 N_1N_2 是齿廓接触点在固定平面中的轨迹,称为啮合线。在齿轮传动过程中,两啮合齿廓间的正压力始终沿啮合线方向,故其传力方向不变,这对于齿轮传动的平稳性是有利的。过节点 P 作两节圆的公切线 $t—t$,它与啮合线 N_1N_2 间的夹角称为啮合角,用 α' 表示。显然,啮合角在数值上等于渐开线在节圆上的压力角。

6.4　渐开线标准齿轮的基本参数和几何尺寸

6.4.1　齿轮各部分的名称和符号

图 6-5 所示为一标准直齿圆柱外齿轮的一部分。过轮齿顶端所作的圆称为齿顶圆,其半径用 r_a 表示;过轮齿槽底所作的圆称为齿根圆,其半径用 r_f 表示。在任意直径为 d_K 的圆周上,轮齿两侧齿廓之间的弧长称为该圆上的齿厚,用 s_K 表示;齿槽两侧齿廓之间的弧长称为该圆上的齿槽宽,用 e_K 表示;相邻两齿同侧齿廓之间的弧长称为该圆上的齿距,用 p_K 表示。在同一圆周上,齿距等于齿厚与齿槽宽之和,即

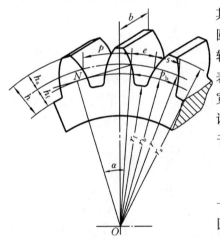

$$p_K = e_K + s_K \tag{6-4}$$

为便于计算齿轮各部分的尺寸,在齿轮上选择一个圆作为尺寸计算基准,称该圆为齿轮的分度圆,其半径、齿厚、齿槽宽和齿距分别用 r、s、e 和 p 表示。分度圆与齿顶圆之间的径向距离称为齿顶高,用 h_a 表示;分度圆与齿根圆之间的径向距离称为齿根高,用 h_f 表示;齿顶高与齿根高之和称为全齿高,用 h 表示。即

图 6-5　齿轮各部分名称和符号

$$h = h_a + h_f \tag{6-5}$$

6.4.2　渐开线齿轮的基本参数

1. 齿数

在整个圆周上齿轮轮齿的总数,用 z 表示。

2. 模数

由于齿轮分度圆的周长等于 zp,故分度圆的直径 d 为

$$d = \frac{zp}{\pi}$$

由于 π 是无理数,这会给齿轮的设计、制造和检验等带来不便。所以,工程上将比值 p/π 规定为一些简单的数值,称为模数,用 m 表示,单位 mm,即

$$m = \frac{p}{\pi} \qquad (6\text{-}6)$$

故齿轮的分度圆直径 d 可表示为

$$d = mz \qquad (6\text{-}7)$$

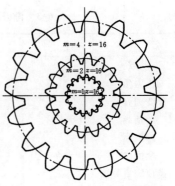

图 6-6 齿轮尺寸随模数的变化

模数 m 是决定齿轮几何尺寸的一个重要参数。齿数相同的齿轮,m 越大,p 越大,轮齿抗弯能力也越强,如图 6-6 所示。我国已规定了标准模数系列,表 6-2 为其中的一部分。

表 6-2 标准模数系列表(GB/T 1357—2008)   (mm)

第一系列	1 1.25 1.5 2 2.5 3 4 5 6 8 10 12 16 20 25 32 40 50
第二系列	1.75 2.25 2.75 3.5 4.5 5.5 (6.5) 7 9 11 14 18 22 28 35 45

注:①选用模数时,应优先采用第一系列,其次是第二系列,括号内的模数尽可能不用;
　　②本表适用于渐开线圆柱齿轮,对斜齿轮是指法面模数。

3. 分度圆压力角

由式(6-2)可知,同一渐开线齿廓上各点的压力角不同。通常所说的齿轮压力角是指在分度圆上的压力角,以 α 表示。根据式(6-2)有

$$r_b = r\cos\alpha = zm\cos\alpha/2 \qquad (6\text{-}8)$$

国家标准中规定,分度圆上的压力角为标准值,$\alpha = 20°$。在一些特殊场合,α 也允许采用其他的值。

至此,可以给分度圆下一个完整的定义:齿轮上具有标准模数和标准压力角的圆称为分度圆。

4. 齿顶高系数 h_a^*

齿顶高 $h_a = h_a^* m$

5. 顶隙系数 c^*

齿根高 $h_f = (h_a^* + c^*)m$

顶隙 $c = c^* m$,它是指一对齿轮啮合时,一个齿轮的齿顶圆到另一个齿轮的齿根圆之间的径向距离。

我国规定的齿顶高系数和顶隙系数的标准值为:正常齿制,$h_a^* = 1$,$c^* = 0.25$;短齿制,$h_a^* = 0.8$,$c^* = 0.3$。

6.4.3 渐开线标准直齿圆柱齿轮的几何尺寸

为了便于设计计算,现将渐开线标准直齿圆柱齿轮传动几何尺寸的计算公式列于表 6-3 中。所谓标准齿轮,是指 m、α、h_a^*、c^* 均为标准值,且 $e = s$ 的齿轮。

表 6-3　渐开线标准直齿圆柱齿轮的几何尺寸计算公式

名　称	符　号	计　算　公　式
模数	m	（根据齿轮受力情况和结构需要确定，选取标准值）
压力角	α	选取标准值
分度圆直径	d	$d_1 = mz_1, d_2 = mz_2$
齿顶高	h_a	$h_a = h_a^* m$
齿根高	h_f	$h_f = (h_a^* + c^*)m$
全齿高	h	$h = (2h_a^* + c^*)m$
齿顶圆直径	d_a	$d_{a1} = (z_1 + 2h_a^*)m, \quad d_{a2} = (z_2 + 2h_a^*)m$
齿根圆直径	d_f	$d_{f1} = (z_1 - 2h_a^* - 2c^*)m, \quad d_{f2} = (z_2 - 2h_a^* - 2c^*)m$
基圆直径	d_b	$d_{b1} = d_1\cos\alpha, \quad d_{b2} = d_2\cos\alpha$
齿距	p	$p = \pi m$
齿厚	s	$s = p/2 = \pi m/2$
齿槽宽	e	$e = p/2 = \pi m/2$
中心距	a	$a = \dfrac{d_1 + d_2}{2} = \dfrac{m}{2}(z_1 + z_2)$

6.5　渐开线直齿圆柱齿轮的啮合传动

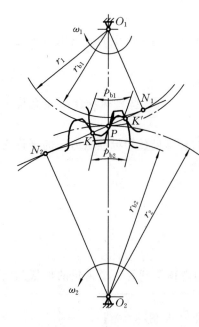

图 6-7　正确啮合条件

1. 一对渐开线齿轮的正确啮合条件

一对渐开线齿轮在传动时，它们的齿廓啮合点都应位于啮合线 N_1N_2 上。如图 6-7 所示，要使齿轮能正确啮合传动，应使处于啮合线上的各对轮齿都能同时进入啮合，为此两齿轮的法向齿距应相等，即 $\overline{KK'} = \overline{K_1K_1'} = \overline{K_2K_2'}$，由渐开线的性质可知，法向齿距等于基圆齿距，即

$$p_{b1} = p_{b2} \tag{6-9}$$

将 $p_{n1} = p_{b1} = \pi m_1 \cos\alpha_1$ 和 $p_{n2} = p_{b2} = \pi m_2 \cos\alpha_2$ 代入式 (6-9)，得

$$m_1\cos\alpha_1 = m_2\cos\alpha_2$$

其中，m_1、m_2 及 α_1、α_2 分别为两轮的模数和压力角。由于齿轮的模数和压力角都已标准化，为满足上式，应使

$$\left.\begin{array}{c} m_1 = m_2 = m \\ \alpha_1 = \alpha_2 = \alpha \end{array}\right\} \tag{6-10}$$

故一对渐开线直齿圆柱齿轮的正确啮合条件是两轮的模数和压力角必须分别相等。

2. 标准中心距

一对齿轮传动时，一轮节圆上的齿槽宽与另一轮节圆上的齿厚之差称为齿侧间隙。在齿轮加工时，刀具轮齿和工件轮齿之间是没有齿侧间隙的。在齿轮传动中，为了消除反向传动空程和减小撞击，也要求齿侧间隙等于零。因此，在机械设计中，正确安装的齿轮都按照无齿侧间隙的理想情况计算其名义尺寸。由标准齿轮的定义知，标准齿轮分度圆齿厚等于齿槽宽，又知正确啮合的一对渐开线齿轮的模数相等，故 $s_1 = e_1 = s_2 = e_2 = \pi m/2$。若安装时令分度圆与节圆重合，如图6-8所示，则 $e_1' = s_2'$，$s_1' = e_2'$，齿侧间隙为零。一对标准齿轮分度圆相切时的中心距称为标准中心距，用 a 表示，即

$$a = r_1' + r_2' = r_1 + r_2 = m(z_1 + z_2)/2 \qquad (6\text{-}11)$$

因两分度圆相切，故顶隙为

$$c = c^* m \qquad (6\text{-}12)$$

应当指出，分度圆和压力角是单个齿轮所具有的，而节圆和啮合角是两个齿轮相互啮合时才出现的。当标准齿轮按标准中心距安装时，分度圆与节圆重合，啮合角等于分度圆压力角；否则，分度圆与节圆不重合，啮合角不等于分度圆压力角。

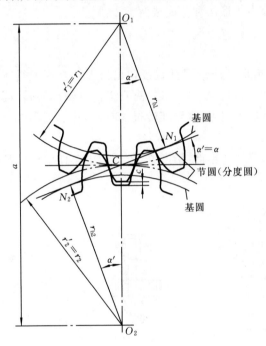

图6-8　标准中心距和顶隙

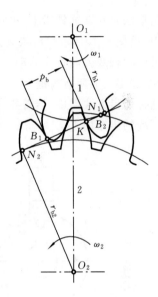

图6-9　连续传动条件

3. 连续传动条件

如图6-9所示，设齿轮1为主动轮，齿轮2为从动轮。当一对齿廓开始啮合时，应是主动轮的齿根部分与从动轮的齿顶接触，所以开始啮合点是从动轮的齿顶圆与啮合线 N_1N_2 的交点 B_2。随着啮合传动的进行，啮合点的位置沿啮合线 N_1N_2 向下移动，齿轮2齿廓上的接触点由齿顶向齿根移动，而齿轮1齿廓上的接触点则由齿根向齿顶移动。终止啮合点是主动轮的齿顶圆与啮合线 N_1N_2 的交点 B_1。线段 $\overline{B_1B_2}$ 为啮合点的实际轨迹，称为实际啮合线段。当两轮齿顶圆加大时，点 B_1、B_2 分别趋近于点 N_2、N_1，但基圆内无渐开线，故啮合线 $\overline{N_1N_2}$ 是理论上可能达到的最长啮合线段，称为理论啮合线段，点 N_1、N_2 称为啮合极限点。

由此可见，一对轮齿啮合传动的区间是有限的。所以，为了使两齿轮能够连续地传动，必须保证在前一对轮齿尚未脱离啮合时，后一对轮齿能及时进入啮合。为达此目的，要求实际啮合线段 $\overline{B_1B_2}$ 应大于齿轮的法线齿距 p_b（见图6-9）。$\overline{B_1B_2}$ 与 p_b 的比值 ε_a 称为

齿轮传动的重合度。因此，齿轮连续传动的条件是

$$\varepsilon_a = \frac{\overline{B_1 B_2}}{p_b} > 1 \tag{6-13}$$

重合度越大，表示同时啮合的轮齿对数越多，传动越平稳，承载能力越大。重合度的详细计算公式可参阅有关机械设计手册。对于标准齿轮传动，其重合度都大于 1，故可不必验算。

6.6　渐开线齿轮的切齿原理

渐开线齿轮的切齿方法按其原理可分为仿形法和范成法两类。

6.6.1　仿形法

仿形法是在普通铣床上，采用渐开线齿形的成形刀具直接切出齿形。常用刀具有盘形铣刀（见图 6-10(a)）和指状铣刀（见图 6-10(b)）。加工时，铣刀绕自身轴线旋转，同时轮坯沿齿轮轴线方向直线移动。一个齿槽加工完后，将轮坯转过 $360°/z$，再加工第二个齿槽，直至加工完成所有齿槽。

这种切齿方法简单，不需要专用机床，但生产率低，精度差，仅适用于单件生产及精度要求不高的齿轮加工。

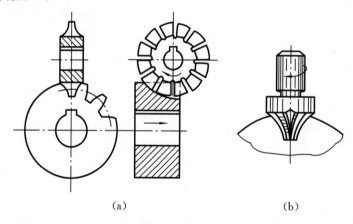

(a)　　　　　　　　　　(b)

图 6-10　仿形法切齿

6.6.2　范成法

范成法是利用一对齿轮（或齿轮与齿条）互相啮合时，其共轭齿廓互为包络线的原理来切齿的。如果把其中一个齿轮（或齿条）做成刀具，就可以切出与它共轭的渐开线齿廓。用范成法切齿的常用刀具有齿轮插刀、齿条插刀和齿轮滚刀。

1. 齿轮插刀

图 6-11 所示为用齿轮插刀加工齿轮的情形。齿轮插刀可视为一个具有刀刃的外齿轮，其模数和压力角均与被加工齿轮相同，刀具顶部比正常齿高出 $c^* m$，以便切出顶隙部分。加工时，插刀沿轮坯轴线方向作往复切削运动，同时，插刀与轮坯按恒定的传动比 $i = \omega_刀/\omega_坯 = z_坯/z_刀$ 作范成运动。在开始切削时，插刀还需向轮坯中心作径向进给运动，以

便切出轮齿的高度。此外,为防止插刀向上退刀时擦伤已切好的齿面,轮坯还需作小距离的让刀运动。

因插齿刀的齿廓是渐开线,所以插制出的齿轮齿廓也是渐开线。根据正确啮合条件,被切齿轮的模数和压力角必定与插刀的模数和压力角相等,故用同一把插刀切出的齿轮都能正确啮合。

2. 齿条插刀

图 6-12 所示为用齿条插刀加工齿轮的情形,加工时刀具与轮坯的范成运动相当于齿轮与齿条的啮合运动,其切齿原理与用齿轮插刀切齿的原理相似。

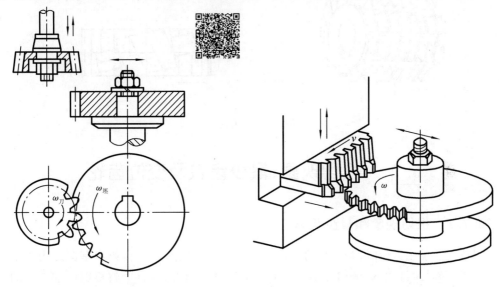

图 6-11　齿轮插刀切齿　　　　　　　图 6-12　齿条插刀切齿

图 6-13 表示齿条插刀齿廓在水平面上的投影,其顶部比传动用的齿条高出 c^*m(圆角部分),以便切出传动时的顶隙部分。齿条的齿廓为一直线,由图 6-13 可见,不论在分度线(齿厚与齿槽宽相等的直线)上,还是在与分度线平行的其他任一直线上,它们都具有相同的齿距 $p(\pi m)$、相同的模数 m 和相同的压力角 $\alpha(20°)$。对于齿条刀具,α 也称为齿形角或刀具角。

在切制标准齿轮时,刀具的分度线必须与被切齿轮的分度圆相切并作纯滚动(见图 6-14)。由于标准齿条刀具分度线上的齿厚与齿槽宽相等,故被加工齿轮的分度圆齿槽宽与齿厚也相等,即 $s=e=\pi m/2$,且其模数、压力角与刀具的模数、压力角分别相等。

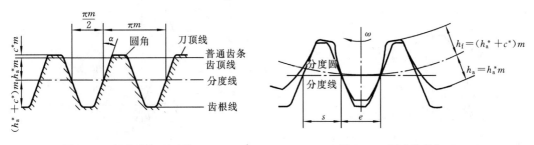

图 6-13　标准齿条型刀具　　　　　　图 6-14　标准齿轮加工

3. 齿轮滚刀

以上两种刀具都只能间断地切削，生产率较低。目前广泛采用的齿轮滚刀能连续切削，生产率较高。图 6-15(a)、(b)所示为滚刀及其加工齿轮的情况。滚刀形状类似螺旋，它的齿廓在水平面上的投影为一齿条。滚刀转动时，一方面产生切削运动，另一方面相当于齿条在移动，从而与轮坯转动一起构成范成运动。为了切制具有一定轴向宽度的齿轮，滚刀还需沿轮坯轴线方向作缓慢的进给运动。滚切直齿轮时，为了使刀齿螺旋线方向与被切齿轮方向一致，安装滚刀时需使其轴线与轮坯端面之间的夹角 λ 等于滚刀的螺旋升角。

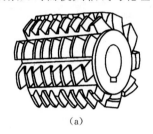
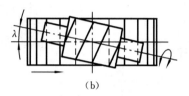

(a)　　　　　　(b)

图 6-15　滚刀切齿

6.7　根切现象、最少齿数及变位齿轮

6.7.1　根切现象和最少齿数

用范成法加工齿轮时，若刀具的齿顶线超过了啮合极限点 N_1，则由基圆之内无渐开线的性质可知，超过点 N_1 的刀刃不仅不能范成渐开线齿廓，而且会将根部已加工出的渐开线切去一部分，这种现象称为根切（见图 6-16）。根切使轮齿的弯曲强度和重合度都降低了，对齿轮的传动质量有较大影响，所以应当避免。

为了避免产生根切，啮合极限点 N_1 必须位于刀具齿顶线之上，即 $\overline{PN_1} \geqslant \overline{PB_2}$，如图 6-17 所示，则 $\overline{PN_1}\sin\alpha \geqslant h_a^* m$，由此可求得被切齿轮不产生根切的最少齿数为

$$z_{min} = 2h_a^* / \sin^2\alpha \tag{6-14}$$

当 $\alpha = 20°$，$h_a^* = 1$ 时，$z_{min} = 17$。采用范成法加工标准齿轮时，其齿数应大于最少齿数。

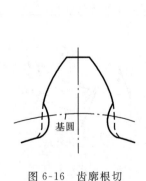

图 6-16　齿廓根切

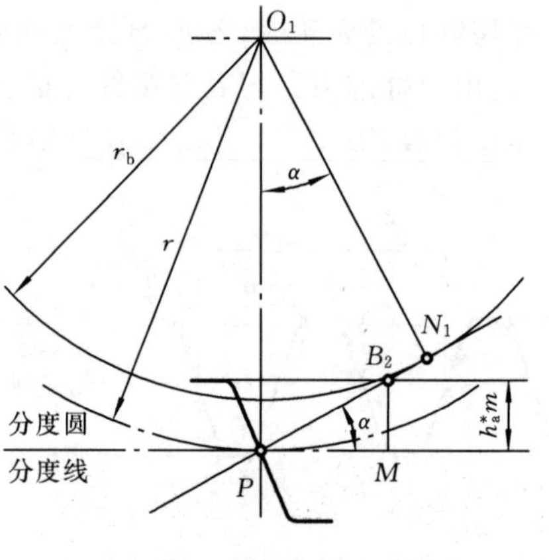

图 6-17　避免根切的条件

6.7.2　变位齿轮

1. 变位齿轮的概念

标准齿轮传动虽具有设计简单、互换性好等一系列优点,但也有以下一些不足之处:①标准齿轮的齿数必须大于或等于最少齿数 z_{min},否则会产生根切;②标准齿轮不适用于实际中心距 a' 不等于标准中心距 a 的场合,当 $a'>a$ 时,采用标准齿轮虽仍可保证定角速比传动,但会出现过大的齿侧间隙,重合度也减小;当 $a'<a$ 时,因较大的齿厚不能嵌入较小的齿槽宽,致使标准齿轮无法安装;③一对互相啮合的标准齿轮,小齿轮的齿根厚度小于大齿轮的齿根厚度,抗弯能力有较大的差别。为了弥补上述不足,在机械中出现了变位齿轮。

图 6-18 中虚线表示用齿条插刀或滚刀切制齿数小于最少齿数的标准齿轮而发生根切的情况。这时刀具的分度线与齿轮的分度圆相切,刀具的齿顶线超过了啮合极限点 N_1。如果将刀具自轮坯中心向外移出一段距离 xm,使其齿顶线不超过 N_1 点,如图 6-18 中实线所示,则切制出的齿轮可以避免根切。这种用改变刀具与轮坯相对位置来加工齿轮的方法称为变位修正法。这时,刀具的分度线与齿轮轮坯的分度圆不再相切,这样加工出来的齿轮由于 $s \neq e$,已不再是标准齿轮,故称其为变位齿轮。以切削标准齿轮时的位置为基准,刀具的移动距离 xm 称为变位量(其中,m 为模数,x 称为变位系数),并规定刀具远离轮坯中心移动时,x 为正值,称为正变位,这样加工出

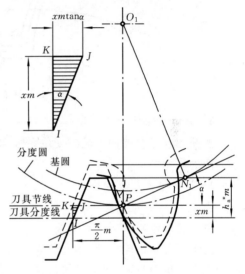

图 6-18　变位齿轮加工

来的齿轮称为正变位齿轮;反之,刀具接近轮坯中心移动时,x 为负值,称为负变位,这样加工出来的齿轮称为负变位齿轮。

2. 变位齿轮的几何尺寸

如图 6-18 所示,对于正变位齿轮,由于与被切齿轮分度圆相切的已不再是刀具的分度线,而是与之平行的刀具节线。刀具节线上的齿槽宽较分度线上的齿槽宽增大了 $2\overline{KJ}$,由于轮坯分度圆与刀具节线相切并作纯滚动,故知被切齿轮的分度圆齿厚增大 $2\overline{KJ}$;与此相应,被切齿轮分度圆上的齿槽宽则减小了 $2\overline{KJ}$。由 $\triangle KIJ$ 可知: $\overline{KJ}=xm\tan\alpha$。因此,正变位齿轮分度圆齿厚和齿槽宽的计算式分别为

$$s = \frac{\pi m}{2} + 2\overline{KJ} = \left(\frac{\pi}{2} + 2x\tan\alpha\right)m \tag{6-15}$$

$$e = \frac{\pi m}{2} - 2\overline{KJ} = \left(\frac{\pi}{2} - 2x\tan\alpha\right)m \tag{6-16}$$

当刀具采用正变位 xm 后,切出正变位的齿轮,其齿根高较标准齿轮减小了一段 xm,即

$$h_f = h_a^* m + c^* m - xm = (h_a^* + c^* - x)m \tag{6-17}$$

而其齿顶高,若暂不计它对顶隙的影响,为了保持全齿高不变,应较标准齿轮增大 xm,这时其齿顶高为

$$h_a = h_a^* m + xm = (h_a^* + x)m \qquad (6\text{-}18)$$

其齿顶圆半径为

$$r_a = r + (h_a^* + x)m \qquad (6\text{-}19)$$

对于负变位齿轮,上述公式同样适用,只需注意其变位系数 x 为负即可。

将相同模数、压力角及齿数的变位齿轮与标准齿轮的尺寸相比较,由图 6-19 可以看出,它们的分度圆和基圆保持不变,但齿顶高、齿根高、齿厚及齿槽宽是不同的。

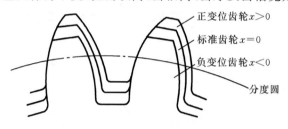

图 6-19　标准齿轮与变位齿轮比较

3. 变位齿轮传动的类型

按照相互啮合的两齿轮的变位系数和 $(x_1 + x_2)$ 之值的不同,可将变位齿轮传动分为下列两种基本类型。

1) 等移距变位齿轮传动

当 $x_1 + x_2 = 0$ 且 $x_1 = -x_2 \neq 0$ 时,此类齿轮传动称为等移距变位齿轮传动(又称为高度变位齿轮传动)。

对于等变位齿轮传动,啮合角等于分度圆压力角,中心距等于标准中心距,节圆与分度圆重合。但刀具变位后,被切齿轮的齿顶高和齿根高已不同于标准齿轮,所以等移距变位又称为高度变位。为了有利于强度的提高,小齿轮应采用正变位,大齿轮采用负变位,使大、小齿轮的强度趋于接近,从而使齿轮的承载能力提高。

2) 不等移距变位齿轮传动

当 $x_1 + x_2 \neq 0$ 时,此类齿轮传动称为不等移距变位齿轮传动(又称为角度变位齿轮传动)。当 $x_1 + x_2 > 0$ 时,称为正传动;$x_1 + x_2 < 0$ 时,称为负传动。

(1) 正传动。在正传动中,啮合角 α' 大于分度圆压力角 α,中心距 a' 大于标准中心距 a,两轮的分度圆分离。正传动的优点是可以减小齿轮机构的尺寸,能使齿轮机构的承载能力有较大提高,其缺点是重合度减小较多。

(2) 负传动。负传动的优缺点正好与正传动的优缺点相反,即其重合度略有增加,但轮齿的强度有所下降。所以,负传动只适用于配凑中心距这种特殊需要的场合。

6.8　斜齿圆柱齿轮机构

1. 斜齿圆柱齿轮齿廓曲面的形成及啮合特点

在研究直齿圆柱齿轮的啮合原理时,由于轮齿的方向与轴线平行,所有与轴线垂直的平面内的情形完全相同,所以只需研究端面就可以了。但实际上齿轮是有一定宽度的。因此,

直齿轮的齿廓曲面是发生面沿基圆柱作纯滚动时,其上与基圆柱母线 AA 相平行的直线 KK 所展成的渐开面,如图 6-20 所示。斜齿圆柱齿轮齿廓齿面形成原理与直齿轮的相似,只是直线 KK 不再与基圆柱母线 AA 平行,而与它成一交角 β_b,如图 6-21 所示。当发生面沿基圆柱作纯滚动时,直线 KK 上各点都依次从基圆柱面接触点开始展成一条渐开线,这些渐开线的集合,就是斜齿轮的齿廓曲面(为渐开螺旋面)。β_b 称为斜齿轮基圆柱螺旋角。

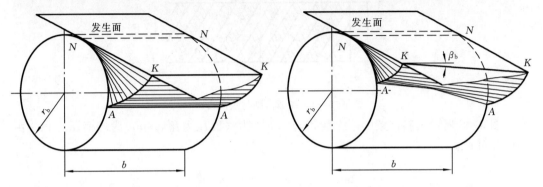

图 6-20　直齿圆柱齿轮齿廓曲面的形成　　　　图 6-21　斜齿圆柱齿轮齿廓曲面的形成

斜齿轮的齿廓曲面与其分度圆柱面相交的螺旋线的切线与齿轮轴线之间所夹的锐角(以 β 表示)称为斜齿轮分度圆柱上的螺旋角(简称为斜齿轮的螺旋角),齿轮螺旋的旋向有左、右之分,如图 6-22 所示。

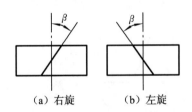

（a）右旋　　　（b）左旋

图 6-22　斜齿轮的旋向

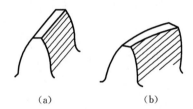

（a）　　　　　（b）

图 6-23　齿廓接触线的比较

如图 6-23(a)所示,一对直齿轮的齿廓进入和脱离接触都是沿齿宽突然发生的,容易引起冲击、振动和噪声。由于斜齿轮存在着螺旋角 β,故当一对斜齿轮啮合传动时,其轮齿是先由一端进入啮合逐渐过渡到轮齿的另一端而最终退出啮合,其齿面上的接触线是由短变长,再由长变短,如图 6-23(b)所示。因此,斜齿轮轮齿在交替啮合时所受的载荷是逐渐加上,再逐渐卸掉的,传动比较平稳,冲击、振动和噪声较小,故适用于高速、重载传动。斜齿轮传动的主要缺点是在运转时会产生轴向推力。

2. 斜齿圆柱齿轮的基本参数和几何尺寸计算

由于斜齿圆柱齿轮垂直于其轴线的端面齿形和垂直于螺旋线的法面齿形是不同的,因而斜齿圆柱齿轮的几何参数有端面和法面之分。又由于在切制斜齿轮的轮齿时,刀具进刀的方向一般是垂直于法面的,所以斜齿圆柱齿轮的法面参数(m_n、α_n、$h_{\mathrm{a}\mathrm{n}}^{*}$、$c_\mathrm{n}^{*}$ 等)与刀具的参数相同,取为标准值。但是在计算斜齿圆柱齿轮的几何尺寸时,却需按端面参数进行,因此必须建立法面参数与端面参数之间的换算关系。

图 6-24 所示为斜齿条的分度面截面图。其中阴影线部分为轮齿,空白部分为齿槽。由图 6-24 可见,法向齿距 p_n 和端面齿距 p_t 之间的关系为

$$p_n = p_t\cos\beta \tag{6-20}$$

因为 $p_n = \pi m_n$，$p_t = \pi m_t$，所以

$$m_n = m_t\cos\beta \tag{6-21}$$

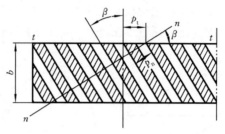

图 6-24　端面齿距与法向齿距

图 6-25 所示为斜齿条的一个轮齿，$\angle a'b'c$ 为法面压力角，$\angle abc$ 为端面压力角。由图6-25可见：

$$\tan\alpha_n = \frac{\overline{a'c}}{\overline{a'b'}}, \quad \tan\alpha_t = \frac{\overline{ac}}{\overline{ab}}$$

由于 $\overline{ab} = \overline{a'b'}$，$\overline{a'c} = \overline{ac}\cos\beta$，故得

$$\tan\alpha_n = \tan\alpha_t\cos\beta \tag{6-22}$$

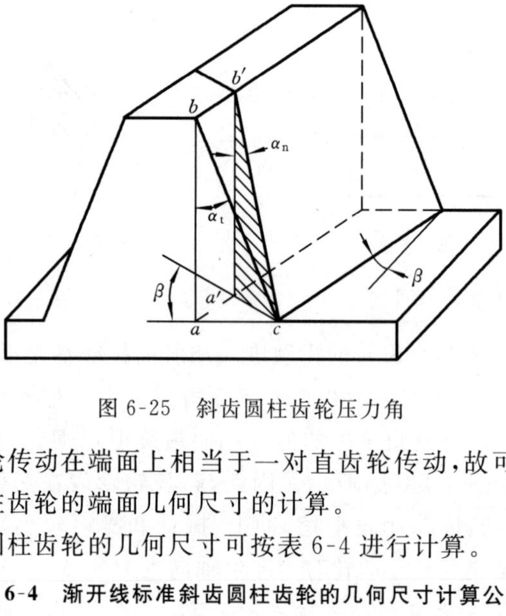

图 6-25　斜齿圆柱齿轮压力角

　　一对斜齿圆柱齿轮传动在端面上相当于一对直齿轮传动，故可将直齿轮的几何尺寸计算公式用于斜齿圆柱齿轮的端面几何尺寸的计算。

　　渐开线标准斜齿圆柱齿轮的几何尺寸可按表 6-4 进行计算。

表 6-4　渐开线标准斜齿圆柱齿轮的几何尺寸计算公式

名　称	符号	计　算　公　式
螺旋角	β	一般取 $\beta = 8° \sim 20°$
基圆柱螺旋角	β_b	$\tan\beta_b = \tan\beta\cos\alpha_t$
法面模数	m_n	按表 6-2 取标准值
端面模数	m_t	$m_t = m_n/\cos\beta$
法面压力角	α_n	$\alpha_n = 20°$
分度圆直径	d	$d = zm_t = \dfrac{zm_n}{\cos\beta}$

续表

名　称	符号	计　算　公　式
齿顶高	h_a	$h_a = m_n$
齿根高	h_f	$h_f = 1.25 m_n$
齿顶圆直径	d_a	$d_a = d + 2h_a$
齿根圆直径	d_f	$d_f = d - 2h_f$
标准中心距	a	$a = \dfrac{m_t(z_1 + z_2)}{2} = \dfrac{m_n(z_1 + z_2)}{2\cos\beta}$

3. 一对斜齿圆柱齿轮正确啮合的条件

一对斜齿圆柱齿轮的正确啮合的条件应为

$$\left.\begin{aligned} m_{n1} &= m_{n2} = m_n \\ \alpha_{n1} &= \alpha_{n2} = \alpha_n \\ \beta_1 &= \mp\beta_2 \end{aligned}\right\} \tag{6-23}$$

式中:"－"号为外啮合;"＋"号为内啮合。

4. 斜齿圆柱齿轮传动的重合度

图 6-26(a)为直齿轮传动的啮合面,L 为其啮合区,故直齿轮传动的重合度为

$$\varepsilon_\alpha = \frac{L}{p_{bt}}$$

式中:p_{bt} 为端面上的法向齿距。

图 6-26(b)为斜齿轮的啮合情况,由于其轮齿是倾斜的,故其啮合区长为 $L + \Delta L$,实际啮合区较直齿轮增大了 $\Delta L = b\tan\beta_b$。因此,斜齿轮传动的重合度较直齿轮传动的大,其增加的一部分重合度以 ε_β 表示,则

$$\varepsilon_\beta = \frac{\Delta L}{p_{bt}} = \frac{b\tan\beta_b}{p_t\cos\alpha_t} = \frac{b\tan\beta\cos\alpha_t\cos\beta}{p_n\cos\alpha_t} = \frac{b\sin\beta}{\pi m_n} \tag{6-24}$$

所以,斜齿轮传动的总重合度 ε_γ 为 ε_α 与 ε_β 两部分之和,即

$$\varepsilon_\gamma = \varepsilon_\alpha + \varepsilon_\beta \tag{6-25}$$

式中:ε_α 为端面重合度,即与斜齿轮端面齿廓相同的直齿轮传动的重合度;ε_β 为轮齿倾斜附加的重合度(又称轴向重合度)。斜齿轮的重合度随齿宽 b 和螺旋角 β 的增大而增大,可达到很大的数值,这也是斜齿轮传动平稳、承载能力高的主要原因之一。

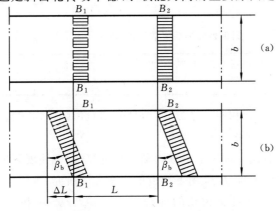

图 6-26　斜齿圆柱齿轮的重合度

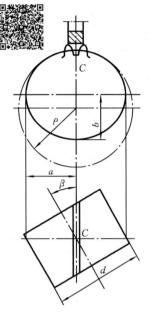

图 6-27　斜齿轮的
当量齿轮

5. 斜齿圆柱齿轮的当量齿轮与当量齿数

为了满足切制斜齿轮和计算齿轮强度的需要，下面介绍斜齿轮法面齿形的近似计算方法。如图 6-27 所示，设经过斜齿轮分度圆柱面上的一点 C，作轮齿的法面，将斜齿轮的分度圆柱剖开，其剖面为一椭圆。现以椭圆上点 C 的曲率半径 ρ 为半径作一圆，作为一假想的直齿轮的分度圆，以该斜齿轮的法面模数为模数、法面压力角为压力角，作一直齿轮，其齿形就是斜齿轮的法面近似齿形，称此直齿轮为斜齿轮的当量齿轮，而其齿数为当量齿数（以 z_v 表示）。

由图 6-27 可知，椭圆的长半轴 $a=d/(2\cos\beta)$，短半轴 $b=d/2$，而

$$\rho = a^2/b = d/(2\cos^2\beta)$$

故得

$$z_v = 2\rho/m_n = d/(m_n\cos^2\beta) = m_t z/(m_n\cos^2\beta) = z/\cos^3\beta \tag{6-26}$$

渐开线标准斜齿圆柱齿轮不产生根切的最少齿数

$$z_{\min} = z_{v\min}\cos^3\beta \tag{6-27}$$

式中：$z_{v\min}$ 为当量直齿标准齿轮不发生根切的最少齿数。由此可见，斜齿轮不产生根切的最少齿数小于直齿轮。

6.9　直齿圆锥齿轮机构

1. 直齿圆锥齿轮概述

圆锥齿轮机构用来传递两相交轴之间的运动和动力。一对圆锥齿轮两轴之间的夹角 Σ 可根据传动的需要来确定，在一般机械中，多采用 $\Sigma=90°$ 的传动。圆锥齿轮的轮齿分布在一个圆锥面上，故在圆锥齿轮上有齿顶圆锥、分度圆锥和齿根圆锥等。又因圆锥齿轮是一个锥体，故有大端和小端之分。为了计算和测量的方便，通常取圆锥齿轮大端的参数为标准值，大端的模数按表 6-5 选取，其压力角一般为 $20°$，齿顶高系数 $h_a^*=1$，顶隙系数 $c^*=0.2$。

表 6-5　圆锥齿轮标准模数系列（摘自 GB/T 12368—1990）　　（mm）

…	1	1.125	1.25	1.375	1.5	1.75	2	2.25	2.5	2.75	3	3.25	3.5	3.75	4
4.5	5	5.5	6	6.5	7	8	9	10	…						

圆锥齿轮有直齿、斜齿和曲齿之分，本节仅介绍直齿圆锥齿轮机构。

2. 直齿圆锥齿轮的背锥及当量齿轮

圆锥齿轮的齿廓曲线在理论上是球面渐开线，因球面无法展开成平面，这给圆锥齿轮的设计和制造带来许多困难，故采用下述近似方法加以研究。

图 6-28 所示为一直齿圆锥齿轮的轴剖面，$\triangle ABO$、$\triangle Obb$ 和 $\triangle Oaa$ 分别代表分度圆锥、齿顶圆锥和齿根圆锥，过大端点 A 作球面的切线 $O'A$ 与轴线交于点 O'，以 OO' 为轴、

以 $O'A$ 为母线作一圆锥与圆锥齿轮的大端分度圆的球面相切,则△$AO'B$ 所代表的圆锥称为圆锥齿轮的背锥。将球面渐开线的轮齿向背锥投影,则点 a、b 的投影对应为点 a'、b'。由图 6-28 可看出,$a'b'$ 与 ab 相差极小,故背锥上的齿廓曲线与锥齿轮的球面渐开线齿廓极为接近,而背锥可以展成一扇形平面。

如图 6-29 所示为一对圆锥齿轮传动。其中:轮 1 的齿数为 z_1,分度圆半径为 r_1,分度圆锥角为 δ_1;轮 2 的齿数为 z_2,分度圆半径为 r_2,分度圆锥角为 δ_2。分别作一对圆锥齿轮的分度圆锥和背锥,将两背锥展开成平面后即得到两个扇形齿轮。以背锥距 r_v 为分度

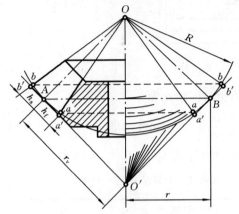

图 6-28　直齿圆锥齿轮的轴半剖面图　　　　图 6-29　直齿圆锥齿轮的背锥与当量齿数

圆半径,并取锥齿轮的大端模数和大端压力角为标准值,将扇形齿轮补足为完整的直齿圆柱齿轮,这个假想的直齿圆柱齿轮则称为锥齿轮的当量齿轮。将背锥展开后所得的扇形齿轮的齿数与圆锥齿轮的实际齿数相等,补足为完整的直齿圆柱齿轮后,则齿数增加到 z_{v1}、z_{v2},此齿数称为当量齿数。由图 6-29 可知,轮 1 的当量齿轮的分度圆半径为

$$r_{v1} = \frac{r_1}{\cos\delta_1} = \frac{mz_1}{2\cos\delta_1} = \frac{mz_{v1}}{2}$$

故得

$$\left.\begin{array}{l} z_{v1} = z_1/\cos\delta_1 \\ z_{v2} = z_2/\cos\delta_2 \end{array}\right\} \tag{6-28}$$

由式(6-28)求得的 z_{v1} 和 z_{v2} 一般不是整数,可保留一位小数。

借助圆锥齿轮当量齿轮的概念,可以把前面对于圆柱齿轮传动所研究的一些结论直接应用于圆锥齿轮机构。例如,根据一对圆柱齿轮的正确啮合条件可知,一对圆锥齿轮的正确啮合条件应为两轮大端的模数和压力角分别相等,且两轮锥距相等;一对锥齿轮传动的重合度可以近似地按其当量齿轮传动的重合度来计算;为了避免轮齿的根切,锥齿轮不产生根切的最少齿数 $z_{\min} = z_{v\min}\cos\delta$;等等。

3. 直齿圆锥齿轮几何参数和尺寸计算

前已指出,圆锥齿轮以大端参数为标准值,故在计算其几何尺寸时,也应以大端为准。如图 6-30 所示,两圆锥齿轮的分度圆半径分别为

$$r_1 = R\sin\delta_1, \quad r_2 = R\sin\delta_2 \tag{6-29}$$

式中:R 为分度圆锥锥顶到大端的距离,称为锥距;δ_1、δ_2 分别为两锥齿轮的分度圆锥角。

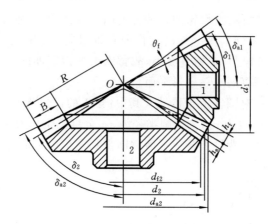

图 6-30　圆锥齿轮机构

对于轴交角 $\Sigma=90°$ 的两圆锥齿轮传动，两轮的传动比为

$$i_{12}=\frac{\omega_1}{\omega_2}=\frac{z_2}{z_1}=\frac{r_2}{r_1}=\frac{\sin\delta_2}{\sin\delta_1}=\tan\delta_2=\cot\delta_1 \qquad (6\text{-}30)$$

标准直齿圆锥齿轮的主要几何尺寸计算公式列于表 6-6。

表 6-6　标准直齿圆锥齿轮的主要几何尺寸计算公式（$\Sigma=90°$）

名　称	符　号	计　算　公　式	
		小　齿　轮	大　齿　轮
分度圆锥角	δ	$\delta_1=\arctan\dfrac{z_1}{z_2}$	$\delta_2=90°-\delta_1$
齿顶高	h_a	$h_a=h_a^* m$	
齿根高	h_f	$h_f=(h_a^*+c^*)m=1.2\,m$	
分度圆直径	d	$d_1=mz_1$	$d_2=mz_2$
齿顶圆直径	d_a	$d_{a1}=d_1+2h_a\cos\delta_1$	$d_{a2}=d_2+2h_a\cos\delta_2$
齿根圆直径	d_f	$d_{f1}=d_1-2h_f\cos\delta_1$	$d_{f2}=d_2-2h_f\cos\delta_2$
锥距	R	$R=m\sqrt{z_1^2+z_2^2}/2$	
齿根角	θ_f	$\tan\theta_f=h_f/R$	
顶锥角	δ_a	$\delta_{a1}=\delta_1+\theta_f$	$\delta_{a2}=\delta_2+\theta_f$
根锥角	δ_f	$\delta_{f1}=\delta_1-\theta_f$	$\delta_{f2}=\delta_2-\theta_f$
顶隙	c	$c=c^* m$（一般取 $c^*=0.2$）	
分度圆齿厚	s	$s=\pi m/2$	
当量齿数	z_v	$z_{v1}=z_1/\cos\delta_1$	$z_{v2}=z_2/\cos\delta_2$
齿宽	b	$b\leqslant R/3$（取整）	

注：当 $m\leqslant 1$ mm 时，$c^*=0.25$，$h_f=1.25$ m。

本章重点、难点

重点:外啮合渐开线标准直齿圆柱齿轮传动的基本理论和几何尺寸计算,根切现象、最少齿数和变位齿轮的概念。

难点:斜齿轮和锥齿轮的当量齿轮和当量齿数。

思考题与习题

6-1 欲使一对齿轮在啮合过程中保持传动比为定值,其齿廓曲线应满足什么条件?

6-2 试根据渐开线的性质说明一对模数相等、压力角相等,但齿数不等的渐开线标准直齿圆柱齿轮,其分度圆齿厚、齿顶齿厚和齿根齿厚是否相等? 哪一个较大?

6-3 哪些参数是计算齿轮几何尺寸的基础? 它的意义和单位是什么?

6-4 一对渐开线标准直齿圆柱齿轮的正确啮合条件是什么?

6-5 标准齿轮应具备哪些条件?

6-6 节圆与分度圆,啮合角与压力角有什么区别?

6-7 何谓根切? 不产生根切的条件是什么? 齿轮用铸造或冲压方法制造时,是否会发生根切?

6-8 试与标准齿轮进行比较,说明正变位直齿圆柱齿轮的下列参数:m、α、α'、d、d'、s、s_f、h_f、d_f、d_b,哪些不变? 哪些起了变化? 变大还是变小?

6-9 什么是斜齿轮的当量齿数? 如何计算? 它主要用在哪些场合?

6-10 当 $\alpha = 20°$、$h_a^* = 1$ 的标准直齿外齿轮的齿根圆与基圆重合时,其齿数 z 应为多少? 又当齿数大于所求得的数值时,基圆与齿根圆哪个大?

6-11 测得一标准直齿圆柱齿轮的齿顶圆直径为 130 mm,齿数为 24,全齿高为 11.25 mm。求该齿轮的齿顶高系数和模数。

6-12 一对标准齿轮,其齿数 $z_1 = 21$、$z_2 = 66$,模数 $m = 3.5$ mm,正常齿制。试计算其几何尺寸。

6-13 已知一对标准直齿圆柱齿轮的标准中心距 $a = 160$ mm,齿数 $z_1 = 20$、$z_2 = 60$。求模数和分度圆直径。

6-14 已知一对外啮合标准直齿圆柱齿轮传动,其齿数 $z_1 = 24$、$z_2 = 110$,模数 $m = 3$ mm,压力角 $\alpha = 20°$,正常齿制。试求:①两齿轮的分度圆直径 d_1、d_2;②两齿轮的齿顶圆直径 d_{a1}、d_{a2};③齿高 h;④标准中心距 a。

6-15 一对标准斜齿圆柱齿轮的齿数分别为 $z_1 = 21$、$z_2 = 37$,法面模数为 $m_n = 3.5$ mm。若要求两轮的中心距 $a = 105$ mm,试求其螺旋角 β。

6-16 一对标准斜齿圆柱齿轮传动。齿数 $z_1 = 20$、$z_2 = 37$,模数 $m_n = 3$ mm,压力角

$\alpha_n = 20°$，螺旋角 $\beta = 15°$，正常齿制。试求：①两齿轮的齿顶圆直径 d_{a1}、d_{a2}；②标准中心距 a；③当量齿数 z_{v1}、z_{v2}。

6-17　一对渐开线标准直齿圆锥齿轮机构，$z_1 = 15$、$z_2 = 30$、$m = 5$ mm、$\alpha = 20°$、$h_a^* = 1$、$\Sigma = 90°$。试计算该对圆锥齿轮的几何尺寸。

第7章 轮 系

7.1 轮系的分类

由一对齿轮组成的齿轮机构是齿轮传动的最简单的形式。但在实际机械中,为了满足不同的工作需要,常采用一系列互相啮合的齿轮组成传动系统,并称之为轮系。

根据轮系运动时各个齿轮的几何轴线位置是否固定,轮系可分为三种类型:定轴轮系、周转轮系和复合轮系。

当轮系运转时,各个齿轮的几何轴线都是固定的,称之为定轴轮系,如图 7-1 所示。

当轮系运转时,至少有一个齿轮的几何轴线是不固定的,而是绕其他齿轮的几何轴线转动,则这种轮系称为周转轮系。如图 7-2 所示,齿轮 2 的几何轴线 O_2 绕齿轮 1 的几何轴线 O_1 转动。

由几个基本周转轮系或定轴轮系和周转轮系组合而成的轮系称为复合轮系,如图7-3所示。

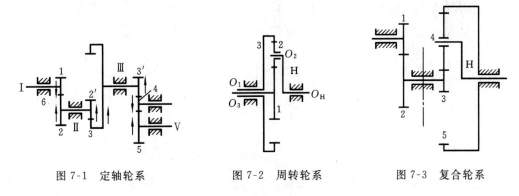

图 7-1 定轴轮系   图 7-2 周转轮系   图 7-3 复合轮系

7.2 定轴轮系及其传动比

一对齿轮的传动比是指该两齿轮的角速度之比,而轮系的传动比则是指轮系中首末两轮(或输入轴与输出轴)的角速度之比,用 i_{ab} 表示,下标 a、b 分别为首末轮的代号,即 $i_{ab} = \dfrac{\omega_a}{\omega_b} = \dfrac{n_a}{n_b}$。

轮系的传动比包括传动比的大小和首末两轮的转向关系两个方面。如果首末两轮的转向相同,则传动比 i_{ab} 为正,否则为负。

一对相互啮合的圆柱齿轮机构,其传动比为

$$i_{12} = \frac{\omega_1}{\omega_2} = \frac{n_1}{n_2} = \mp \frac{z_2}{z_1}$$

式中:"一"号用于外啮合,表示两齿轮的转向相反;"＋"号用于内啮合,表示两齿轮转向相同(见图 7-4(a)和图 7-4(b))。

对于空间齿轮传动（如圆锥齿轮和蜗杆传动等），由于主动轮、从动轮的轴线不平行，两个齿轮的转向没有相同或相反的关系，所以不能用正、负号表示，只能用画箭头的方法来表示两轮的转向。一对圆锥齿轮传动时，表示转向的箭头或同时指向节点或同时背离节点（见图7-4(c)）。蜗轮的转向取决于蜗杆的转向和螺旋线方向，可按主动轮左、右手定则确定：对左（右）旋蜗杆，用左（右）手定则，即四指顺着蜗杆的转向握住蜗杆，则大拇指所指方向的反方向即表示蜗轮在啮合点的圆周速度方向（见图7-4(d)）。

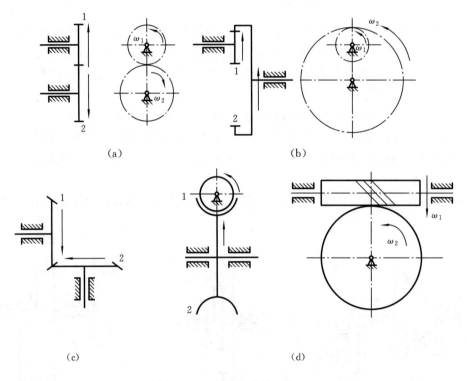

(a)　　　　　　(b)

(c)　　　　　　(d)

图7-4　一对齿轮传动的转向

如图7-1所示的轮系，均由圆柱齿轮组成，它们的轴线均固定而且相互平行，故为定轴轮系。设轴 I 为输入轴，轴 V 为输出轴，各轮齿数分别为 z_1、z_2、z_2'、z_3、z_3'、z_4 及 z_5，因同一轴上的齿轮转速相同，故 $n_2 = n_2'$，$n_3 = n_3'$，则各对啮合齿轮的传动比分别为

$$i_{12} = \frac{n_1}{n_2} = -\frac{z_2}{z_1}, \quad i_{2'3} = \frac{n_2}{n_3} = \frac{n_{2'}}{n_3} = \frac{z_3}{z_{2'}}, \quad i_{3'4} = \frac{n_3}{n_4} = \frac{n_{3'}}{n_4} = -\frac{z_4}{z_{3'}}, \quad i_{45} = \frac{n_4}{n_5} = -\frac{z_5}{z_4}$$

则

$$i_{15} = \frac{n_1}{n_5} = i_{12} \cdot i_{2'3} \cdot i_{3'4} \cdot i_{45} = (-1)^3 \frac{z_2 z_3 z_4 z_5}{z_1 z_{2'} z_{3'} z_4} = (-1)^3 \frac{z_2 z_3 z_5}{z_1 z_{2'} z_{3'}}$$

上式表明，定轴轮系传动比等于该轮系中所有从动轮齿数的连乘积与所有主动轮齿数的连乘积之比。

在图7-1所示轮系中，轮4同时与轮3′和轮5啮合，对于轮3′来说，它是从动轮；对于轮5来说，它是主动轮，因而它的齿数不影响传动比的大小。这种不影响传动比数值大小，只起改变转向作用的齿轮称为惰轮或过桥齿轮。

以上结论可推广到一般情况。设轮1为起始主动轮，轮 K 为最末从动轮，则定轴轮系始末两轮传动比的一般计算公式为

$$i_{iK} = \frac{n_1}{n_K} = (-1)^m \frac{轮\,1\,至轮\,K\,间所有从动轮齿数的乘积}{轮\,1\,至轮\,K\,间所有主动轮齿数的乘积} \qquad (7\text{-}1)$$

式中：m 为外啮合次数；$(-1)^m$ 只适用于所有齿轮的几何轴线均平行的圆柱齿轮组成的定轴轮系确定齿轮的转向,转向还可用画箭头的方法确定。如果定轴轮系中含有圆锥齿轮、蜗轮蜗杆等空间齿轮,其传动比大小仍可用式(7-1)计算。但由于空间齿轮的轴线不平行,故它们的转向关系只能在图上用箭头表示,如图 7-5 所示。如果轮系的第一主动轮和最末从动轮的轴线平行,仍可用传动比正负号来表示两轮的转向相同或相反。

例 7-1　在图 7-5 所示轮系中,$z_1 = 16$,
$z_2 = 32$,$z_{2'} = 20$,$z_3 = 40$,$z_{3'} = 2$(右旋),$z_4 = 40$,$n_1 = 800$ r/min,求蜗轮的转速 n_4 及各轮转向。

解　因为轮系中含有圆锥齿轮和蜗杆传动,所以转速的大小仍可用式(7-1)计算,但各轮的转向只能用画箭头的方法确定。

（1）计算定轴轮系的传动比。

$$i_{14} = \frac{n_1}{n_4} = \frac{z_2 z_3 z_4}{z_1 z_{2'} z_{3'}} = \frac{32 \times 40 \times 40}{16 \times 20 \times 2} = 80$$

（2）计算蜗轮的转速 n_4。

$$n_4 = \frac{n_1}{i_{14}} = \frac{800}{80} = 10 \text{ r/min（逆时针方向）}$$

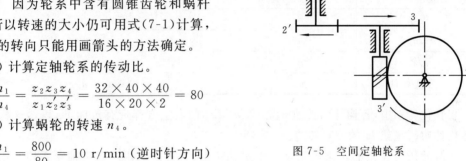

图 7-5　空间定轴轮系

（3）判断各轮的转向。

如图 7-5 所示,用画箭头的方法确定各轮的转向,知蜗轮沿逆时针方向转动。

7.3　周转轮系及其传动比

如图 7-6 所示的周转轮系,轴线位置变动的齿轮,即既作自转又作公转的齿轮 2,称为行星轮;支持行星轮的构件 H 称为行星架或转臂;轴线位置固定的齿轮 1、3 则称为中心轮或太阳轮。基本周转轮系由行星轮、支持它的行星架和与行星轮相啮合的两个(有时只有一个)中心轮构成。行星架与中心轮的几何轴线必须重合,否则不能传动。其中,图 7-6(b)所示为差动轮系,自由度为 2,其特点是两个中心轮都能转动,需要两个原动件;图 7-6(c)所示为行星轮系,自由度为 1,只需一个原动件,其特点是只有一个中心轮能转动。

周转轮系中行星轮的运动不是绕固定轴线的简单转动,所以其传动比不能直接用求解定轴轮系传动比的方法计算。但是,如果能使行星架变为固定不动,并保持周转轮系中各个构件之间的相对运动不变,则周转轮系就转化为一个假想的定轴轮系,便可由式(7-1)列出假想定轴轮系传动比的计算公式,从而求得周转轮系的传动比。

在图 7-6(b)所示的周转轮系中,设 n_H 为行星架 H 的转速。根据相对运动原理,当给整个周转轮系加上一个绕轴线 O_H 的大小为 n_H、方向与 n_H 相反的公共转速($-n_H$)后,行星架便静止不动,所有齿轮几何轴线的位置均固定,原来的周转轮系便转化成了定轴轮系(见图 7-6(d))。这一假想的定轴轮系称为原周转轮系的转化轮系。各构件转化前后的转速如表 7-1 所示。

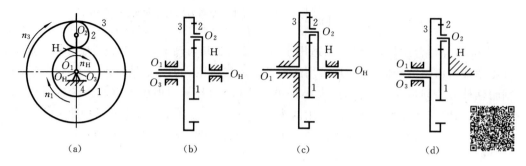

图 7-6　周转轮系及转化轮系

表 7-1　各构件转化前后的转速

构　件	原来的转速	转化轮系中的转速
齿轮 1	n_1	$n_1^H = n_1 - n_H$
齿轮 2	n_2	$n_2^H = n_2 - n_H$
齿轮 3	n_3	$n_3^H = n_3 - n_H$
行星架 H	n_H	$n_H^H = n_H - n_H = 0$

转化轮系中,各构件的转速 n_1^H、n_2^H、n_3^H、n_H^H 的右上方都带有角标 H,表示这些转速是各构件对行星架 H 的相对转速。

既然周转轮系的转化轮系是一个定轴轮系,就可以引用求解定轴轮系传动比的方法求出任意两个齿轮的传动比。

根据传动比的定义,转化轮系中齿轮 1 与齿轮 3 的传动比 i_{13}^H 为

$$i_{13}^H = \frac{n_1^H}{n_3^H} = \frac{n_1 - n_H}{n_3 - n_H} = -\frac{z_2 z_3}{z_1 z_2} = -\frac{z_3}{z_1}$$

式中的"一"号表示在转化轮系中,齿轮 1 和齿轮 3 的转向相反。

现将以上分析推广到一般的周转轮系中。设 n_G 和 n_K 为周转轮系中任意两个齿轮 G 和 K 的转速,n_H 为行星架 H 的转速,则有

$$i_{GK}^H = \frac{n_G^H}{n_K^H} = \frac{n_G - n_H}{n_K - n_H}$$

$$= \pm \frac{转化轮系从齿轮\ G\ 到齿轮\ K\ 所有从动轮齿数的乘积}{转化轮系从齿轮\ G\ 到齿轮\ K\ 所有主动轮齿数的乘积} \qquad (7\text{-}2)$$

式(7-2)为计算周转轮系传动比的基本公式,应用该式求周转轮系传动比时,应注意如下几点。

(1) 式中正、负号的确定方法与定轴轮系的相同。但该正、负号只表示转化轮系中主、从动轮之间的转向关系,而不是周转轮系中主、从动轮的转向关系。

(2) 式中的 n_G、n_H 和 n_K 均为代数值,在计算时需带相应的"±"号。

(3) 由于 $n_G - n_H$ 和 $n_K - n_H$ 均是代数运算,故该式只适用于齿轮 G、K 和行星架 H 的轴线相互平行的场合。

(4) 应区分 i_{GK} 和 i_{GK}^H 的不同,前者代表的是两轮真实的传动比;而后者代表的是转化轮系中两轮的传动比。

例 7-2　在图 7-6(b)所示的差动轮系中,设 $z_1 = z_2 = 30$,$z_3 = 90$,齿轮 1、3 的转速分

别为 $n_1 = 100$ r/min, $n_3 = -100$ r/min。试求行星架 H 的转速 n_H 及构件 1 和 II 之间的传动比 i_{1H}。

解 由式(7-2)得

$$i_{13}^{H} = \frac{n_1^H}{n_3^H} = \frac{n_1 - n_H}{n_3 - n_H} = -\frac{z_2 z_3}{z_1 z_2} = -\frac{z_3}{z_1}$$

将已知数据代入,有

$$\frac{100 - n_H}{-100 - n_H} = -\frac{z_3}{z_1} = -\frac{90}{30} = -3$$

解得　　　　　　　$n_H = -50$ r/min,　$i_{1H} = n_1/n_H = 100/(-50) = -2$

即行星架 H 的转向与轮 3 的转向相同,与轮 1 的转向相反。

例 7-3 在图 7-7 所示的由圆锥齿轮组成的差动轮系中,已知:$z_1 = z_2 = 48, z_2' = 18, z_3 = 24$,若 $n_1 = 250$ r/min, $n_3 = -100$ r/min,转向如图中实线箭头所示。求 n_H 的大小和方向。

解 将 H 固定,画出转化轮系中各轮的转向,如虚线箭头所示。由式(7-2),得

$$i_{13}^{H} = \frac{n_1^H}{n_3^H} = \frac{n_1 - n_H}{n_3 - n_H} = -\frac{z_2 \cdot z_3}{z_1 \cdot z_2'}$$

上式中的负号是根据轮 1 和轮 3 的虚线箭头方向相反而确定的,与实线箭头无关。设实线箭头朝上为正,则 $n_1 = 250$ r/min, $n_3 = -100$ r/min,代入上式得

$$\frac{250 - n_H}{-100 - n_H} = -\frac{4}{3}$$

解得　　　　　　　　　　$n_H = 50$ r/min

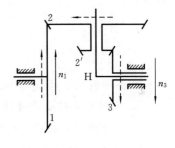

图 7-7　差动轮系

n_H 的转向与 n_1 的相同,箭头向上。

7.4　复合轮系及其传动比

在机械中,经常用到由几个基本周转轮系或定轴轮系和周转轮系组合而成的复合轮系。由于整个复合轮系不可能转化成一个定轴轮系,所以不能只用一个公式来求解。在计算复合轮系时,首先必须将各个基本周转轮系和定轴轮系区分开来,然后分别列出方程式,最后联立解出所要求的传动比。

正确区分各个轮系的关键在于找出各个基本周转轮系。找基本周转轮系的一般方法是:先找出行星轮,即找出那些几何轴线绕另一齿轮的几何轴线转动的齿轮;支持行星轮运动的构件就是行星架,直接与行星轮相啮合的定轴齿轮就是中心轮。这组行星轮、行星架、中心轮便构成一个基本周转轮系。区分出各个基本周转轮系以后,剩下的就是定轴轮系。

例 7-4 在图 7-8 所示的电动卷扬机减速器中,已知各轮齿数为:$z_1 = 24, z_2 = 52, z_2' = 21, z_3 = 78, z_3' = 18, z_4 = 30, z_5 = 78$,求 i_{1H}。

解 在该轮系中,双联齿轮 2-2' 的几何轴线是绕着齿轮 1 和 3 的轴线转动的,所以是行星轮;支持它运动的构件(卷筒 H)是行星架,和行星轮相啮合的齿轮 1 和 3 是两个中心轮。这两个中心轮都能转动,所以行星轮 2-2'、行星架 H、中心轮 1 和 3 组成一个差动轮系。剩下的齿轮 3'、4、5 组成一个定轴轮系。

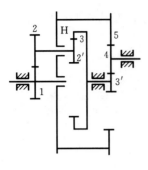

图 7-8　电动卷扬机减速器

在差动轮系中，有

$$i_{13}^{H} = \frac{n_1 - n_H}{n_3 - n_H} = -\frac{z_2 \cdot z_3}{z_1 \cdot z_2'} = -\frac{52 \times 78}{24 \times 21} \qquad (a)$$

在定轴轮系中，有

$$i_{35} = \frac{n_3}{n_5} = -\frac{z_5}{z_3'} = -\frac{78}{18} = -\frac{13}{3} \qquad (b)$$

由于 $n_3 = n_3'$，$n_5 = n_H$，故由式(b)得

$$n_3 = -\frac{13}{3}n_H$$

代入式(a)得

$$\frac{n_1 - n_H}{-\frac{13}{3}n_H - n_H} = -\frac{169}{21}$$

解得　　　　　　　　　　　　　　$i_{1H} = 43.9$

7.5　轮系的功用

在各种机械中，轮系的应用非常广泛，主要有以下几个方面。

1. 实现距离较远的两轴之间的传动

当主动轴和从动轴之间距离较远时，如果用一对齿轮来传动，如图 7-9 中双点画线所示，齿轮的尺寸将很大，既占空间，又费材料，而且制造、安装都不方便。若改用轮系来传动，如图 7-9 中单点画线所示，便可克服上述缺点。

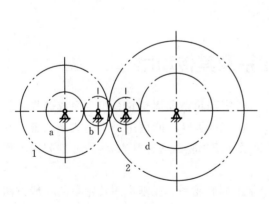

图 7-9　实现远距离传动

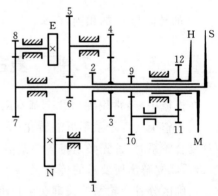

图 7-10　机械式钟表机构

2. 实现分路传动

利用轮系可以使一个主动轴带动若干个从动轴同时旋转，以带动各个部件或附件同时工作。如图 7-10 所示机械式钟表机构，E 为擒纵轮，N 为发条盘，S、M、H 分别为秒针、分针、时针。其传动关系如下：

（发条）N——1——┬——2——M（分针）

　　　　　　　　├——9——10——11——12——H（时针）

　　　　　　　　└——3——4——5——6——S（钞针）

3. 实现变速传动

主动轴转速不变时,利用轮系可使从动轴获得多种工作转速。汽车、机床、起重设备等都需要这种变速传动。

图7-11所示为汽车的变速箱。其中轴Ⅰ为动力输入轴,轴Ⅱ为输出轴,4、6为滑移齿轮,A、B为牙嵌式离合器。该变速箱可使输出轴得到四种转速。

第一挡:齿轮5、6相啮合而齿轮3、4和离合器A、B均脱离。

第二挡:齿轮3、4相啮合而齿轮5、6和离合器A、B均脱离。

第三挡:离合器A、B相嵌合而齿轮5、6和3、4均脱离。

倒退挡:齿轮6、8相啮合而齿轮3、4和齿轮5、6及离合器A、B均脱离。此时,由于惰轮8的作用,输出轴Ⅱ反转。

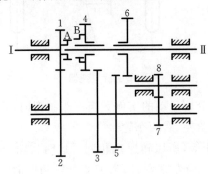

图7-11 汽车变速箱

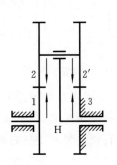

图7-12 大传动比行星轮系

4. 获得大的传动比

例7-5 在图7-12所示的轮系中,已知$z_1=100$,$z_2=101$,$z_{2'}=100$,$z_3=99$,试求传动比i_{H1}。

解 在该轮系中,由于轮3固定(即$n_3=0$),故该轮系为一行星轮系,其转化机构的传动比为

$$i_{13}^H = \frac{n_1^H}{n_3^H} = \frac{n_1 - n_H}{n_3 - n_H} = +\frac{z_2 \cdot z_3}{z_1 \cdot z_{2'}}$$

代入已知数值

$$\frac{n_1 - n_H}{0 - n_H} = +\frac{101 \times 99}{100 \times 100}$$

解得

$$i_{1H} = \frac{1}{10\,000}$$

则

$$i_{H1} = 10\,000$$

应当指出,这种类型的行星齿轮传动,传动比越大,机械效率越低,故不宜用于传递大功率,只适用于作辅助装置的减速机构。如将它用作增速传动,甚至可能发生自锁。

5. 实现运动的合成和分解

合成运动是将两个输入运动合成为一个输出运动(见例7-3);分解运动是将一个输入运动分解为两个输出运动。合成运动和分解运动都可用差动轮系实现。

最简单的用作合成运动的轮系如图7-13所示,其中$z_1=z_3$。由式(7-2)得

$$i_{13}^H = \frac{n_1^H}{n_3^H} = \frac{n_1 - n_H}{n_3 - n_H} = -\frac{z_3}{z_1} = -1$$

解得 $\qquad\qquad\qquad\qquad\qquad 2n_H = n_1 + n_3$

这种轮系可用作加（减）法机构。当齿轮 1 和齿轮 3 的轴分别输入被加数和加数的相应转角时，行星架 H 转角的两倍就是它们的和。这种合成作用在机床、计算机构和补偿装置中得到了广泛的应用。

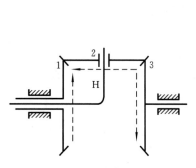

图 7-13　加法机构

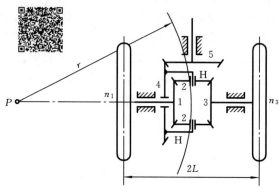

图 7-14　汽车后桥差速器

图 7-14 所示汽车后桥差速器可作为差动轮系分解运动的实例。当汽车拐弯时，它能将发动机传给齿轮 5 的运动，以不同转速分别传递给左、右两车轮。

当汽车直线行驶时，左、右两车轮滚过的距离相等，所以转速也相同。这时齿轮 1、2、3 和 4 如同一个固定连接的整体，一起转动。当汽车向左拐弯时，为了使车轮和地面之间不发生滑动以减少轮胎磨损，就要求右轮比左轮转得快些。这时齿轮 1 和齿轮 3 之间便发生相对转动，齿轮 2 除随齿轮 4 绕后车轮轴线公转外，还绕自己的轴线自转，由齿轮 1、2、3 和 4（即行星架 H）组成的差动轮系便发挥作用。这个差动轮系和图 7-13 所示的机构完全相同，故有

$$2n_4 = n_1 + n_3$$

又由图 7-14 可见，当车身绕瞬时回转中心 P 转动时，左、右两轮走过的弧长与它们至点 C 的距离成正比，即

$$\frac{n_1}{n_3} = \frac{r-L}{r+L}$$

当发动机传递的转速 n_4、轮距和转弯半径 r 已知时，即可由以上二式计算出左、右两轮的转速 n_1 和 n_3。

差动轮系可分解运动的特性，使其在汽车、飞机等动力传动中得到了广泛的应用。

7.6　几种特殊的行星传动简介

1. 渐开线少齿差行星传动

在图 7-15 所示的行星轮系中，当行星轮 1 与内齿轮 2 的齿数差 $\Delta z = z_2 - z_1 = 1 \sim 4$ 时，就称为少齿差行星齿轮传动。这种轮系用于减速时，行星架 H 主动，行星轮 1 从动。但要输出行星轮的转动，因行星轮有公转，需采用特殊输出装置。目前用得最广泛的是销孔式输出机构。如图 7-16 所示，在行星轮 1 的辐板上，沿半径为 ρ 的圆周上均布若干个销孔（此处为 6 个），在输出轴 V 的圆盘 3 上，沿半径为 ρ 的圆周上则均布同样数量的圆柱

销,这些圆柱销对应地插入行星轮的上述销孔中。设齿轮1、2的中心距(即行星架的偏心距)为 a,行星轮上销孔的直径为 d_h,输出轴上销套的外径为 d_s,当这三个尺寸满足关系

$$d_h = d_s + 2a \qquad (7\text{-}3)$$

时,就可以保证销轴和销孔在轮系运转过程中始终保持接触,如图 7-16 所示。这时内齿轮的中心 O_2、行星轮的中心 O_1、销孔中心 O_h 和销轴中心 O_s 刚好构成一个平行四边形,因此输出轴将随着行星轮而同步同向转动。

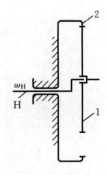

图 7-15　少齿差行星传动

在这种少齿差行星齿轮传动中,只有一个太阳轮(用 K 表

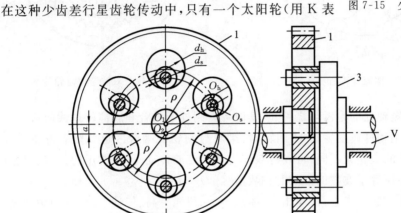

图 7-16　销孔式输出机构

示)、一个行星架(用 H 表示)和一根带输出机构的输出轴(用 V 表示),故称这种轮系为 K-H-V 型行星轮系。其传动比可按式(7-2)计算:

$$i_{12}^{H} = \frac{n_1^{H}}{n_2^{H}} = \frac{n_1 - n_H}{n_2 - n_H} = \frac{n_1 - n_H}{0 - n_H} = 1 - \frac{n_1}{n_H} = + \frac{z_2}{z_1}$$

故

$$i_{1H} = 1 - i_{12}^{H} = 1 - \frac{z_2}{z_1}$$

即

$$i_{H1} = -\frac{z_1}{(z_2 - z_1)} \qquad (7\text{-}4)$$

由式(7-4)可知,如齿数差($z_2 - z_1$)很少,就可以获得较大的单级减速比,当 $z_2 - z_1 = 1$ 时,称为一齿差行星传动。这时传动比具有最大值:$i_{H1} = -z_1$。

2. 摆线针轮行星传动

如图 7-17 所示的摆线针轮传动也是一齿差行星齿轮传动,它和渐开线一齿差行星齿轮传动的主要区别在于其轮齿的齿廓不是渐开线而是摆线。摆线针轮传动由于同时工作的齿数多,传动平稳,承载能力大,传动效率一般在 0.9 以上,传递的功率已达 100 kW。摆线针轮传动已有系列商品规格生产,是目前世界各国产量最大的一种减速器,其应用十分广泛。

3. 谐波齿轮传动

谐波传动的主要组成部分如图 7-18 所示,H 为波发生器,相当于行星架;1 为刚轮,相当于中心轮;2 为柔轮,可产生较大的弹性变形,相当于行星轮。行星架 H 的外缘尺寸大于柔轮内孔直径,将它装入柔轮内孔后,柔轮即变成椭圆形。椭圆长轴处的轮齿与刚轮

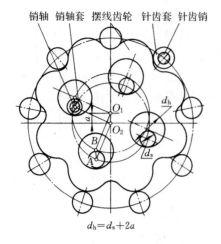

销轴　销轴套　摆线齿轮　针齿套　针齿销

$d_h = d_s + 2a$

图 7-17　摆线针轮行星传动

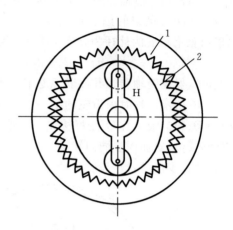

图 7-18　双波谐波齿轮传动

相啮合,而椭圆短轴处的轮齿与之脱开,其他各点则处于啮合和脱离的过渡阶段。一般刚轮固定不动,当主动件波发生器 H 回转时,柔轮与刚轮的啮合区也就跟着发生转动。按照波发生器上装的滚轮数不同,可以有双波传动和三波传动等,最常用的是双波传动。谐波传动的齿数差应等于波数或波数的整数倍。

谐波齿轮传动的优点是:传动比大、体积小、承载能力高、传动平稳、传动精度高、效率高。其缺点是:柔轮易发生疲劳损坏,启动力矩较大。

谐波齿轮传动已用于造船、机器人、机床、仪表装置和军事装备等各个方面。

本章重点、难点

重点:定轴轮系、周转轮系、复合轮系传动比的计算。

难点:复合轮系计算过程中各基本轮系的拆分及其传动比的计算。

思考题与习题

7-1　定轴轮系与周转轮系的主要区别是什么? 行星轮系和差动轮系有何区别?

7-2　在定轴轮系中,如何确定首、末两轮转向之间的关系?

7-3　何谓惰轮? 它在轮系中有何作用?

7-4　何谓转化轮系? 如何通过转化轮系来计算周转轮系的传动比?

7-5　怎样求复合轮系的传动比? 分解复合轮系的关键是什么? 如何拆分?

7-6　在题 7-6 图所示的轮系中,已知各轮齿数为:$z_1 = 20$,$z_2 = 40$,$z_{2'} = 20$,$z_3 = 30$,$z_{3'} = 20$,$z_4 = 32$,$z_5 = 40$,试求传动比 i_{15}。

7-7　在题7-7图所示轮系中,已知齿轮1转向如图所示,$n_1 = 405$ r/min。各轮齿数为:$z_1 = z_{2'} = z_{4'} = 20, z_2 = z_3 = z_5 = 30, z_4 = z_6 = 60$,试求:

(1) 传动比 i_{16};

(2) 齿轮6的转速 n_6 的大小及转动方向。

7-8　在图7-10所示钟表传动示意图中,E 为擒纵轮,N 为发条盘,S、M、H 分别为秒针、分针、时针。设 $z_1 = 72, z_2 = 12, z_3 = 64, z_4 = 8, z_5 = 60, z_6 = 8, z_7 = 60, z_8 = 6, z_9 = 8, z_{10} = 24, z_{11} = 6, z_{12} = 24$,求秒针与分针的传动比 i_{SM} 和分针与时针的传动比 i_{MH}。

7-9　在题7-9图所示的一手摇提升装置中,已知各轮齿数,试求传动比 i_{15},并指出提升重物时手柄的转向。

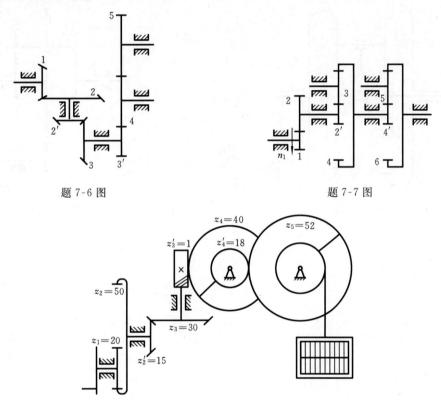

题 7-6 图　　　　　　　　　　　　　题 7-7 图

题 7-9 图

7-10　题7-10图(a)、(b)分别为两个不同结构的锥齿轮周转轮系,已知 $z_1 = 20, z_2 = 24, z_{2'} = 30, z_3 = 40, n_1 = 200$ r/min,$n_3 = -100$ r/min。试求两轮系中行星架 H 的转速 n_H 的大小和方向。

7-11　在题7-11图所示的手动葫芦中,A 为手动链轮,B 为起重链轮。已知 $z_1 = 12, z_2 = 28, z_{2'} = 14, z_3 = 54$,求传动比 i_{AB}。

7-12　在题7-12图所示的电动三爪卡盘传动轮系中,已知各轮齿数为:$z_1 = 6, z_{2'} = 25, z_3 = 57, z_4 = 56$。试求传动比 i_{14}。

7-13　在题7-13图所示的轮系中,已知各轮齿数为:$z_1 = z_{2'} = 25, z_2 = z_3 = 20, z_H = 100, z_4 = 20$。求传动比 i_{14}。

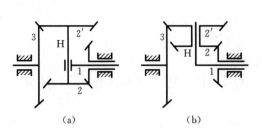

（a）　　　　　　　　（b）

题 7-10 图

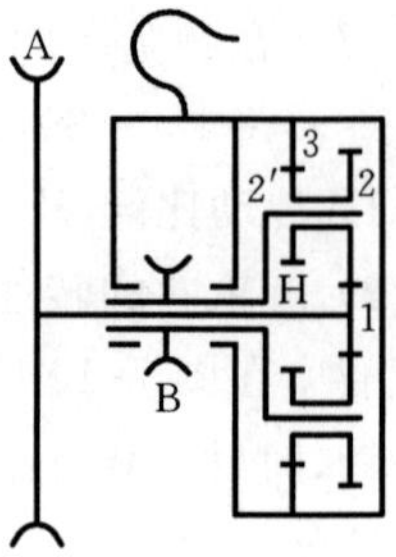

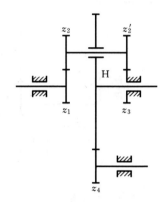

题 7-11 图

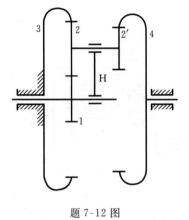

题 7-12 图

题 7-13 图

第3篇 通用机械零件设计篇

本篇主要介绍通用机械零部件设计的基本知识,重点讨论一般尺寸和常用工作参数下通用零件设计的基本理论、计算方法,以及技术资料和标准的应用,主要包括常用连接(螺纹连接、键连接、销连接)、机械传动(螺旋传动、带传动、链传动、齿轮传动和蜗杆传动)、轴系零部件(轴、轴承、联轴器)等。

第8章 机械零件设计概论

本篇各章主要从工作原理、承载能力、构造和维护等方面,论述通用机械零件的设计问题。其中包括合理确定零件的形状和尺寸,适当地选择零件的材料,以及使零件具有良好的工艺性。本章着重介绍机械零件设计计算的一些共性问题。

8.1 机械零件设计概述

8.1.1 机械零件设计的基本要求

机械设计应满足的要求是:在满足预期功能的前提下,性能好、效率高、成本低,在预定使用期限内安全可靠、操作方便、维修简单和造型美观等。

设计机械零件时,也必须认真考虑上述要求。概括地说,所设计的机械零件既要工作可靠,又要成本低廉。

8.1.2 机械零件的失效、工作能力和承载能力

机械零件由于某种原因不能正常工作,称为失效。在不发生失效的条件下,零件所能安全工作的限度,称为工作能力。通常此限度是对载荷而言的,所以习惯上又称为承载能力。

零件失效可能有以下几种形式:断裂或塑性变形;过大的弹性变形;工作表面的过度磨损或损伤;发生强烈的振动;连接的松弛;摩擦传动的打滑等。

8.1.3 机械零件的设计准则

机械零件虽然有多种可能的失效形式,但归纳起来,最主要的为强度、刚度、耐磨性、稳定性和温度的影响等几个方面的问题。对于各种不同的失效形式,相应地有各种工作能力判定条件(即设计准则)。

1. 强度准则

强度准则是指零件中的应力不得超过允许的限度。例如,对一次断裂而言,应力不超

过材料的强度极限；对疲劳破坏而言，应力不超过零件的疲劳极限；对残余变形而言，应力不超过材料的屈服极限。这样就满足了强度要求，符合了强度计算的准则。其代表性的表达式为

$$\sigma \leqslant [\sigma] = \frac{\sigma_{\lim}}{S_{\sigma}} \tag{8-1}$$

$$\tau \leqslant [\tau] = \frac{\tau_{\lim}}{S_{\tau}} \tag{8-2}$$

式中：σ、τ分别为零件的工作正应力和切应力，MPa；$[\sigma]$、$[\tau]$分别为材料的许用正应力和许用切应力，MPa；$\sigma_{\lim}$、$\tau_{\lim}$分别为零件材料的极限正应力和极限切应力；S_{σ}、S_{τ}分别为正应力和切应力的安全系数。

2. 刚度准则

刚度是指零件在一定载荷作用下，抵抗弹性变形的能力。当零件刚度不够时，会影响机械的正常工作。例如，机床主轴或丝杠弹性变形过大，会影响加工精度；齿轮轴的弯曲挠度过大，会影响一对齿轮的正确啮合。刚度的计算准则为

$$y \leqslant [y], \quad \theta \leqslant [\theta], \quad \varphi \leqslant [\varphi] \tag{8-3}$$

式中：y、θ、φ分别为零件工作时的挠度、偏转角和扭转角；$[y]$、$[\theta]$、$[\varphi]$分别为零件的许用挠度、许用偏转角和许用扭转角。

3. 耐磨性准则

耐磨性是指作相对运动的零件工作表面抵抗磨损的能力。当零件的磨损量超过允许值后，将改变其尺寸与形状，削弱其强度，降低机械的精度和效率。因此，在机械设计中，应力求提高零件的耐磨性，减少磨损。关于磨损的计算，目前尚无可靠、定量的计算方法，常采用条件性计算：一是验算压强 p 不超过许用值，以保证工作表面不致由于油膜破坏而产生过度磨损；二是对于滑动速度 v 比较大的摩擦表面，为防止胶合破坏，要考虑 p、v 及摩擦系数 f 的影响，即限制单位接触面上单位时间内产生的摩擦功不能过大。当 f 为常数时，可验算 pv 值不超过许用值，其验算式为

$$p \leqslant [p] \tag{8-4}$$
$$pv \leqslant [pv] \tag{8-5}$$

式中：p 为工作表面上的压强，MPa；$[p]$ 为材料的许用压强，MPa；$[pv]$ 为 pv 的许用值，$(N/mm^2) \cdot (m/s)$。

4. 振动稳定性准则

振动稳定性准则主要是针对高速机器中零件出现的振动、振动的稳定性和共振，它要求零件的振动应控制在允许的范围内，而且是稳定的，对于强迫振动，应使零件的固有频率与激振频率错开。高速机械中存在着许多激振源，如齿轮的啮合、滚动轴承的运转、滑动轴承中的油膜振荡、柔性轴的偏心转动等。设计高速机械的运动零件除满足强度准则外，还要满足振动准则。对于强迫振动，振动准则的表达式为

$$f_n < 0.85f \quad 或 \quad f_n > 1.15f \tag{8-6}$$

式中：f_n、f分别为激振频率、零件的固有频率。

8.1.4　机械零件设计的一般步骤

在设计机械零件时，常根据该零件的一个或几个可能发生的主要失效形式，运用相应

的设计准则,确定零件的形状和主要尺寸。

机械零件的设计常按下列步骤进行:①拟订零件的计算简图;②确定作用在零件上的载荷;③选择合适的材料;④根据零件可能出现的失效形式,选用相应的设计准则,确定零件的形状和主要尺寸。应当注意,零件尺寸的计算值一般并不是最终采用的数值,设计者还要根据制造零件的工艺要求和标准、规格加以圆整;⑤绘制零件工作图并标注必要的技术条件。

以上所述为设计计算。在实际工作中,也常采用相反的方式——校核计算。这时先参照实物(或图纸)和经验数据,初步拟订零件的结构和尺寸,然后再用有关的设计计算准则进行验算。

还需注意的是,在一般机器中,只有一部分零件是通过计算确定其形状和尺寸的,而其余的零件则仅根据工艺要求和结构要求进行设计。

8.2　机械零件的常用材料及其选择

8.2.1　机械零件的常用材料

机械零件常用的材料是钢、铸铁、有色金属合金、非金属材料和复合材料等。其中以钢和铸铁应用最为广泛。

1. 铸铁

铸铁和钢都是铁碳合金,它们的区别主要在于碳的质量分数的不同。碳的质量分数小于 2% 的铁碳合金称为钢,碳的质量分数大于 2% 的铁碳合金称为铸铁。铸铁具有适当的易熔性,良好的液态流动性,因而可铸成形状复杂的零件。此外,它的减振性、耐磨性、切削性(指灰铸铁)均较好且成本低廉,因此,在机械制造中应用很广。常用的铸铁有:灰铸铁、球墨铸铁、可锻铸铁、合金铸铁等。在上述铸铁中,以灰铸铁应用最广,其次是球墨铸铁。

灰铸铁的牌号由"灰铁"二字的汉语拼音字头"HT"和试样的最低抗拉强度极限值组成。如 HT200 表示抗拉强度极限 $\sigma_B = 200$ MPa 的灰铸铁。灰铸铁的减振性能好,应用也最为广泛,常用来制造受力不大、冲击载荷小、需要减振或耐磨的各种零件,如机床床身、机座、箱壳、阀体等。

球墨铸铁有较高的力学性能,常用来制造一些受力复杂和强度、韧度、耐磨性要求较高的零件。球墨铸铁的牌号由"球铁"二字的汉语拼音字头"QT"与最低抗拉强度和最低延伸率两组数字组成,如 QT500-7,其最低抗拉强度极限 $\sigma_B = 500$ MPa,延伸率 $\delta = 7\%$。

2. 钢

与铸铁相比,钢具有较高的强度、韧性和塑性,并可用热处理方法改善其力学性能和加工性能(见表 8-1)。钢制零件毛坯可采用锻造、冲压、焊接或铸造等方法获得,因此,其应用极为广泛。

按照用途,钢可分为结构钢、工具钢和特殊钢。结构钢用于制造各种机械零件和工程结构的构件;工具钢主要用于制造各种刀具、模具和量具;特殊钢(如不锈钢、耐热钢、耐酸钢等)用于制造在特殊环境下工作的零件。按照化学成分,钢可分为碳素钢和合金钢。按材料中碳的质量分数，钢又可分为低碳钢（$W(C) < 0.25\%$）、中碳钢（$W(C)0.25\% \sim 0.6\%$）和高碳钢（$W(C) > 0.6\%$）。材料中碳的质量分数越高，钢的强度和硬度越高，但塑性和韧性越低。为了改善钢的性能，特意加入了一些合金元素的钢称为合金钢。

表 8-1 主要热处理工艺的目的和应用

热处理工艺	主 要 目 的	应 用
退火	降低硬度，消除内应力，均匀组织，细化晶粒和预备热处理	铸件、焊接件、中碳钢和中碳合金钢轧制件等
正火	调整硬度，细化晶粒，消除网状碳化物，淬火前的预备热处理，以减少淬火缺陷	改善低碳钢和某些低碳合金钢的切削性能；中碳钢和合金钢淬火前的预备热处理；对要求不高的零件可作为最终热处理，如大齿轮、轴等
淬火及回火	提高硬度、强度和耐磨性。回火作为淬火后继工序，目的是提高塑性和韧性、降低或消除残余应力并稳定零件形状和尺寸	低温回火（150～300 ℃）用于碳钢或合金工具钢消除内应力和渗碳、碳氮共渗或表面淬火零件的后继处理。高温回火（350～650 ℃）即调质处理，用于重要零件（如齿轮、曲轴、轴等）。调质也作为某些重要零件的预备热处理
调质	淬火后高温回火又称调质处理。高温回火能得到较高的综合力学性能	
表面淬火	使表面具有高硬度和高耐磨性及有利的残余应力分布，达到外硬内韧的效果，提高疲劳强度，延长工件的使用寿命	用于要求表面硬度高、内部韧度大的零件，如齿轮、蜗杆、丝杠、链轮等。多用于成批大量生产
渗碳淬火	提高表面硬度、耐磨性、疲劳强度，并保持原来材料的高塑性和韧性	齿轮、轴、活塞销、链、万向联轴器等要求表面硬度大而内部韧性大的重载零件
渗氮	能获得比渗碳淬火更高的表面硬度、耐磨性、疲劳强度和耐腐蚀性能，渗氮后不再淬火，变形小	要求硬度、耐磨性高、不易磨削的零件和精密零件，如齿轮（尤其是内齿轮）、主轴、镗杆、精密丝杠、量具、模具等
碳氮共渗	提高表面硬度、耐磨性、疲劳强度、耐腐蚀能力，变形比渗碳淬火小，处理周期短	齿轮、轴、链等零件，可代替渗碳淬火

1）碳素结构钢

常用的碳素结构钢有 Q215、Q235、Q255 等，牌号中的数字表示其屈服极限，因它主要保证力学性能，故一般不进行热处理，用以制造受载不大，且主要处于静应力状态下的一般零件，如螺栓、螺母、垫圈等。优质碳素结构钢的力学性能优于碳素结构钢的力学性能。优质碳素钢用于制造比较重要的零件，应用很广。优质碳素结构钢的牌号用两位数表示钢中碳的质量分数的万分数。如 20 钢、35 钢、45 钢分别表示碳的平均质量分数为 0.20%、0.35%、0.45%，可进行热处理。用于制造受载较大或承受一定的冲击载荷或变载的较重要的零件，如一般用途的齿轮、蜗杆、轴等。

2）合金结构钢

钢中添加合金元素的作用在于改善钢的性能。例如：镍能提高钢的强度而不降低其韧性；铬能提高钢的硬度、高温强度、耐腐蚀性，以及高碳钢的耐磨性；锰能提高钢的耐磨性、强度和韧性；钼的作用类似于锰，其影响更大些；钒能提高钢的韧性及强度；硅可提高钢的弹性极限和耐磨性,但会降低其韧性。合金元素对钢的影响是很复杂的,特别是当为了改善钢的性能需要同时加入几种合金元素时。应当注意,合金钢的优良性能不仅取决于其化学成分,而且在更大程度上取决于适当的热处理。

合金结构钢的牌号是由"两位数字＋元素符号＋数字"来表示的。前面的两位数字表示钢中碳的质量分数的万分数,元素符号表示加入的合金元素,其后的数字表示该合金元素质量分数的百分数,当合金元素质量分数小于 1.5% 时,不标注其质量分数。如12GrNi2 表示碳的平均质量分数为 0.12%、铬的质量分数小于 1.5%、镍的质量分数为 2% 的合金结构钢。

3) 铸钢

铸钢的液态流动性比铸铁差,所以用普通砂型铸造时,壁厚常不小于 10 mm。铸钢件的收缩率比铸铁件大,故铸钢件的圆角和不同壁厚的过渡部分均应比铸铁件大些。铸钢的牌号用"ZG"表示。碳素铸钢后面的两组数字分别表示其屈服极限和强度极限。如铸造碳素钢 ZG270-500。铸钢主要用于制造尺寸较大或形状复杂的零件毛坯。

选择钢材时,应在满足使用要求的条件下,尽量采用价格便宜供应充分的碳素钢,必须采用合金钢时也应优先选用我国资源丰富的硅、锰、硼、钒类合金钢。例如,我国新颁布的齿轮减速器规范中,已采用 35SiMn 和 ZG35siMn 等代替原用的 35Cr、40GrNi 等材料。

常用钢铁材料的牌号及力学性能参见表 8-2。

表 8-2 常用钢铁材料的牌号及力学性能

材　料		力　学　性　能			试件尺寸
类　别	牌　号	强度极限 σ_B/MPa	屈服极限 σ_S/MPa	伸长率 δ/(%)	mm
碳素结构钢 (GB/T 700—2006)	Q215	335～410	215	31	$d \leqslant 16$
	Q235	375～460	235	26	
	Q275	490～610	275	20	
优质碳素结构钢 (GB/T 699—2015)	20	410	245	25	$d \leqslant 25$
	35	510	305	20	
	45	590	335	16	
合金结构钢 (GB/T 3077—2015)	35SiMn	885	735	15	$d \leqslant 25$
	40Gr	980	785	9	$d \leqslant 25$
	20GrMnTi	1080	850	10	$d \leqslant 15$
	65Mn	980	785	8	$d \leqslant 80$
铸钢 (GB/T 11352—2009)	ZG270-500	500	270	18	$d \leqslant 100$
	ZG310-570	570	310	15	
	ZG340-640	640	340	10	
灰铸铁 (GB/T 9439—2010)	HT200	150	—	—	壁厚 10～20
	HT250	200	—	—	
	HT300	250	—	—	
球墨铸铁 (GB/T 1348—2009)	QT400-15	400	250	15	壁厚 30～200
	QT500-7	500	320	7	
	QT600-3	600	370	3	

注:钢铁材料的硬度与热处理方法、试件尺寸等因素有关,其数值详见机械设计手册。

3. 铜合金

铜合金是机械零件中最常用的有色金属材料,铜合金有青铜和黄铜之分。黄铜是铜和锌的合金,并含有少量的锰、铝、钼等,它具有很好的塑性及流动性,故可进行碾压和铸造。青铜可分为含锡青铜和不含锡青铜两类,它们的减摩性和耐腐蚀性均较好,也可进行碾压和铸造。铜合金是制造轴承、蜗轮的主要材料。此外,还有轴承合金(或称巴氏合金),主要用于制作滑动轴承的轴承衬。

4. 非金属材料

在机械设计中,常用的非金属材料有橡胶、塑料、皮革、陶瓷、木材等。橡胶富有弹性,能缓冲减振,广泛用于皮带、轮胎、密封垫圈和减振零件;塑料具有重量轻、绝缘、耐热、耐蚀、耐磨、注塑成形方便等优点,近年来得到了广泛的应用。

8.2.2 选择机械零件材料的原则

在机械设计中,零件材料的选择是一个值得注意的问题,选择时,主要应考虑以下三个方面。

1. 使用要求

使用要求主要包括以下四个方面。

(1) 受载及应力情况:如受拉伸载荷、冲击载荷、变载或受载后产生交变应力的零件应选用钢材;受压零件可选用铸铁。

(2) 零件的工作条件:如做相对运动的零件应选用减摩、耐磨材料(锡青铜、轴承合金等);高温环境中的零件应选用耐高温的材料;在腐蚀介质中工作的零件应选用耐蚀材料。

(3) 零件尺寸和重量限制:如要求体积小时,宜选用高强度材料;要求重量轻时应选用轻合金或塑料。

(4) 零件的重要程度:如危及人身和设备安全的零件,应选用性能指标高的材料。

2. 工艺要求

工艺要求应使零件的材料与制造工艺相适应,如结构复杂的箱、壳、架、盖等零件多用铸坯,宜选用铸造性能好的材料,如铸铁;当尺寸大且生产批量小时可采用焊坯,宜选用焊接性好的材料;形状简单、强度要求较高的零件可采用锻坯,应选用塑性好的材料;需要热处理的零件,应选用热处理性能好的材料,如合金钢;对精度要求高、需切削加工的零件,宜选用切削加工性能好的材料。

3. 经济性要求

在机械产品的成本中,材料成本一般占 $1/3\sim1/4$,应在满足使用要求的前提下,尽量选用价格低廉的材料。如用球墨铸铁代替钢材;用工程塑料代替有色金属合金材料;采用热处理或表面强化处理,充分发挥材料的潜在力学性能;设计组合式零件结构以节约贵重金属。经济性还包括生产费用,铸铁虽比钢便宜,但在单件或小批量生产时,铸模加工费用相对较大,故有时用焊接件代替铸件。

8.3 许用应力与安全系数

在机械设计过程中,主要零件的基本尺寸通常都是通过强度计算、刚度计算等确定的。而进行设计计算时,应先确定该零件工作时所承受的载荷和应力的性质,并根据所选用的材料、热处理方式和使用要求,合理地确定许用应力和安全系数。

1. 载荷和应力

在理想的平稳工作条件下作用在零件上的载荷称为名义载荷。然而在机器运转时,零件还会受到各种附加载荷。通常用引入载荷系数 K(有时只考虑工作情况的影响,则用工作情况系数 K_A)的办法来估计这些因素的影响。载荷系数与名义载荷的乘积,称为计算载荷。按照名义载荷用力学公式求得的应力,称为名义应力;按照计算载荷求得的应力,称为计算应力。

按照随时间变化的情况,应力可分为静应力和变应力。不随时间变化或缓慢变化的应力称为静应力(见图 8-1(a)),如锅炉的内压力所引起的应力、拧紧螺母所引起的应力等。随时间变化的应力,称为变应力;具有周期性的变应力称为循环变应力。图 8-1(b)所示为一般的非对称循环变应力,图中 T 为应力循环周期。从图 8-1(b)中可知

平均应力
$$\sigma_m = \frac{\sigma_{max} + \sigma_{min}}{2}$$

应力幅
$$\sigma_a = \frac{\sigma_{max} - \sigma_{min}}{2}$$

$$(8\text{-}7)$$

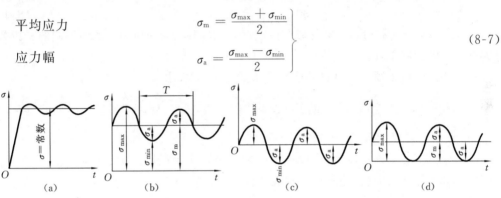

图 8-1 应力的种类

应力循环中的最小应力与最大应力之比,可用来表示变应力中应力变化的情况,通常称为变应力的循环特性,用 r 表示,即 $r = \sigma_{min}/\sigma_{max}$。

当 $\sigma_{max} = -\sigma_{min}$ 时,循环特性 $r = -1$,称为对称循环变应力(见图 8-1(c)),其 $\sigma_a = \sigma_{max} = -\sigma_{min}$,$\sigma_m = 0$。当 $\sigma_{max} \neq 0$、$\sigma_{min} = 0$ 时,循环特性 $r = 0$,称为脉动循环变应力(见图 8-1(d)),其中,$\sigma_a = \sigma_m = \frac{1}{2}\sigma_{max}$。静应力可看作变应力的特例,其 $\sigma_{max} = \sigma_{min}$,循环特性 $r = +1$。

2. 静应力下的许用应力

在静应力条件下,零件材料有两种损坏形式:断裂和塑性变形。对于塑性材料,可按不发生塑性变形的条件进行计算。这时取材料的屈服极限 σ_S 作为极限应力,故许用应力为

$$[\sigma] = \frac{\sigma_S}{S} \qquad\qquad (8\text{-}8)$$

对于用脆性材料制成的零件,应取强度极限 σ_b 作为极限应力,故许用应力为

$$[\sigma] = \frac{\sigma_B}{S} \qquad\qquad (8\text{-}9)$$

3. 变应力下的许用应力

在变应力条件下,零件的损坏形式是疲劳断裂。疲劳断裂不同于一般静力断裂,它是

损伤到一定程度，即裂纹扩展到一定程度后，才发生的突然断裂。所以疲劳断裂与应力循环次数（即使用期限或寿命）密切相关。

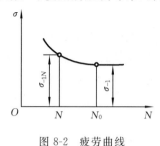

图 8-2 疲劳曲线

由材料力学可知，表示应力 σ 与应力循环次数 N 之间的关系曲线称为疲劳曲线。如图 8-2 所示，横坐标为循环次数 N，纵坐标为断裂时的循环应力 σ，从图中可以看出，应力越小，试件能经受的循环次数就越多。

从大多数黑色金属材料的疲劳试验可知，当循环次数 N 超过某一数值 N_0 以后，曲线趋向水平。N_0 称为应力循环基数，对于钢通常取 $N_0 \approx 10^7 \sim 25 \times 10^7$。对应于 N_0 的应力称为材料的疲劳极限。通常用 σ_{-1} 表示材料在对称循环变应力下的弯曲疲劳极限，用 σ_0 表示材料在脉动循环变应力下的疲劳极限。

对于疲劳曲线的左半部（$N < N_0$），可近似地用下列方程式表示为

$$\sigma_{-1N}^m N = \sigma_{-1}^m N_0 = C \tag{8-10}$$

式中：σ_{-1N} 为对应于循环次数 N 的疲劳极限；C 为常数；m 为随应力状态而不同的幂指数，例如对受弯的钢制零件，$m = 9$。

从式（8-10）可求得对应于循环次数 N 的弯曲疲劳极限

$$\sigma_{-1N} = \sigma_{-1} \sqrt[m]{\frac{N_0}{N}} = k_N \sigma_{-1} \tag{8-11}$$

式中：k_N 为寿命系数，当 $N \geqslant N_0$ 时，取 $k_N = 1$。

在变应力下确定许用应力，应取材料的疲劳极限作为极限应力。同时还应考虑零件的切口和沟槽等截面突变、绝对尺寸和表面状态等影响。

当应力是对称循环变化时，许用应力为

$$[\sigma_{-1}] = \frac{\varepsilon_\sigma \beta \sigma_{-1}}{k_\sigma S} \tag{8-12}$$

当应力是脉动循环变化时，许用应力为

$$[\sigma_0] = \frac{\varepsilon_\sigma \beta \sigma_0}{k_\sigma S} \tag{8-13}$$

式中：S 为安全系数，可在有关设计手册中查得；σ_0 为材料的脉动循环疲劳极限；k_σ、ε_σ、β 分别为有效应力集中系数、绝对尺寸系数及表面状态系数，其数值可在材料力学或有关设计手册中查得。

以上所述为"无限寿命"下零件的许用应力。若零件在整个使用期限内，其循环总次数 N 小于循环基数 N_0 时，可根据式（8-11）求得对应于 N 的疲劳极限 σ_{-1N}。代入式（8-12）后，可得"有限寿命"下零件的许用应力。由于 $\sigma_{-1N} > \sigma_{-1}$，故采用 σ_{-1N} 可得到较大的许用应力，从而减小零件的体积和重量。

4. 安全系数

在设计各种机械零件时，安全系数可参考相关章节或有关的设计手册确定。

8.4 机械零件的工艺性及标准化

1. 工艺性

在设计机械零件时,不仅应使它满足使用要求,即具备所要求的工作能力,同时还应当满足生产要求;否则,就可能制造不出来,或虽能制造,但费工费料很不经济。

在具体的生产条件下,如所设计的机械零件既便于加工,又成本低廉,则这样的零件就称为具有良好的工艺性。有关工艺性的基本要求如下。

(1)毛坯选择合理。零件毛坯制备的方法有:直接利用型材、铸造、锻造、冲压和焊接等。单件小批量生产时,应充分利用已有的生产条件,但不宜采用铸件或模锻件,以免模具造价太高而提高零件成本。尺寸大、结构复杂且批量生产的零件,宜采用铸件。

(2)结构简单合理。设计零件的结构形状时,最好采用最简单的表面(如平面、圆柱面、螺旋面)及其组合,同时还应当尽量使加工表面数目最少和加工面积最小。

(3)规定适当的制造精度及表面粗糙度。零件的加工费用随着精度的提高而增加,尤其在精度较高的情况下,这种增加极为显著。因此,在没有充分根据时,不应当追求高的精度。同理,零件的表面粗糙度也应当根据配合表面的实际需要,作出适当的规定。

2. 标准化

标准化是指以制定标准和贯彻标准为主要内容的全部活动过程。标准化的研究领域十分宽广,就工业产品标准化而言,它是指对产品的品种、规格、质量、检验或安全、卫生要求等制定标准并加以实施。

产品标准化本身包括三个方面的含义:①产品品种规格的系列化——将同一类产品的主要参数、形式、尺寸、基本结构等依次分档,制成系列化产品,以较少的品种规格满足用户的广泛需要;②零部件的通用化——将同一类或不同类型产品中用途、结构相近似的零部件(如螺栓、轴承座、联轴器和减速器等),经过统一后实现通用互换;③产品质量标准化——产品质量是一切企业的生命线,要保证产品质量合格和稳定就必须做好设计、加工工艺、装配检验,甚至包装储运等环节的标准化。这样,才能在激烈的市场竞争中立于不败之地。

对产品实行标准化具有重大的意义:在制造上可以实行专业化大量生产,既可提高产品质量又能降低成本;在设计方面可减少设计工作量;在管理、维修方面,可减少库存量和便于更换损坏的零件。

按照标准的层次,我国的标准分为国家标准、行业标准、地方标准和企业标准四级。按照标准实施的强制程度,国家标准又分为强制性(GB)标准和推荐性(GB/T)标准两种。例如:《国际单位制及其应用》(GB 3100—1993)是强制性标准,必须执行;而《滚动轴承分类》(GB/T 271—2017)为推荐性标准,鼓励企业自愿采用。

为了增强在国际市场的竞争能力,我国鼓励积极采用国际标准和国外先进标准。近年发布的我国国家标准,许多都采用了相应的国际标准。设计人员必须熟悉现行的有关标准。一般机械设计手册或机械工程手册中都收录摘编了常用的标准和资料,以供查阅。

本章重点、难点

　　重点：机械零件的主要失效形式与设计准则，机械零件的常用材料和选用原则，机械零件设计的一般步骤，载荷和应力的种类。

　　难点：机械零件设计中材料的合理选择，正确区分变应力的类型。

思考题与习题

　　8-1　机械零件的主要失效形式是什么？相应的设计准则是什么？失效是否意味着破坏？

　　8-2　简述机械零件设计的一般步骤。

　　8-3　什么是钢？什么是铸铁？碳素钢的力学性能主要取决于什么？如何划分高碳钢、中碳钢、低碳钢？

　　8-4　何谓钢的热处理？热处理的目的是什么？常用的热处理方法有哪几种？它们的作用是什么？

　　8-5　钢、铸铁和铜合金等材料的牌号是怎样表示的？说明下列材料牌号的含义及材料的主要用途：Q235，45，40Gr，65Mn，20GrMnTi，ZG310-570，HT200，QT500-7。

　　8-6　按应力随时间的变化关系，变应力分为几种？许用应力和极限应力有什么不同？

第 9 章 连　接

在机械制造中,连接是指被连接件与连接件的组合。就机械零件而言,被连接件有轴与轴上零件(如齿轮、飞轮)、轮圈与轮心、箱体与箱盖、焊接零件中的钢板与型钢等。连接件又称为紧固件,如螺栓、螺母、销、铆钉等。有些连接则没有专门的紧固件,如靠被连接件本身变形组成的过盈连接、利用分子结合力组成的焊接和粘接等。

连接可分为可拆的和不可拆的两种。允许多次装拆而无损于使用性能的连接称为可拆连接,如螺纹连接、键连接和销连接。不损坏组成零件就不能拆开的连接称为不可拆连接,如焊接、粘接和铆接。本章只讨论可拆连接。

9.1　螺纹的形成及主要参数

将一倾斜角为 ψ 的直线绕在圆柱体上便形成一条螺旋线,如图 9-1(a)所示。若取一平面图形(见图 9-1(b)),使其始终通过圆柱体的轴线并沿螺旋线运动,就得到螺纹。按照平面图形的形状,螺纹分为三角形螺纹、梯形螺纹、矩形螺纹和锯齿形螺纹等。按照螺旋线的旋向,螺纹分为左旋螺纹和右旋螺纹。机械制造中一般采用右旋螺纹。按照螺旋线的数目,螺纹还可分为单线螺纹和等距排列的多线螺纹(见图 9-2)。为了制造方便,螺纹的线数一般不超过 4。

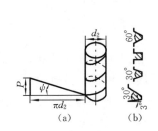

图 9-1　螺旋线的形成

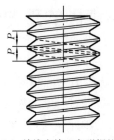

(a) 单线右旋三角形螺纹

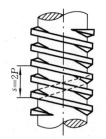

(b) 双线左旋矩形螺纹

图 9-2　螺纹的线数与旋向

螺纹有外螺纹和内螺纹之分,两者旋合组成螺旋副或称螺纹副(见图 9-3)。用于连接的螺纹称为连接螺纹,用于传动的螺纹称为传动螺纹,相应的传动称为螺旋传动。由于螺旋传动也是利用螺纹零件工作的,其受力情况和几何关系与螺纹连接相似,故也列入本章论述。

按照母体形状,螺纹分为圆柱螺纹和圆锥螺纹。现以圆柱螺纹为例,说明螺纹的主要几何参数(见图 9-3)。

(1) 大径 d:与外螺纹牙顶或内螺纹牙底相重合的假想圆柱体的直径,在标准中定为公称直径。

(2) 小径 d_1:与外螺纹牙底或内螺纹牙顶相重合的假想圆柱体的直径。

(3) 中径 d_2:在轴向剖面内牙厚等于牙间距的假想圆柱的直径。

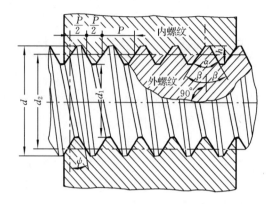

图 9-3　圆柱螺纹的主要参数

（4）螺距 P：相邻两牙在中径线上对应两点间的轴向距离。

（5）线数 n：螺纹的螺旋线数目，一般 $n \leqslant 4$。

（6）导程 S：同一条螺旋线上的相邻两牙在中径线上对应两点间的轴向距离，$S = nP$。

（7）螺纹升角 ψ：在中径圆柱面上，螺旋线的切线与垂直于螺纹轴线的平面间的夹角。

$$\tan\psi = \frac{nP}{\pi d_2} \tag{9-1}$$

（8）牙型角 α：轴向截面内，螺纹牙型相邻两侧边的夹角。螺纹牙型的侧边与螺纹轴线的垂线间的夹角称为牙侧角 β。对于对称牙型，$\beta = \alpha/2$。

（9）工作高度 h：内外螺纹旋合后接触面的径向高度。

9.2　螺旋副的受力分析、效率和自锁

1. 矩形螺纹（$\beta = 0°$）

螺旋副在力矩和轴向载荷作用下的相对运动，可看成作用在中径的水平力推动滑块（重物）沿螺纹的运动，如图 9-4（a）所示。将矩形螺纹沿中径展开可得一斜面（见图 9-4（b）），其中：ψ 为螺纹升角；F_a 为轴向载荷（其最小值为滑块的重力）；F 为作用于中径处的水平推力；F_n 为法向反力；fF_n 为摩擦力；f 为摩擦系数；ρ 为摩擦角；$f = \tan\rho$。

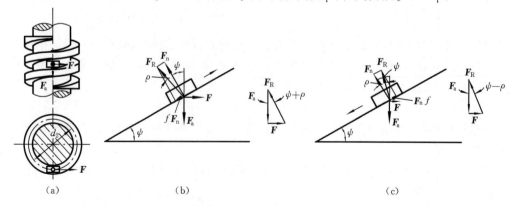

图 9-4　矩形螺纹的受力分析

当滑块沿斜面等速上升时，F_a 为阻力，F 为驱动力。因摩擦力向下，故总反力 F_R 与 F_a

的夹角为 $\psi+\rho$。由力的平衡条件可知，F_K、F 和 F_a 三力组成封闭的力多边形（见图 9-4(b)），由图可得

$$F = F_a\tan(\psi+\rho) \qquad (9\text{-}2\text{a})$$

作用在螺旋副上的相应驱动力矩为

$$T = F \cdot \frac{d_2}{2} = F_a\frac{d_2}{2}\tan(\psi+\rho) \qquad (9\text{-}2\text{b})$$

当滑块沿斜面等速下滑时，轴向载荷 F_a 变为驱动力，而 F 变为维持滑块等速运动所需的平衡力（见图 9-4(c)）。由力多边形可得

$$F = F_a\tan(\psi-\rho) \qquad (9\text{-}3\text{a})$$

作用在螺旋副上的相应力矩为

$$T = F_a\frac{d_2}{2}\tan(\psi-\rho) \qquad (9\text{-}3\text{b})$$

当斜面倾角 ψ 大于摩擦角 ρ 时，滑块在轴向载荷 F_a 的作用下有向下加速运动的趋势。这时由式(9-3a)求出的平衡力 F 为正值，方向如图 9-4(c)所示。它阻止滑块加速以保持等速下滑，故力 F 是阻力。当斜面倾角 ψ 小于摩擦角 ρ 时，滑块不能在轴向载荷 F_a 的作用下自行下滑，即处于自锁状态，这时由式(9-3a)求出的平衡力 F 为负值，其方向与运动方向成锐角，此时力 F 为驱动力。它说明在自锁条件下，必须施加反向驱动力 F 才能使滑块等速下滑。

2. 非矩形螺纹

非矩形螺纹是指牙侧角 $\beta\neq0°$ 的三角形螺纹、梯形螺纹、锯齿形螺纹。

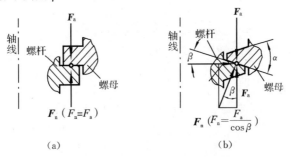

图 9-5　矩形螺纹和非矩形螺纹的法向反力

对比图 9-5(a)、(b)可知，若略去螺纹升角的影响，在轴向载荷 F_a 作用下，非矩形螺纹的法向反力比矩形螺纹的大。若把法向反力的增加看作摩擦系数的增加，则非矩形螺纹的摩擦阻力可写为

$$\frac{F_a}{\cos\beta}f = \frac{f}{\cos\beta}F_a = f'F_a$$

式中：f' 为当量摩擦系数，即

$$f' = \frac{f}{\cos\beta} = \tan\rho' \qquad (9\text{-}4)$$

式中：ρ' 为当量摩擦角；β 为牙侧角。因此，将图 9-4 的 f、ρ 分别改为 f'、ρ'，就可按照矩形螺纹的分析方法对非矩形螺纹进行力的分析。

当滑块沿非矩形螺纹等速上升时，可得水平推力

$$F = F_a \tan(\psi + \rho') \qquad (9\text{-}5a)$$

相应的驱动力矩为

$$T = F \cdot \frac{d_2}{2} = F_a \frac{d_2}{2}\tan(\psi + \rho') \qquad (9\text{-}5b)$$

当滑块沿非矩形螺纹等速下滑时，可得

$$F = F_a \tan(\psi - \rho') \qquad (9\text{-}6a)$$

相应的力矩为

$$T = F_a \frac{d_2}{2}\tan(\psi - \rho') \qquad (9\text{-}6b)$$

与矩形螺纹分析相同，若螺纹升角 ψ 小于当量摩擦角 ρ'，则螺旋副具有自锁特性，如不施加驱动力矩，无论轴向驱动力 F_a 多大，都不能使螺旋副相对运动。考虑到极限情况，非矩形螺纹的自锁条件可表示为

$$\psi \leqslant \rho' \qquad (9\text{-}7)$$

以上分析适用于各种螺旋传动和螺纹连接。综上所述，当轴向载荷为阻力，阻止螺旋副相对运动时（如用螺旋千斤顶顶举重物时，重力阻止螺杆上升），相当于滑块沿斜面等速上升，应使用式(9-2b)或式(9-5b)。当轴向载荷为驱动力，与螺旋副相对运动方向一致时（如用螺旋千斤顶降落重物时，重力与下降方向一致），相当于滑块沿斜面等速下滑，应使用式(9-3b)或式(9-6b)。

螺旋副的效率是有效功与输入功之比。若按螺旋转动一圈计算，输入功为 $2\pi T$，此时升举滑块(重物)所作的有效功为 $F_a S$，故螺旋副的效率为

$$\eta = \frac{F_a S}{2\pi T} = \frac{\tan\psi}{\tan(\psi + \rho')} \qquad (9\text{-}8)$$

由式(9-8)可知，当量摩擦角 ρ' ($\rho' = \arctan f'$) 一定时，效率只是螺纹升角 ψ 的函数。由此可绘出螺旋副的效率曲线(见图9-6)。取 $\mathrm{d}\eta/\mathrm{d}\psi = 0$，可得 $\psi = 45° - \frac{\rho'}{2}$ 时效率最高。但 ψ 过大，效率的提高并不明显，且制造困难，所以一般 $\psi \leqslant 25°$。

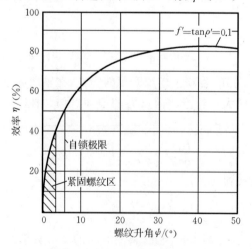

图 9-6 螺旋副的效率曲线

9.3 机械制造常用螺纹

在机械设备中,常用的有三角形、梯形、矩形和锯齿形四种螺纹。其中,三角形螺纹用于连接。为了减少摩擦和提高效率,梯形螺纹($\beta = 15°$)、锯齿形螺纹($\beta = 3°$)、矩形螺纹($\beta = 0°$)的牙侧角都比三角形螺纹的小得多,而且有较大的间隙以便贮存润滑油,故用于传动。由于矩形螺纹牙根强度弱,精加工困难,对中精度低,螺纹副磨损后的间隙难以补偿或修复,故在工程中已逐渐被梯形螺纹所代替。

三角形螺纹主要有普通螺纹和管螺纹两类,前者多用于紧固连接,后者用于各种管道的紧密连接。普通螺纹是牙型角 $\alpha = 60°$ 的三角形螺纹,以大径 d 为公称直径。同一公称直径可以有多种螺距的螺纹,其中螺距最大的螺纹称为粗牙螺纹,其余都称为细牙螺纹。粗牙螺纹应用最广。公称直径相同时,细牙螺纹的升角小、小径大,因而强度高、自锁性能好,适用于薄壁零件和受冲击载荷作用的场合。但细牙螺纹不耐磨,易滑扣,不宜用于经常装拆的场合。普通螺纹的基本尺寸如表 9-1 所示。

管螺纹用于管道的紧密连接,有牙型角分别为 $\alpha = 55°$ 和 $\alpha = 60°$ 的两种管螺纹,并且分别有圆柱管螺纹和圆锥管螺纹两类。多数管螺纹的公称直径是管子的内径。圆柱管螺纹广泛应用于水、煤气、润滑管路系统;圆锥管螺纹不用填料即能保证紧密性而且旋合迅速,适用于密封要求较高的管路连接中。

表 9-1 普通螺纹的基本尺寸(摘自 GB/T 196—2003) (mm)

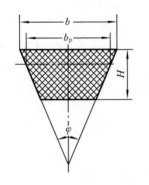

$H = 0.866P$

$d_2 = d - 0.6495P$

$d_1 = d - 1.0825P$

D, d——内、外螺纹大径

D_2, d_2——内、外螺纹中径

D_1, d_1——内、外螺纹小径

P——螺距

标记示例:M24(粗牙普通螺纹,直径24,螺距3)

M24×1.5(细牙普通螺纹,直径24,螺距1.5)

公称直径(大径)	粗 牙			细 牙
	螺距 P	中径 D_2 或 d_2	小径 D_1 或 d_1	螺距 P
3	0.5	2.675	2.495	0.35
4	0.7	3.545	3.242	0.5
5	0.8	4.480	4.134	0.5
6	1	5.350	4.917	0.75
8	1.25	7.188	6.647	1,0.75
10	1.5	9.026	8.376	1.25,1,0.75

续表

公称直径（大径）	粗　　牙			细　牙
	螺距 P	中径 D_2 或 d_2	小径 D_1 或 d_1	螺距 P
12	1.75	10.863	10.106	1.5,1.25,1
14	2	12.701	11.835	1.5,1.25,1
16	2	14.701	13.835	1.5,1
(18)	2.5	16.376	15.294	
20	2.5	18.376	17.294	
22	2.5	20.376	19.294	2,1.5,1
24	3	22.051	20.752	
27	3	25.052	23.752	
30	3.5	27.727	26.211	3,2,1.5,1

9.4　螺纹连接的基本类型和螺纹连接件

9.4.1　螺纹连接的基本类型

螺纹连接有螺栓连接、螺钉连接、双头螺柱连接及紧定螺钉连接四种基本类型。

1. 螺栓连接

螺栓连接的结构特点是不需在被连接件上切制螺纹，装拆方便。图 9-7(a)所示为普通螺栓连接，螺栓与被连接件的通孔之间有一定间隙。这种连接的优点是加工简便，成本低，故应用广泛。图 9-7(b)所示为铰制孔用螺栓连接，其螺栓的外径与螺栓孔（由高精度铰刀加工而成）的内径具有同一公称尺寸，并常采用过渡配合。它适用于承受垂直于螺栓轴线的横向载荷的场合。

2. 螺钉连接

螺钉直接旋入被连接件的螺纹孔中，省去了螺母（见图 9-8(a)），因此结构比较简单。但这种连接不宜经常装拆，以免被连接件的螺纹被磨损而使连接失效。

3. 双头螺柱连接

双头螺柱多用于较厚的被连接件或为了结构紧凑而采用盲孔的连接（见图 9-8(b)）。双头螺柱连接允许多次装拆而不损坏被连接零件。

4. 紧定螺钉连接

紧定螺钉连接（见图 9-9）常用来固定两零件的相对位置，并可传递不大的力或转矩。

9.4.2　螺纹连接件

螺纹连接件包括螺栓、双头螺柱、螺钉、紧定螺钉、螺母、垫圈等。这些零件的结构形式和尺寸大都已经标准化，设计时可根据有关标准选用。

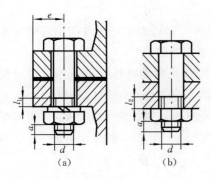

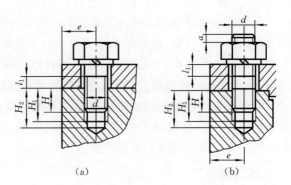

螺纹余留长度 l_1 为：

静载荷，$l_1 \geq (0.3 \sim 0.5)d$；

变载荷，$l_1 \geq 0.75d$；

冲击载荷或弯曲载荷，$l_1 \geq d$；

铰制孔用螺栓，$l_1 \approx 0$。

螺纹伸出长度 $a = (0.2 \sim 0.3)d$。

螺栓轴线到边缘的距离 $e = d + (3 \sim 6)$ mm。

通孔直径 $d_0 \approx 1.1d$

图 9-7　螺栓连接

不同螺孔材料的座端拧入深度 H 为：

钢或青铜，$H \approx d$；

铸铁，$H = (1.25 \sim 1.5)d$；

铝合金，$H = (1.5 \sim 2.5)d$。

螺纹孔深度 $H_1 = H + (2 \sim 2.5)P$；

钻孔深度 $H_2 = H_1 + (0.5 \sim 1)d$；

l_1、a、e 值同图 9-7

图 9-8　螺钉连接和双头螺柱连接

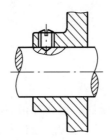

图 9-9　紧定螺钉连接

9.5　螺纹连接的预紧和防松

在实际应用中，绝大多数螺纹连接在装配时需要拧紧，这时螺纹连接受到预紧力的作用，以增加连接的刚性、紧密性和可靠性。

1. 拧紧力矩

装配时预紧力的大小是通过拧紧力矩来控制的。螺纹连接的拧紧力矩 T 等于克服螺纹副相对转动的阻力矩 T_1 和螺母支承面上的摩擦阻力矩 T_2（见图 9-10）之和，即

$$T = T_1 + T_2 = \frac{F_a d_2}{2}\tan(\psi + \rho) + f_c F_a r_f \tag{9-9}$$

式中：F_a 为轴向力，对于不承受轴向工作载荷的螺纹，F_a 即为预紧力；d_2 为螺纹中径；f_c 为螺母与被连接件支承面之间的摩擦系数，无润滑时可取 $f_c = 0.15$；r_f 为支承面摩擦半径，$r_f \approx (d_w + d_0)/4$，其中 d_w 为螺母支承面的外径，d_0 为螺栓孔直径。

对于 M10 ~ M68 的粗牙螺纹，若取 $f' = \tan\rho' = 0.15$ 及 $f_c = 0.15$，则式（9-9）可简化为

$$T \approx 0.2 F_a d \quad \text{N} \cdot \text{mm} \tag{9-10}$$

式中：F_a 为预紧力，N；d 为螺纹公称直径，mm。

F_a 值是由螺纹连接的要求来决定的（参见 9.6 节的内容），为了充分发挥螺栓的工作能力和保证预紧可靠，螺栓的预紧应力一般可达材料屈服极限的 50%～70%。

装配小直径的螺栓时应施加较小的拧紧力矩，否则，就可能将螺栓杆拉断。对重要的、有强度要求的螺栓连接，如无控制拧紧力矩的措施，不宜采用小于 M12 的螺栓。

通常螺纹连接拧紧的程度是靠操作者的经验来控制的。为了能保证质量，重要的螺纹连接应按计算值控制拧紧力矩，用测力矩扳手（见图 9-11（a））或定力矩扳手（见图 9-11（b））来获得所要求的拧紧力矩。

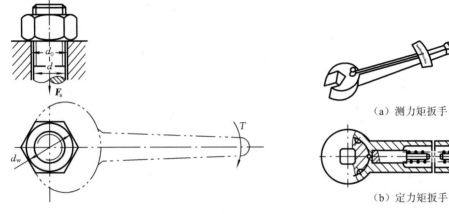

图 9-10　螺旋副的拧紧力矩　　　　　（a）测力矩扳手

（b）定力矩扳手

图 9-11　测力矩扳手和定力矩扳手

2．螺纹连接的防松

连接用的三角形螺纹都具有自锁性。但在冲击、振动及变载荷作用下，预紧力可能在某一瞬时消失，导致连接的松脱而失效。因此，设计时必须考虑防松。

螺纹连接防松的根本问题在于防止螺纹副的相对转动。防松的方法很多，现将常用的几种防松方法列于表 9-2 中。

表 9-2　常用的几种防松方法

防松方法	实　　例		
利用附加摩擦力防松	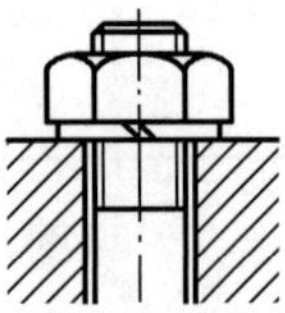 弹簧垫圈	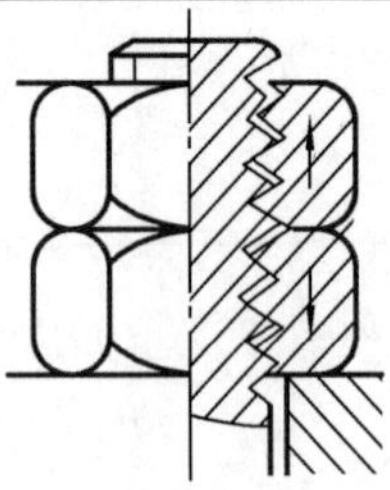 对顶螺母	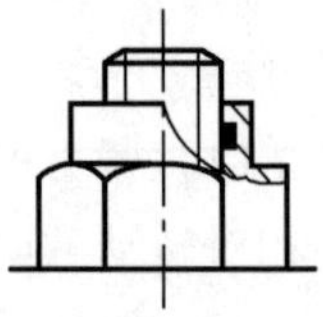 尼龙圈锁紧螺母
	弹簧垫圈材料为弹簧钢，装配后垫圈被压平，其反弹力能使螺纹间保持压紧力和摩擦力	利用两螺母的对顶作用使螺栓始终受到附加的拉力和附加的摩擦力。结构简单，可用于低速重载场合	螺母中嵌有尼龙圈，拧上后尼龙圈内孔被胀大，箍紧螺栓

防松方法	实 例		
采用专门的防松元件防松	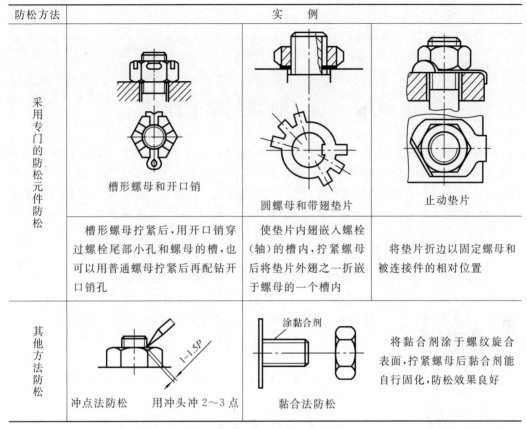 槽形螺母和开口销	圆螺母和带翅垫片	止动垫片
	槽形螺母拧紧后,用开口销穿过螺栓尾部小孔和螺母的槽,也可以用普通螺母拧紧后再配钻开口销孔	使垫片内翅嵌入螺栓(轴)的槽内,拧紧螺母后将垫片外翅之一折嵌于螺母的一个槽内	将垫片折边以固定螺母和被连接件的相对位置
其他方法防松	冲点法防松　　用冲头冲2~3点	黏合法防松	将黏合剂涂于螺纹旋合表面,拧紧螺母后黏合剂能自行固化,防松效果良好

例 9-1 已知 M12 螺栓用碳素结构钢制成,其屈服极限 $\sigma_s = 240$ MPa,螺纹间的摩擦系数 $f = 0.1$,螺母与支承面间的摩擦系数 $f_c = 0.15$,螺母支承面外径 $d_w = 16.6$ mm,螺栓孔直径 $d_0 = 13$ mm,欲使螺母拧紧后螺杆的拉应力达到材料屈服点的50%,求应施加的拧紧力矩,并验算其能否自锁。

解 (1)求当量摩擦系数及当量摩擦角。

$$f' = \frac{f}{\cos\beta} = \frac{0.1}{\cos 30°} = 0.115$$

$$\rho' = \arctan f' = 6.59°$$

(2)求螺纹升角 ψ。

由表9-1查 M12 螺纹,$P = 1.75$ mm,$d_2 = 10.863$ mm,$d_1 = 10.106$ mm。

代入式(9-1)中有

$$\psi = \arctan\frac{nP}{\pi d_2} = \arctan\frac{1 \times 1.75}{\pi \times 10.863} = 2.94°$$

因为 $\psi < \rho'$,故具有自锁性。

(3)求螺杆总拉力(预紧力)F_a。

$$F_a = \frac{\pi d_1^2}{4} \times \frac{\sigma_s}{2} = \frac{\pi \times 10.106^2 \times 240}{4 \times 2} \text{ N} = 9\ 625.36 \text{ N}$$

(4)求拧紧力矩 T。

由式(9-9),有

$$T = \frac{F_a d_2}{2}\tan(\psi + \rho') + f_c F_a r_f$$

$$= \left[\frac{9\,625.36 \times 10.863}{2}\tan(2.94° + 6.59°) + 0.15 \times 9\,625.36 \times \frac{16.6 + 13}{4} \right] \text{N} \cdot \text{mm}$$

$$= 19.46 \text{ N} \cdot \text{m}$$

9.6　螺栓连接的强度计算

螺栓连接的主要失效形式有：螺栓杆拉断；螺纹的压溃和剪断；经常装拆时会因磨损而发生滑扣现象等。螺栓与螺母等的螺纹牙及其他各部分尺寸是根据等强度原则及使用经验确定的。采用标准件时，这些部分都不需要进行强度计算。因此，螺栓连接的计算主要是确定螺纹小径 d_1，然后按标准选定螺纹公称直径（大径）d 及螺距 P 等。

9.6.1　松螺栓连接

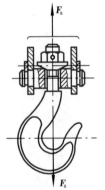

图 9-12　起重吊钩

松螺栓连接装配时，螺母不需要拧紧。在承受工作载荷之前，连接不受力。如图 9-12 所示的吊钩尾部的螺纹连接是一典型实例。当承受轴向工作载荷 $\boldsymbol{F}_a(\text{N})$ 时，其强度条件为

$$\sigma = \frac{F_a}{\pi d_1^2 / 4} \leqslant [\sigma] \qquad (9\text{-}11)$$

式中：d_1 为螺纹的小径，mm；$[\sigma]$ 为螺栓材料的许用拉应力，MPa。

9.6.2　紧螺栓连接

紧螺栓连接装配时，螺母需要拧紧，在工作状态下可能还需要补充拧紧。设拧紧螺栓时螺杆承受的轴向拉力为 $\boldsymbol{F}_a$（不承受轴向工作载荷的螺栓，$\boldsymbol{F}_a$ 为预紧力）。这时螺栓危险截面（即螺纹小径 d_1 处）不仅有拉应力 σ，还受到螺纹力矩 T_1 所引起的扭切应力 τ 的作用。对于 M10～M68 的普通螺纹，取 d_2、d_1 和 ψ 的平均值，并取 $\tan\rho' = f' = 0.15$，可得 $\tau \approx 0.5\sigma$。按第四强度理论，当量应力 σ_e 为

$$\sigma_e = \sqrt{\sigma^2 + 3\tau^2} = \sqrt{\sigma^2 + 3(0.5\sigma)^2} \approx 1.3\sigma$$

故螺栓螺纹部分的强度条件为

$$\frac{1.3F_a}{\pi d_1^2 / 4} \leqslant [\sigma] \qquad (9\text{-}12)$$

式中：$[\sigma]$ 为螺栓的许用应力，MPa，其值参见表 9-4。

式（9-12）表明：普通螺栓连接受到拉伸和扭转的复合作用，可按纯拉伸情况计算，但需将拉力 F_a 加大 30%，以考虑扭转的影响。

1. 受横向工作载荷的螺栓强度

1）普通螺栓连接

图 9-13 所示为受横向载荷的螺栓连接，螺栓与孔壁之间留有间隙，承受垂直于螺栓轴线的横向工作载荷 F，它靠被连接件间产生的摩擦力保持连接件无相对滑动。根据力

平衡条件可知，所需的螺栓轴向压紧力（即预紧力）应为

$$F_a = F_0 \geqslant \frac{CF}{mf} \qquad\qquad (9\text{-}13)$$

式中：F_0 为预紧力；C 为可靠性系数，通常取 $C=1.1\sim1.3$；m 为接合面数目；f 为接合面摩擦系数。对于钢或铸铁被连接件，可取 $f=0.1\sim0.15$。求出 F_a 值后，可按式（9-12）计算螺栓强度。

由式（9-13），当 $f=0.15$、$C=1.2$、$m=1$ 时，$F_0=8F$，即预紧力应为横向工作载荷的 8 倍，所以螺栓连接靠摩擦力来承担横向载荷，其尺寸是较大的。

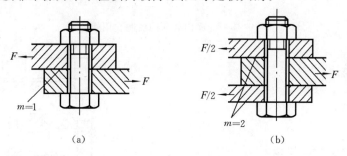

(a)　　　　　　　　　　　　　　(b)

图 9-13　受横向载荷的螺栓连接

为了避免上述缺点，可用键、套筒或销承担横向工作载荷，而螺栓仅起连接作用（见图 9-14）。这种具有减载零件的紧螺栓连接，其连接强度按减载零件的剪切、挤压强度条件计算。但这种连接增加了结构和工艺上的复杂性，对此可采用铰制孔用螺栓来改善。

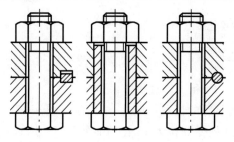

图 9-14　减载装置

2）铰制孔用螺栓连接

如图 9-15 所示，铰制孔用螺栓连接的特点是：螺栓杆与孔壁之间无间隙，靠螺栓杆部与被连接件孔壁间的挤压和螺栓杆的剪切来承受载荷。故连接的强度条件为

$$\tau = \frac{F}{m\pi d_0^2/4} \leqslant [\tau] \qquad\qquad (9\text{-}14)$$

$$\sigma_p = \frac{F}{d_0\delta} \leqslant [\sigma_p] \qquad\qquad (9\text{-}15)$$

式中：d_0 为螺栓剪切面的直径，mm；δ 为螺栓与被连接件孔壁间轴向最小接触长度，mm；m 为螺栓剪切面数目；螺栓许用切应力 $[\tau]$、螺栓或孔壁的许用挤压应力 $[\sigma_p]$ 参见表 9-4。

2. 受轴向工作载荷的螺栓强度

如图 9-16 所示为压力容器端盖螺栓连接，设流体压强为 p，螺栓数为 z，螺栓拧紧后受预紧力 F_0 作用。工作时，受轴向工作载荷 F_E 的作用，则缸体周围每个螺栓平均承受的

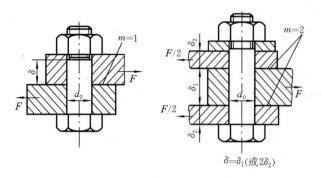

图 9-15　受横向载荷的铰制孔用螺栓

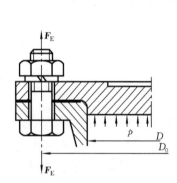

图 9-16　压力容器的螺栓连接

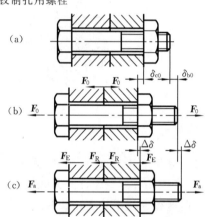

图 9-17　载荷与变形的示意图

轴向工作载荷为 $F_E = \dfrac{p \cdot \pi D^2 / 4}{z}$。但在受轴向载荷的螺栓连接中，螺栓实际承受的总拉伸载荷 F_a 并不等于预紧力 F_0 和工作载荷 F_E 之和。

　　螺栓和被连接件受载前后的情况如图 9-17 所示。图 9-17(a)是连接还没有拧紧时的情况。连接螺栓拧紧后，螺栓受到拉力 F_0 作用而伸长了 δ_{b0}；被连接件受到压缩力 F_0 作用而缩短了 δ_{c0}，如图 9-17(b)所示。在连接承受轴向工作载荷 F_E 时，螺栓的伸长量增加 $\Delta\delta$ 而成为 $\delta_{b0} + \Delta\delta$，相应的拉力就是螺栓的总拉伸载荷 F_a，如图 9-17(c)所示。与此同时，被连接件则随着螺栓的伸长而回弹，其压缩量减少了 $\Delta\delta$ 成为 $\delta_{c0} - \Delta\delta$，与此相应的压力就是残余预紧力 F_R。工作载荷 F_E 和残余预紧力 F_R 一起作用在螺栓上，所以螺栓承受的总拉伸载荷为

$$F_a = F_E + F_R \tag{9-16}$$

F_R 与螺栓刚度、被连接件刚度、预紧力 F_0 及工作载荷 F_E 有关。

　　紧螺栓连接应能保证被连接件的接合面不出现缝隙，因此，残余预紧力 F_R 应大于零。当工作载荷 F_E 没变化时，可取 $F_R = (0.2 \sim 0.6) F_E$；当 F_E 有变化时，$F_R = (0.6 \sim 1.0) F_E$；对于有紧密性要求的连接（如压力容器的螺栓连接），$F_R = (1.5 \sim 1.8) F_E$。

　　注意：为保证容器接合面密封可靠，允许的螺栓最大间距 $l \left(= \dfrac{\pi D_0}{z} \right)$ 为：当 $p \leqslant 1.6$ MPa 时，$l \leqslant 7d$；当 $p = 1.6 \sim 10$ MPa 时，$l \leqslant 4.5d$；当 $p = 10 \sim 30$ MPa 时，$l \leqslant (4 \sim 3)d$（d 为螺栓公称直径）。确定螺栓数 z 时，应满足上述要求。

在一般计算中,可先根据连接的工作要求规定残余预紧力 F_R,然后由式(9-16)求出总拉伸载荷 F_a,然后按式(9-12)计算螺栓强度。

若轴向工作载荷 F_E 在 $0 \sim F_E$ 间周期性变化,则螺栓所受总拉伸载荷 F_a 应在 $F_0 \sim F_a$ 间变化。受变载荷的螺栓的粗略计算可按总拉伸载荷 F_a 进行,其强度条件仍为式(9-12),所不同的是许用应力按照变载荷处理。

9.7　螺栓的材料和许用应力

螺栓的常用材料为低碳钢和中碳钢,重要和特殊用途的螺纹连接件可采用合金钢。国家标准规定螺纹连接件按材料的力学性能分出等级,如表 9-3 所示。螺栓、螺柱、螺钉的性能等级分为 10 级,从 3.6 到 12.9。小数点前的数字代表材料的公称强度极限的 $1/100$($\sigma_B/100$),小数点后的数字代表材料的公称屈服极限 σ_S 与公称强度极限 σ_B 比值的 10 倍($10\sigma_S/\sigma_B$)。

表 9-3　螺栓、螺钉、螺柱和螺母的力学性能等级

(摘自 GB/T 3098.1—2010 和 GB/T 3098.2—2015)

	性能等级	4.6	4.8	5.6	5.8	6.8	8.8		9.8	10.9	12.9
							$d \leqslant 16$ mm	$d > 16$ mm	$d \leqslant 16$ mm		
螺栓、螺钉、螺柱	公称强度极限 σ_B/MPa	400		500		600	800		900	1000	1200
	公称屈服极限 σ_S/MPa	240	320	300	400	480	640		720	900	1080
	布氏硬度/HBW	114	124	147	152	181	245	250	286	316	380
	推荐材料及热处理	碳钢或添加元素的碳钢					碳钢或添加元素的碳钢或合金钢,淬火并回火			合金钢淬火并回火	
相配螺母的性能等级		4 或 5		5		6	8	9	10	12	

注:规定性能的螺纹连接件在图样中只标注力学性能等级,不应再标出材料。

螺纹连接的许用应力及安全系数见表 9-4 和表 9-5。

表 9-4　螺纹连接的许用应力

螺纹连接受载情况			许 用 应 力	
松螺栓连接				$S = 1.2 \sim 1.7$
紧螺栓连接	受轴向、横向载荷		$[\sigma] = \dfrac{\sigma_S}{S}$	控制预紧力时,$S = 1.2 \sim 1.5$; 不控制预紧力时,S 查表 9-5
	铰制孔用螺栓受横向载荷	静载荷	$[\tau] = \sigma_S/2.5$	
			被连接件为钢时:$[\sigma_P] = \sigma_S/1.25$;被连接件为铸铁时:$[\sigma_P] = \sigma_B/(2 \sim 2.5)$	
		变载荷	$[\tau] = \sigma_S/(3.5 \sim 5)$	
			$[\sigma_P]$ 按静载荷的 $[\sigma_P]$ 值降低 $20\% \sim 30\%$	

表 9-5　螺纹连接的安全系数 S（不能严格控制预紧力时）

材　　料	静　载　荷		变　载　荷	
	M6～M16	M16～M30	M6～M16	M16～M30
碳素钢	5～4	4～2.5	12.5～8.5	8.5
合金钢	5.7～5	5～3.4	10～6.8	6.8

例 9-2　一钢制液压油缸，油缸壁厚 $\delta = 10$ mm，油压 $p = 1.6$ MPa，$D = 160$ mm，试计算其上盖的螺栓连接和螺栓分布圆直径 D_0（见图 9-16）。

解　（1）确定螺栓工作载荷 F_E。

暂取螺栓数 $z = 8$，则每个螺栓承受的平均轴向工作载荷 F_E 为

$$F_E = \frac{p \cdot \pi D^2 / 4}{z} = \frac{1.6 \times \pi \times 160^2}{4 \times 8} \text{ N} = 4.02 \text{ kN}$$

（2）决定螺栓总拉伸载荷 F_a。

根据前面所述，对于压力容器，取残余预紧力 $F_R = 1.8 F_E$，则由式（9-16）可得

$$F_a = F_E + 1.8 F_E = 2.8 \times 4.02 \text{ kN} = 11.26 \text{ kN}$$

（3）求螺栓直径 d。

按表 9-3 选取螺栓材料性能等级为 4.8 级，$\sigma_s = 320$ MPa，装配时不要求严格控制预紧力，按表 9-5 暂取安全系数 $S = 4$，螺栓许用应力为

$$[\sigma] = \frac{\sigma_s}{S} = \frac{320}{4} \text{ MPa} = 80 \text{ MPa}$$

由式（9-12）得螺纹的小径为

$$d_1 \geqslant \sqrt{\frac{4 \times 1.3 F_a}{\pi [\sigma]}} = \sqrt{\frac{4 \times 1.3 \times 11.3 \times 10^3}{\pi \times 80}} \text{ mm} = 15.26 \text{ mm}$$

查表 9-1，取 M18 螺栓（小径 $d_1 = 15.294$ mm）。按照表 9-5 可知，所取安全系数 $S = 4$ 是正确的。

（4）确定螺栓分布圆直径。

螺栓布置在凸缘中部。从图 9-16 和图 9-7 可以确定螺栓分布圆直径 D_0 为

$$D_0 = D + 2e + 2 \times 10 = \{160 + 2 \times [18 + (3 \sim 6)] + 2 \times 10\} \text{ mm} = 222 \sim 228 \text{ mm}$$

取 $D_0 = 226$ mm。

螺栓间距 l 为

$$l = \frac{\pi D_0}{Z} = \frac{\pi \times 226}{8} \text{ mm} = 88.74 \text{ mm}$$

由 9.6.2 节内容可知，当 $p \leqslant 1.6$ MPa 时，$l \leqslant 7d = 7 \times 18$ mm $= 126$ mm。所以，选取的 D_0 和 z 是合适的，螺栓间距满足紧密性要求。

在例 9-2 中，求螺纹直径时要用到许用应力 $[\sigma]$，而 $[\sigma]$ 又与螺纹直径有关，所以常需采用试算法。这种方法在其他零件设计计算中也经常用到。

9.8　提高螺栓连接强度的措施

以螺栓连接为例，螺栓连接的强度主要取决于螺栓的强度。因此，研究影响螺栓强度

的因素和提高螺栓强度的措施,对提高连接的可靠性有着重要的意义。影响螺栓强度的因素很多,主要涉及螺纹牙的载荷分配、应力变化幅度、应力集中、附加应力、材料的力学性能和制造工艺等方面。

1. 降低螺栓总拉伸载荷 F_a 的变化幅度

螺栓所受的轴向工作载荷 F_E 在 $0 \sim F_E$ 间变化时,螺栓所承受的总拉伸载荷 F_a 也作相应的变化。减小螺栓刚度 k_b 或增大被连接件刚度 k_c 都可以减小 F_a 的变化幅度,这对防止螺栓的疲劳损坏是十分有利的。

为了减小螺栓刚度,可减小螺栓光杆部分直径(见图9-18(a))或采用空心螺杆(见图9-18(b)),有时也可增加螺栓的长度。被连接件本身的刚度是较大的,但被连接件的接合面因需要密封而采用软垫片时(见图9-19)将降低其刚度。若采用金属薄垫片或采用O形密封圈作为密封元件(见图9-20),则仍可保持被连接件原来的刚度值。

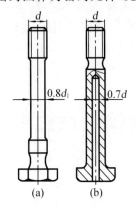
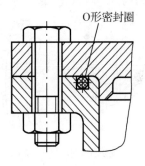

图 9-18 减小螺栓刚度的结构　　图 9-19 用软垫片密封　　图 9-20 用O形密封圈密封

2. 改善螺纹牙间的载荷分布

采用普通螺母时,轴向载荷在旋合螺纹各圈间的分布是不均匀的。如图9-21(a)所示,从螺母支承面算起,第一圈受载最大,以后各圈递减。理论分析和实验证明,旋合圈数越多,载荷分布不均的程度也就越显著,到第8~10圈以后,螺纹几乎不受载荷。所以,采用圈数多的厚螺母,并不能提高连接强度。若采用图9-21(b)所示的悬置(受拉)螺母,则螺母锥形悬置段与螺栓杆均为拉伸变形,有助于减少螺母与螺栓杆的螺距变化差,从而使载荷分布比较均匀。图9-21(c)所示为环槽螺母,其作用和悬置螺母相似。

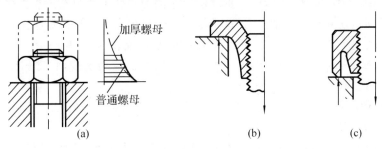

图 9-21 改善螺纹牙的载荷分布

3. 减小应力集中

减小螺栓应力集中的方法如图9-22所示,增大过渡处圆角(见图9-22(a))、切制卸载槽（见图 9-22(b)、(c)）都是使螺栓截面变化均匀、减小应力集中的有效方法。

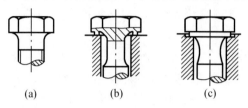

(a)　　　　　(b)　　　　　(c)

图 9-22　减小螺栓应力集中的方法

4. 避免或减小附加应力

由于设计、制造或安装上的疏忽，有可能使螺栓受到附加弯曲应力（见图 9-23），这对螺栓疲劳强度的影响很大，应设法避免。例如，在铸件或锻件等未加工表面上安装螺栓时，常采用凸台或沉头座等结构，经切削加工后可获得平整的支承面（见图 9-24）。

除上述方法外，在制造工艺上采取冷镦头部和辗压螺纹的螺栓，其疲劳强度比车制螺栓约高 30%，氰化、氮化等表面硬化处理也能提高螺栓的疲劳强度。

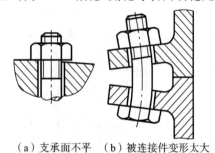

（a）支承面不平　（b）被连接件变形太大

图 9-23　引起附加应力的原因

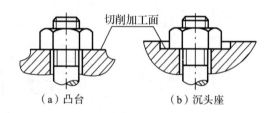

（a）凸台　　　（b）沉头座

图 9-24　避免附加应力的方法

9.9　螺旋传动

1. 螺旋传动的类型和应用

螺旋传动是利用螺杆和螺母组成的螺旋副来实现传动要求的。它主要用于将回转运动转变为直线运动，同时传递运动和动力。按其用途不同，可分为以下三种类型。

（1）传力螺旋：以传递动力为主，要求用较小的力矩转动螺杆（或螺母）而使螺母（或螺杆）产生轴向运动和较大的轴向力，这个轴向力可以用来完成起重和加压等工作。如图 9-25(a)所示的起重器、图 9-25(b)所示的压力机（加压或装拆用）等。

（2）传导螺旋：以传递运动为主，并要求具有很高的运动精度，它常用作机床刀架或工作台的进给机构（见图 9-25(c)）。

（3）调整螺旋：用于调整并固定零件或部件之间的相对位置，如用于调整带传动的初拉力。调整螺旋不经常转动。

螺旋传动按其螺旋副的摩擦性质不同，又可分为滑动螺旋、滚动螺旋和静压螺旋。滑动螺旋结构简单，易于制造，传力较大，能够实现自锁要求，应用广泛，如螺旋千斤顶、夹紧装置、机床的进给装置等常采用此类螺旋传动。其主要缺点是容易磨损、效率低（一般为30%～40%）。滚动螺旋和静压螺旋的摩擦阻力小，传动效率高（一般可达90%以上），但结构比较复杂,制造成本较高,常用于高精度、高效率的重要传动中。

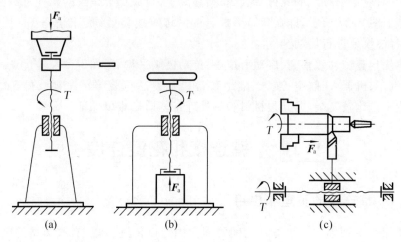

图 9-25　螺旋传动

2. 滚动螺旋传动简介

滚动螺旋可分为滚珠螺旋和滚子螺旋两大类。

滚珠螺旋的工作原理如图 9-26 所示。滚珠螺旋又可分为总循环式(全部滚珠一起循环)和分循环式(滚珠分组循环),还可以按循环回路的位置分为内循环式(滚珠在螺母体内循环)和外循环式(在螺母的圆柱面上开出滚道加盖或另插管子作为滚珠循环回路)。总循环式的内循环滚珠螺旋由图 9-26 中的滚珠 4、螺杆 5、螺母 6 等零件组成,即在由螺母和螺杆的近似半圆形螺旋凹槽拼合而成的滚道中装入适量的滚珠,并用螺母制出的通路及导向辅助件构成闭合回路,以备滚珠连续循环。图 9-26 所示的螺母两端支承在机架7 的滚动轴承上,以螺母作为螺旋副的主动件,当外加的转矩驱动齿轮 1 带动螺母旋转时,螺杆即作轴向移动。外循环式及分循环式的滚珠螺旋可参看有关资料。

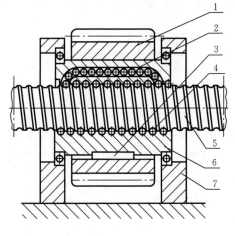

图 9-26　滚珠螺旋的工作原理
1—齿轮;2—返回滚道;3—键;4—滚珠;
5—螺杆;6—螺母;7—机架

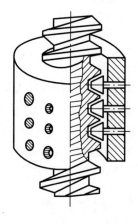

图 9-27　自转圆锥滚子螺旋的示意图

滚子螺旋可分为自转滚子式螺旋和行星滚子式螺旋，自转滚子式按滚子形状又可分为圆柱滚子（对应矩形螺纹的螺杆）螺旋和圆锥滚子（对应梯形螺纹的螺杆）螺旋。自转圆锥滚子螺旋如图 9-27 所示，即在套筒形螺母内沿螺纹线装上约三圈滚子（可用销轴及滚针支承）代替螺纹牙进行传动。

滚动螺旋具有传动效率高、启动力矩小、传动灵敏平稳、工作寿命长等优点，故目前在精密机床、汽车、机器人、航空、航天、陆地装备以及食品包装等军民领域得到广泛应用。缺点是制造工艺比较复杂，尤其是材料和热处理工艺质量难以保证。

9.10   键连接和花键连接

9.10.1 键连接的类型和应用

键主要用来实现轴和轴上零件之间的周向固定以传递转矩，有些类型的键还能实现轴上零件的轴向固定或轴向移动。键是标准件，分为平键、半圆键、楔键和切向键等。设计时应根据各类键的结构和应用特点进行选择。

1. 平键连接

平键的两侧面是工作面，上表面与轮毂槽底之间留有间隙（见图 9-28）。平键连接定心性较好，结构简单，装拆方便，应用十分广泛。常用的平键有普通平键和导向平键两种。普通平键应用最广。

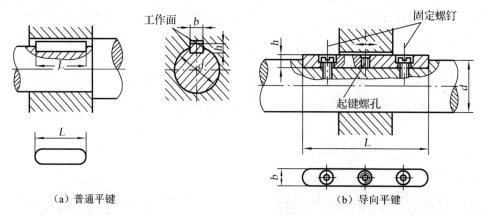

(a) 普通平键　　　　　　　　　　　　　　　(b) 导向平键

图 9-28　平键连接

普通平键按构造分为圆头（A 型）、平头（B 型）及单圆头（C 型），如表 9-6 所示。圆头键的轴槽用指状铣刀加工，键在槽中固定良好，但轴上键槽端部的应力集中较大。平头键的轴槽用盘状铣刀加工，轴的应力集中较小。单圆头键常用于轴端。

导向平键较长，需用螺钉将键固定在轴槽中，为了便于装拆，在键上制有起键螺纹孔（见图 9-28(b)）。这种键能实现轴上零件的轴向移动，构成动连接。如变速箱的滑移齿轮即可采用导向平键。

表 9-6　普通平键和键槽的尺寸(摘自 GB/T 1095—2003、GB/T 1096—2003)　　　　(mm)

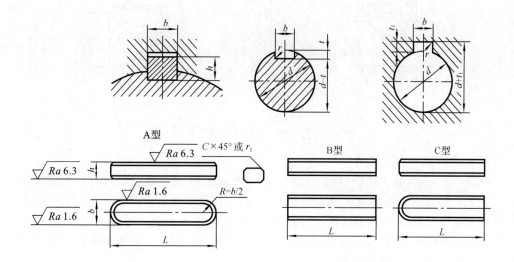

轴的直径	键的尺寸				键槽的尺寸		
d	b	h	C 或 r	L	t	t_1	半径 r
自 6～8	2	2		6～20	1.2	1	
>8～10	3	3	0.16～0.25	6～36	1.8	1.4	0.08～0.16
>10～12	4	4		8～45	2.5	1.8	
>12～17	5	5		10～56	3.0	2.3	
>17～22	6	6	0.25～0.4	14～70	3.5	2.8	0.16～0.25
>22～30	8	7		18～90	4.0	3.3	
>30～38	10	8		22～110	5.0	3.3	
>38～44	12	8		28～140	5.0	3.3	
>44～50	14	9	04～0.6	36～160	5.5	3.8	0.25～0.4
>50～58	16	10		45～180	6.0	4.3	
>58～65	18	11		50～200	7.0	4.4	
>65～75	20	12	0.5～0.8	56～220	7.5	4.9	0.4～0.6
>75～85	22	14		63～250	9.0	5.4	
L 系列	6,8,10,12,14,16,18,20,22,25,28,32,36,40,45,50,56,63,70,80,90,100,110,125, 140,160,180,200,220,250,…						

2. 半圆键连接

半圆键以两侧面为工作面,键能在轴槽中摆动以适应毂槽底面,如图 9-29 所示。半圆键定心性较好,装配方便,用于锥形轴端与轮毂的连接较为方便(见图 9-29(b))。它的缺点是键槽对轴的削弱较大,只适用于轻载连接。

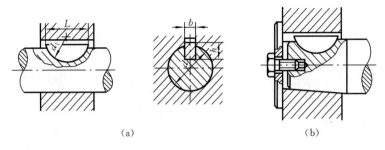

(a)　　　　　　　　　　　　　　(b)

图 9-29　半圆键连接

3. 楔键连接和切向键连接

楔键的上、下面是工作面,键的上表面和轮毂键槽的底面均有 1：100 的斜度,如图 9-30 所示。安装时将楔键打入轴和毂槽内时,其工作面上产生很大的预紧力 F_n。工作时主要靠摩擦力 fF_n(f 为接触面间的摩擦系数)传递转矩 T,并能承受单方向的轴向力。

由于楔键打入时,迫使轴和轮毂产生偏心 e(见图 9-30(a)),因此楔键仅适用于定心精度要求不高、载荷平稳和低速的连接。

楔键分为普通楔键和钩头楔键两种(见图 9-30(b)),钩头楔键的钩头是为了拆键用的。

切向键是由一对楔键组成的,如图 9-31(a)所示。装配时将两键楔紧,键的窄面是工作面,工作面上的压力沿轴的切线方向作用,能传递很大的转矩。当双向传递转矩时,需用两对切向键,并分布成 120°～130°(见图 9-31(b)),切向键常用于重型机械中。

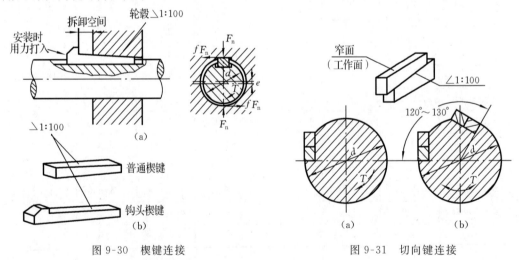

图 9-30　楔键连接　　　　　　图 9-31　切向键连接

9.10.2　平键的选择和强度校核

键的材料采用强度极限 σ_B 不小于 600 MPa 的碳素钢,通常采用 45 钢。键的截面尺寸(键宽(b)×键高(h))按轴的直径 d 从键的标准中查取。键的长度 L 可略短于轮毂长度,且应符合标准长度系列(见表 9-6),而导向平键则按轮毂的长度及其滑动距离而定。一般轮毂的长度可取为 $L'=(1.5\sim2)d$,这里 d 为轴的直径。

平键连接的主要失效形式是工作面的压溃和磨损(对于动连接)。除非有严重过载,一般不会出现键的剪断(如图 9-32 所示,沿 a—a 面剪断)。

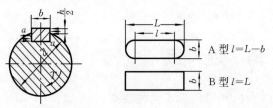

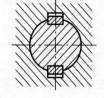

图 9-32　平键连接受力情况　　　　　图 9-33　两个平键组成的连接

设载荷为均匀分布,由图 9-32 可得平键连接的挤压强度条件

$$\sigma_{P} = \frac{4T}{dhl} \leqslant [\sigma_{P}] \qquad (9\text{-}17)$$

对于导向平键(动连接),计算依据是磨损,应限制压强条件,即

$$p = \frac{4T}{dhl} \leqslant [p] \qquad (9\text{-}18)$$

式中:T 为键所传递的转矩,N·mm;d 为轴径,mm;h 为键的高度,mm;l 为键的工作长度,mm,对 A 型键,$l=L-b$,对 B 型键,$l=L$,对 C 型键,$l=L-b/2$;$[\sigma_{P}]$ 为许用挤压应力;$[p]$ 为许用压强(见表 9-7)。

表 9-7　连接件的许用挤压应力和许用压强　　　　　　　　　(MPa)

许用值	连接工作方式	键、轮毂或轴的材料	载荷性质		
			静载荷	轻微冲击	冲击
$[\sigma_{P}]$	静连接	钢	120～150	100～120	60～90
		铸　铁	70～80	50～60	30～45
$[p]$	动连接	钢	50	40	30

注:在键连接的组成零件(轴、键、轮毂)中,按较弱零件的材料选取。

若强度不够,可采用两个键,相隔 180°布置(见图 9-33)。考虑到载荷分布的不均匀性,在强度校核时可按 1.5 个键计算。

9.10.3　花键连接

花键连接是由轴和轮毂孔周向均布的多个键齿构成的连接。齿的侧面是工作面。与平键连接相比,花键连接是多齿传递载荷,故齿槽较浅,对轴和轮毂的强度削弱较少,应力集中小,且具有良好的定心性和导向性,承载能力高,适用于定心精度要求高、载荷大或经常滑移的连接。花键连接按其齿形的不同,可分为一般常用的矩形花键(见图 9-34(a))和强度高的渐开线花键(见图 9-34(b))。

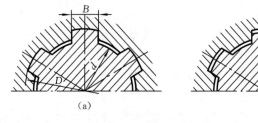

(a)　　　　　　　　　　　(b)

图 9-34　花键连接

花键连接可以做成静连接，也可以做成动连接，一般只验算挤压强度和耐磨性。其详细的计算可参考有关的机械设计手册。

9.11　销　连　接

销的主要用途是固定零件之间的相互位置，并可传递不大的载荷。

销的基本形式为圆柱销和圆锥销（见图 9-35(a)、(b)）。圆柱销经过多次装拆，其定位精度会降低。圆锥销有 1∶50 的锥度，安装比圆柱销方便，且多次装拆对定位精度的影响也较小。

销还有许多特殊形式。图 9-35(c) 所示为大端具有外螺纹的圆锥销，便于拆卸，可用于盲孔；图 9-35(d) 所示为小端带外螺纹的圆锥销，可用螺母锁紧。

销的常用材料为 35、45 钢。

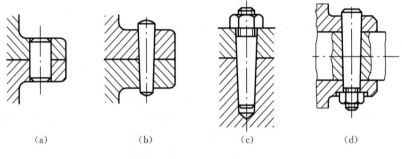

(a)　　　　　　(b)　　　　　　(c)　　　　　　(d)

图 9-35　圆柱销和圆锥销

本章重点、难点

重点：螺纹主要参数，螺纹连接的基本类型，螺栓连接的强度计算；普通平键的选择与强度校核。

难点：螺栓连接、键连接的强度计算。

思考题与习题

9-1　机械制造中的常用螺纹有哪些？其中哪些用于连接，哪些用于传动？为什么？

9-2　螺旋副的自锁条件是什么？

9-3　螺纹连接为什么要预紧？预紧力如何控制？

9-4　螺纹连接为什么要防松？常见的防松方法有哪些？

9-5　在紧螺栓连接强度计算中，为何要把螺栓所受的载荷增加 30％？

9-6 试分析比较普通螺栓连接和铰制孔螺栓连接的特点、失效形式和设计准则。

9-7 试证明具有自锁性的螺旋传动,其效率恒小于 50%。

9-8 试计算 M20、M20×1.5 螺纹的升角,并指出哪种螺纹的自锁性较好。

9-9 一升降机构承受的载荷 F_a 为 100 kN,采用梯形螺纹,$d=70$ mm,$d_2=65$ mm,$P=10$ mm,线数 $n=4$。支承面采用推力球轴承,升降台的上下移动处采用导向滚轮,它们的摩擦阻力近似为零。

(1) 已知螺旋副当量摩擦系数为 0.10,计算工作台稳定上升时的效率;

(2) 计算工作台稳定上升时加于螺杆上的力矩;

(3) 若工作台以 800 mm/min 的速度上升,试按稳定运转条件计算螺杆所需的转速和功率;

(4) 欲使工作台在载荷 F_a 的作用下等速下降,是否需要制动装置? 若需要,加于螺杆上的制动力矩应为多少?

9-10 如图 9-12 所示起重吊钩,已知载荷 $F_a=25$ kN,吊钩材料为 35 钢,许用应力 $[\sigma]=60$ MPa,试求吊钩尾部螺纹直径。

9-11 在题 9-11 图所示螺栓连接中采用两个 M20 的螺栓,其许用拉应力为 $[\sigma]=160$ MPa,被连接件结合面的摩擦系数 $f=0.15$,若考虑摩擦传力的可靠性系数是 $C=1.2$,试计算该连接允许传递的静载荷 F。

9-12 题 9-12 图所示的凸缘联轴器,允许传递最大转矩 $T=630$ N·m(静载荷),材料为 HT250。联轴器用 4 个 M12 铰制孔用螺栓连成一体,取螺栓力学性能等级为8.8级。

(1) 试查手册决定该螺栓合适长度并写出其标记(已选定配用螺母为带尼龙圈的防松螺母,其厚度不超过10.23 mm);

(2) 校核其剪切强度和挤压强度。

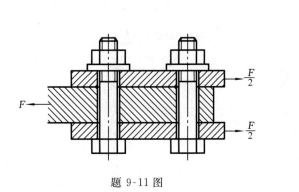

题 9-11 图

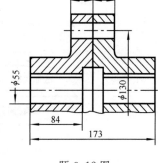

题 9-12 图

9-13 在题 9-12 所述的螺栓连接中,如果改用 6 个 M16 螺栓依靠其预紧后产生的摩擦力来传递转矩,接合面摩擦系数 $f=0.15$,安装时不要求严格控制预紧力,试选用合适的螺栓和螺母力学性能等级。

9-14 一钢制液压油缸,油缸壁厚为 10 mm,油压 $p=3$ MPa,油缸内径 $D=160$ mm(参见图 9-16)。为保证气密性要求,螺栓间距 l 不得大于 $4.5d$(d 为螺栓大径),若取螺栓力学性能等级为 5.8 级,试计算此油缸的螺栓连接和螺栓分布圆直径 D_0。

9-15 试为题 9-12 中的联轴器选择平键并验算键连接的强度。

第 10 章 齿 轮 传 动

大多数齿轮传动不仅要传递运动,而且还要传递动力。因此,齿轮传动除须运转平稳外,还须具有足够的承载能力。有关齿轮机构的啮合原理、几何尺寸计算和切齿方法已在第 6 章论述。本章以上述知识为基础,着重论述标准齿轮传动的强度计算。

按照工作条件,齿轮传动可分为闭式传动和开式传动。闭式传动的齿轮封闭在刚性的箱体内,因而能保证良好的润滑和工作条件。重要的齿轮传动都采用闭式传动。开式传动的齿轮是外露的,不能保证良好的润滑,而且易落入灰尘、杂质,故齿面易磨损,只宜用于低速传动。按齿轮材料的性能及热处理工艺的不同,轮齿工作齿面的硬度可分为软齿面(齿面硬度≤350 HBW)和硬齿面(齿面硬度>350 HBW)。

10.1 齿轮传动的失效形式及设计准则

10.1.1 轮齿的失效形式

轮齿的失效形式主要有以下五种。

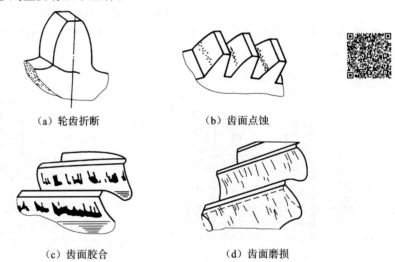

(a) 轮齿折断   (b) 齿面点蚀

(c) 齿面胶合   (d) 齿面磨损

图 10-1 轮齿失效

1. 轮齿折断

齿轮传动工作时,轮齿相当于受载的悬臂梁,其齿根部弯曲应力最大,故轮齿折断一般发生在齿根部分。在载荷的多次重复作用下,弯曲应力超过弯曲疲劳极限时,齿根部分将产生疲劳裂纹,随着裂纹的逐渐扩展,最终导致轮齿发生疲劳折断(见图 10-1(a))。用淬火钢或铸铁制成的齿轮,当受到短时过载或冲击载荷时,轮齿易发生过载折断。

适当增大齿轮的模数,增大齿根圆角半径,降低齿面的粗糙度,采用表面强化处理等都有利于提高轮齿的抗疲劳折断能力。

2. 齿面点蚀

齿面点蚀常出现在软齿面的闭式齿轮传动中。轮齿工作时,齿面的接触应力按脉动循环变化。当齿面接触应力超过轮齿材料的接触疲劳极限时,在载荷的多次重复作用下,齿面表层就会产生细微的疲劳裂纹,裂纹的蔓延扩展使金属微粒剥落下来,从而形成疲劳点蚀(见图10-1(b)),使轮齿啮合情况恶化而失效。实践表明:疲劳点蚀首先出现在齿根表面靠近节线处。齿面抗点蚀能力主要与齿面硬度有关,齿面硬度越高,抗点蚀能力越强。

在开式齿轮传动中,由于齿面磨损速度较快,一般看不到点蚀现象。

3. 齿面胶合

在高速重载传动中,齿面间压力大、相对滑动速度高,因摩擦发热而使啮合区温度升高,从而引起润滑失效,致使两齿面金属直接接触并相互粘连,随齿面的相对运动,较软的齿面沿滑动方向被撕下而形成沟纹(见图10-1(c)),这种现象称为齿面胶合。齿面胶合主要发生在齿顶、齿根等相对速度较大处。在低速重载传动中,由于齿面间的润滑油膜不易形成,也可能产生胶合破坏。

提高齿面硬度和降低齿面粗糙度,对于低速传动采用黏度较大的润滑油,对于高速传动采用含抗胶合添加剂的润滑油,均能增强抗胶合能力。

4. 齿面磨损

由于灰尘、硬屑粒等进入齿面间引起磨粒磨损(见图10-1(d))。过度磨损会使齿廓显著变形,常导致严重噪声和振动,最终使传动失效。齿面磨损是开式齿轮传动的主要失效形式。

改用闭式传动,提高齿面硬度,降低齿面粗糙度,改善润滑条件,可有效地减轻磨损。

5. 齿面塑性变形

在重载下,较软的齿面上可能产生局部的塑性变形,使齿廓失去正确的齿形。这种损坏常出现在过载和启动频繁的传动中。

10.1.2　齿轮传动的设计准则

在设计齿轮传动时,应根据齿轮可能出现的失效形式来确定设计准则。

对于闭式软齿面齿轮传动,其主要失效形式是齿面点蚀,故通常先按齿面接触疲劳强度进行设计,然后校核齿根弯曲疲劳强度。对于闭式硬齿面齿轮传动,其主要失效形式是轮齿折断,故通常先按齿根弯曲疲劳强度进行设计,然后校核齿面接触疲劳强度。

对于开式齿轮传动,其主要失效形式是齿面磨损和轮齿折断。因磨损尚无成熟的计算方法,故一般按齿根弯曲疲劳强度进行设计,并考虑到磨损会降低轮齿的弯曲强度,应将计算得出的模数加大10%～15%。

10.2　齿轮材料及热处理

常用的齿轮材料是各种牌号的优质碳素钢、合金结构钢、铸钢和铸铁等,一般多采用锻件或轧制钢材。当齿轮较大(如直径大于400～600 mm)而轮坯不易锻造时,可采用铸钢;开式低速传动可采用灰铸铁;球磨铸铁有时可代替铸钢。表10-1列出了常用的齿轮材料及其热处理后的硬度等力学性能。

表 10-1　常用的齿轮材料及其力学性能

材料牌号	热处理方式	硬　度	接触疲劳极限 σ_{Hlim}/MPa	弯曲疲劳极限 σ_{Flim}/MPa
45	正火	156～217 HBW	350～400	280～340
	调质	197～286 HBW	550～620	410～480
	表面淬火	40～50 HRC	1 120～1 150	680～700
40Cr	调质	217～286 HBW	650～750	560～620
	表面淬火	48～55 HRC	1 150～1 210	700～740
40CrMnMo	调质	229～363 HBW	680～710	580～690
	表面淬火	45～50 HRC	1 130～1 150	690～700
35SiMn	调质	207～286 HBW	650～760	550～610
	表面淬火	45～50 HRC	1 130～1 150	690～700
40MnB	调质	241～286 HBW	680～760	580～610
	表面淬火	45～55 HRC	1 130～1 210	690～720
38SiMnMo	调质	241～286 HBW	680～760	580～610
	表面淬火	45～55 HRC	1 130～1 210	690～720
	氮碳共渗	57～63 HRC	880～950	790
38CrMnAlA	调质	255～321 HBW	710～790	600～640
	渗氮	>850 HV	1 000	720
20CrMnTi	渗氮	>850HV	1 000	715
	渗碳淬火,回火	56～62 HRC	1 500	850
20Cr	渗碳淬火,回火	56～62 HRC	1 500	850
ZG310-570	正火	163～197 HBW	280～330	210～250
ZG340-640	正火	179～207 HBW	310～340	240～270
ZG35SiMn	调质	241～269 HBW	590～640	500～520
	表面淬火	45～53 HRC	1 130～1 190	690～720
HT300	时效	187～255 HBW	330～390	100～150
QT500-7	正火	170～230 HBW	450～540	260～300
QT600-3	正火	190～270 HBW	490～580	280～310

注：表中的 σ_{Hlim}、σ_{Flim} 数值是根据 GB/T 3480—1997 提供的线图，依材料的硬度值查得的，它适用于材质和热处理质量达到中等要求时。

1. 钢

齿轮用钢可分为锻钢和铸钢两大类。由于锻钢的力学性能较好，故一般多采用锻钢制造齿轮，只有在尺寸较大（如 $d_a \geqslant 400$ mm）且受设备限制而不能锻造时，才采用铸钢。按齿面硬度不同，齿轮可分为软齿面齿轮和硬齿面齿轮两类。

（1）软齿面齿轮。这类齿轮的最终热处理是调质或正火，热处理后切齿。常用材料为 45 钢、50 钢正火处理;或 45 钢、40Cr、35SiMn、40MnB 调质处理。当大、小齿轮都是软齿面时,考虑到小齿轮齿根较薄,弯曲强度较低,且受载次数较多,故在选择材料和热处理时,一般使小齿轮齿面硬度比大齿轮高 20～50 HBW。软齿面齿轮制造工艺过程较简单,成本低,适用于一般传动。

(2) 硬齿面齿轮。这类齿轮一般在齿形加工后进行热处理,齿面硬度一般为 40～62 HRC。热处理后齿面将产生变形,一般都需要经过磨齿,否则不能保证齿轮传动要求的精度。当大、小齿轮都是硬齿面时,小齿轮的硬度应略高,也可和大齿轮相等。硬齿面齿轮的承载能力较高,常用于要求结构紧凑或生产批量大的重要齿轮传动中。

2. 铸铁

铸铁由于其抗弯强度及抗冲击能力较低,所以它主要用于低速轻载、无冲击的开式齿轮传动中。常用材料有灰铸铁 HT300、球墨铸铁 QT500-7 等。

10.3　齿轮传动的精度

制造和安装齿轮传动装置时,不可避免地会产生误差(如齿形误差、齿距误差、齿向误差、两轴线不平行等)。误差对传动带来以下三个方面的影响。

(1) 相啮合齿轮在一转范围内实际转角与理论转角不一致,即影响传递运动的准确性。

(2) 瞬时传动比不能保持恒定不变,齿轮在一转范围内会出现多次重复的转速波动,特别在高速传动中将引起振动、冲击和噪声,即影响传动的平稳性。

(3) 齿向误差能使齿轮上的载荷分布不均匀,当传递较大转矩时,易引起早期损坏,即影响载荷分布的均匀性。

国家标准 GB/T 10095.1—2008 对圆柱齿轮及齿轮副规定了 0～12 共 13 个精度等级,其中 0 级的精度最高,12 级的精度最低,常用的是 6～9 级精度。

按照误差的特性及它们对传动性能的主要影响,将齿轮的各项公差分成三个组,分别反映传递运动的准确性、传动的平稳性和载荷分布的均匀性。此外,考虑到齿轮制造误差以及工作时轮齿变形和受热膨胀,同时为了便于润滑,需要有一定的齿侧间隙。为此,标准中还规定了 14 种齿厚偏差。表 10-2 列出了齿轮传动精度等级的选择及应用,供设计时参考。

表 10-2　齿轮传动精度等级的选择及应用

精度等级	圆周速度 $v/(\text{mm} \cdot \text{s}^{-1})$			应用举例
	直齿圆柱齿轮	斜齿圆柱齿轮	直齿圆锥齿轮	
6 级	≤15	≤30	≤12	高速重载的齿轮传动,如飞机、汽车和机床中的重要齿轮传动,分度机构的齿轮传动
7 级	≤10	≤15	≤8	高速中载或中速重载的齿轮传动,如标准系列减速器中的齿轮传动,汽车和机床中的齿轮传动
8 级	≤5	≤10	≤4	机械制造中对精度无特殊要求的齿轮传动
9 级	≤2	≤4	≤1.5	低速及对精度要求低的齿轮传动

10.4 直齿圆柱齿轮传动的作用力及计算载荷

1. 轮齿上的作用力

为了计算轮齿的强度，设计轴和轴承，有必要分析轮齿上的作用力。

设一对标准直齿圆柱齿轮按标准中心距安装，其齿廓在节点 P 处接触（见图 10-2 (a)），若略去摩擦力，则轮齿间相互作用的总压力为法向力 $\boldsymbol{F}_n$，其方向沿啮合线。如图 10-2(b)所示，$\boldsymbol{F}_n$ 可分解为 $\boldsymbol{F}_t$ 和 $\boldsymbol{F}_r$ 两个分力。

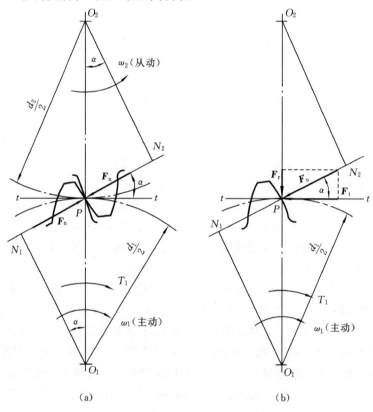

图 10-2　直齿圆柱齿轮传动的作用力

$$
\left.
\begin{array}{ll}
\text{圆周力} & F_t = \dfrac{2T_1}{d_1} \\[3mm]
\text{径向力} & F_r = F_t \tan\alpha \\[3mm]
\text{法向力} & F_n = \dfrac{F_t}{\cos\alpha}
\end{array}
\right\} \tag{10-1}
$$

式中：T_1 为小齿轮上的转矩，$T_1 = 9.55 \times 10^6 \dfrac{P}{n_1}$，N·mm；$P$ 为传递的功率，kW；ω_1 为小齿轮的角速度，$\omega_1 = \dfrac{2\pi n_1}{60}$ rad/s；n_1 为小齿轮的转速，r/min；d_1 为小齿轮的分度圆直径，mm；α 为分度圆压力角，(°)。

圆周力 $\boldsymbol{F}_t$ 的方向在主动轮上与运动方向相反，在从动轮上与运动方向相同。径向力

F_r 的方向都是由作用点指向各自的轮心。

  2. 计算载荷

  由式(10-1)算得的法向力 F_n 为名义载荷。理论上，F_n 应沿齿宽均匀分布，但由于轴和轴承的变形、传动装置的制造和安装误差等原因，载荷沿齿宽的分布并不是均匀的，即出现载荷集中现象。此外，由于各种原动机和工作机的特性不同、齿轮制造误差及轮齿变形等原因，还会引起附加动载荷。因此，计算齿轮强度时，通常用计算载荷 F_{nc} 代替名义载荷 F_n，以考虑载荷集中和附加动载荷的影响，即

$$F_{nc} = KF_n \tag{10-2}$$

式中：K 为载荷系数，其值可由表 10-3 查取。

表 10-3　载荷系数 K

原 动 机	工作机械的载荷特性		
	均　　匀	中 等 冲 击	大 的 冲 击
电动机	1～1.2	1.2～1.6	1.6～1.8
多缸内燃机	1.2～1.6	1.6～1.8	1.9～2.1
单缸内燃机	1.6～1.8	1.8～2.0	2.2～2.4

注：斜齿、圆周速度低、精度高、齿宽系数小时取小值；直齿、圆周速度高、精度低、齿宽系数大时取大值；
　　齿轮在两轴承之间对称布置时取小值；齿轮在两轴承之间不对称布置及悬臂布置时取大值。

10.5　直齿圆柱齿轮传动的齿面接触疲劳强度计算

  齿轮强度计算是根据齿轮可能出现的失效形式进行的。在一般闭式齿轮传动中，轮齿的主要失效形式是齿面接触疲劳点蚀和轮齿弯曲疲劳折断，所以本章只介绍这两种强度计算。

  齿面接触疲劳强度计算是针对齿面点蚀失效进行的。由于一对渐开线直齿圆柱齿轮在节点 P 啮合时，其齿面接触情况相当于一对平行的圆柱体相接触（见图 10-3），故齿轮啮合时齿面的最大接触应力 σ_H 可近似地用赫兹公式计算，即

$$\sigma_H = \sqrt{\dfrac{F_{nc}\left(\dfrac{1}{\rho_1} \pm \dfrac{1}{\rho_2}\right)}{\pi b\left[\left(\dfrac{1-\mu_1^2}{E_1}\right)+\left(\dfrac{1-\mu_2^2}{E_2}\right)\right]}} \tag{10-3}$$

式中：F_{nc} 为作用于轮齿上的法向力；ρ_1、ρ_2 为两齿轮接触处的曲率半径；μ_1、μ_2 为齿轮材料的泊松比；E_1、E_2 分别为两圆柱体材料的弹性模量；式中正号用于外啮合，负号用于内啮合。

  实验表明：齿根部分靠近节线处最易发生点蚀，故常取节点处的接触应力为计算依据。对于标准齿轮传动，由图 10-3(a)可知，节点处的齿廓曲率半径

$$\rho_1 = N_1 P = \frac{d_1}{2}\sin\alpha, \quad \rho_2 = N_2 P = \frac{d_2}{2}\sin\alpha$$

令 $u = d_2/d_1 = z_2/z_1$，可得

$$\frac{1}{\rho_1} \pm \frac{1}{\rho_2} = \frac{\rho_2 \pm \rho_1}{\rho_1\rho_2} = \frac{2(d_2 \pm d_1)}{d_1 d_2\sin\alpha} = \frac{u \pm 1}{u} \cdot \frac{2}{d_1\sin\alpha}$$

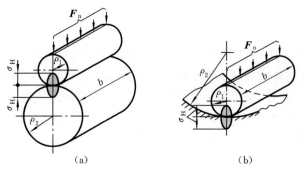

图 10-3　两圆柱体的接触应力

在节点处，一般仅有一对齿啮合，即载荷由一对齿承担，故

$$\sigma_H = \sqrt{\dfrac{F_{nc} \times \dfrac{2}{d_1 \sin\alpha} \times \dfrac{u \pm 1}{u}}{\pi b \left(\dfrac{1-\mu_1^2}{E_1} + \dfrac{1-\mu_2^2}{E_2}\right)}} = \sqrt{\dfrac{\dfrac{KF_t}{\cos\alpha} \times \dfrac{2}{d_1 \sin\alpha} \times \dfrac{u \pm 1}{u}}{\pi b \left(\dfrac{1-\mu_1^2}{E_1} + \dfrac{1-\mu_2^2}{E_2}\right)}}$$

令 $Z_E = \sqrt{\dfrac{1}{\pi \left(\dfrac{1-\mu_1^2}{E_1} + \dfrac{1-\mu_2^2}{E_2}\right)}}$，$Z_E$ 称为弹性系数。弹性系数的数值与材料有关，可通过查表 10-4 获取。

表 10-4　弹性系数 Z_E 　　　　　　　　　　　　　　　($\sqrt{MPa}$)

齿轮材料	灰 铸 铁	球墨铸铁	铸 钢	锻 钢	夹布胶木
锻钢	162.0	181.4	188.9	189.8	56.4
铸钢	161.4	180.5	188.0	—	—
球墨铸铁	156.6	173.9	—	—	—
灰铸铁	143.7	—	—	—	—

令 $Z_H = \sqrt{\dfrac{2}{\sin\alpha \cdot \cos\alpha}}$，称之为区域系数，对于标准齿轮，$Z_H = 2.5$。所以

$$\sigma_H = 2.5 Z_E \sqrt{\dfrac{KF_t}{bd_1} \cdot \dfrac{u \pm 1}{u}}$$

以 $F_t = 2T_1/d_1$ 代入，可得齿面接触疲劳强度的验算公式

$$\sigma_H = 2.5 Z_E \sqrt{\dfrac{2KT_1}{bd_1^2} \dfrac{u + 1}{u}} \leqslant [\sigma_H] \text{ MPa} \tag{10-4}$$

式中：b 为齿的宽度，mm；T_1 为小齿轮传递的转矩，N·mm；d_1 为小齿轮分度圆直径，mm。

引入齿宽系数 $\phi_d = b/d_1$，可得齿面接触疲劳强度设计公式

$$d_1 \geqslant 2.32 \sqrt[3]{\dfrac{KT_1}{\phi_d} \dfrac{u \pm 1}{u} \left(\dfrac{Z_E}{[\sigma_H]}\right)^2} \text{ mm} \tag{10-5}$$

式中：$[\sigma_H]$ 应取配对齿轮中的较小的许用接触应力，且

$$[\sigma_H] = \dfrac{\sigma_{Hlim}}{S_H} \text{ MPa}$$

式中：σ_{Hlim} 为试验齿轮失效概率为 1/100 时的接触疲劳强度极限值，它与齿面硬度有关

（见表 10-1）；S_H 为安全系数（见表 10-5）。

表 10-5 安全系数 S_H 和 S_F

使 用 要 求	S_{Hmin}	S_{Fmin}
高可靠度（失效概率≤1/10 000）	1.5	2.0
较高可靠度（失效概率≤1/1 000）	1.25	1.6
一般可靠度（失效概率≤1/100）	1.0	1.25

注：对于一般工业用齿轮传动，可用一般可靠度。

10.6 直齿圆柱齿轮传动的轮齿弯曲疲劳强度计算

齿根弯曲疲劳强度计算是针对轮齿疲劳折断进行的。轮齿疲劳折断主要与齿根的弯曲应力有关。计算时，将轮齿视为悬臂梁，如图 10-4 所示。为简化计算，按最危险的情况考虑：①一对轮齿承担全部载荷；②载荷作用于齿顶；③齿根危险截面由 30°切线法确定，其齿厚为 s_F。

法向力 $\boldsymbol{F}_n$ 与轮齿对称中心线的垂线的夹角为 α_F，$\boldsymbol{F}_n$ 可分解为 $F_1 = F_n\cos\alpha_F$ 和 $F_2 = F_n\sin\alpha_F$ 两个分力，$\boldsymbol{F}_1$ 使齿根产生弯曲应力 σ_F，$\boldsymbol{F}_2$ 则产生压缩应力 σ_C。因后者较小，故通常略去不计。齿根危险截面的弯曲力矩为

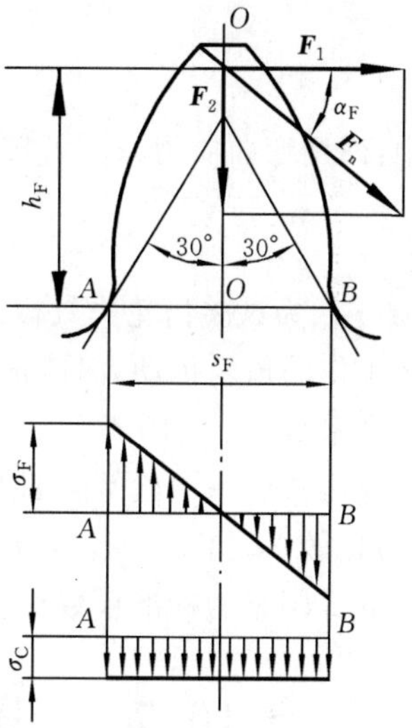

$$M = KF_n h_F\cos\alpha_F$$

式中：K 为载荷系数；h_F 为弯曲力臂。

危险截面的抗弯截面系数 W 为

$$W = \frac{bs_F^2}{6}$$

图 10-4 轮齿弯曲及危险截面

故危险截面的弯曲应力 σ_F 为

$$\sigma_F = \frac{M}{W} = \frac{6KF_n h_F\cos\alpha_F}{bs_F^2} = \frac{6KF_t h_F\cos\alpha_F}{bs_F^2\cos\alpha}$$

$$= \frac{KF_t}{bm}\cdot\frac{6\left(\dfrac{h_F}{m}\right)\cos\alpha_F}{\left(\dfrac{s_F}{m}\right)^2\cos\alpha}$$

令

$$Y_{Fa} = \frac{6\left(\dfrac{h_F}{m}\right)\cos\alpha_F}{\left(\dfrac{s_F}{m}\right)^2\cos\alpha} \tag{10-6}$$

式中：Y_{Fa} 为齿形系数，因 h_F 和 s_F 均与模数成正比，故 Y_{Fa} 的值只与齿形中的尺寸比例有关而与模数无关，对标准齿轮仅取决于齿数。考虑在齿根部有应力集中，引入应力校正系数 Y_{Sa}。Y_{Fa} 和 Y_{Sa} 的值可查表 10-6。由此可得轮齿弯曲强度的验算公式

$$\sigma_F = \frac{2KT_1 Y_{Fa} Y_{Sa}}{bd_1 m} = \frac{2KT_1 Y_{Fa} Y_{Sa}}{bm^2 z_1} \leqslant [\sigma_F]\ \text{MPa} \tag{10-7}$$

表 10-6　齿形系数 Y_{Fa} 和应力校正系数 Y_{Sa}

$z(z_v)$	17	18	19	20	21	22	23	24	25	26	27	28	29
Y_{Fa}	2.97	2.91	2.85	2.80	2.76	2.72	2.69	2.65	2.62	2.60	2.57	2.55	2.53
Y_{Sa}	1.52	1.53	1.54	1.55	1.56	1.57	1.575	1.58	1.59	1.595	1.60	1.61	1.62
$z(z_v)$	30	35	40	45	50	60	70	80	90	100	150	200	∞
Y_{Fa}	2.52	2.45	2.40	2.35	2.32	2.28	2.24	2.22	2.20	2.18	2.14	2.12	2.06
Y_{Sa}	1.625	1.65	1.67	1.68	1.70	1.73	1.75	1.77	1.78	1.79	1.83	1.865	1.97

注:基准齿形的参数为 $\alpha=20°, h_a^*=1, c^*=0.25, \rho=0.38m$($m$ 为齿轮模数)。

以 $b=\phi_d d_1$ 代入式(10-7)可得轮齿弯曲强度的设计公式

$$m \geqslant \sqrt[3]{\frac{2KT_1}{\phi_d z_1^2} \frac{Y_{Fa}Y_{Sa}}{[\sigma_F]}} \text{ mm} \tag{10-8}$$

式中:许用弯曲应力 $[\sigma_F]$ 可按下式计算,即

$$[\sigma_F] = \frac{\sigma_{Flim}}{S_F} \text{ MPa}$$

其中,σ_{Flim} 为试验齿轮失效概率为 $1/100$ 时的齿根弯曲疲劳极限值(见表 10-1),对于长期双侧工作的齿轮传动,因齿根弯曲应力为对称循环变应力,故将表中的数据乘以 0.7;S_F 为安全系数(见表 10-5)。

应用式(10-7)验算弯曲强度时,应该对大、小齿轮分别验算;应用式(10-8)计算 m 时,应比较 $Y_{Fa1}Y_{Sa1}/[\sigma_{F1}]$ 与 $Y_{Fa2}Y_{Sa2}/[\sigma_{F2}]$ 的大小,以大值代入式(10-8)计算模数 m,并按表 6-2 圆整为标准模数。传递动力的齿轮,其模数不宜小于 1.5 mm。

10.7　设计圆柱齿轮时主要参数的选择

1. 齿数比 u

$u=z_2/z_1$ 由传动比 $i=n_1/n_2$ 确定,为避免大齿轮齿数过多,导致径向尺寸过大,一般应使 $i \leqslant 7$。

2. 齿数 z

标准齿轮的齿数应满足 $z_1 \geqslant 17$。齿数多,有利于增加传动的重合度,使传动平稳。因此,应根据传动类型,在一定范围内选取齿数 z_1。一般在保证弯曲强度的前提下,应适当选多一些的齿数。对于闭式软齿面齿轮传动,一般可取 $z_1=20 \sim 40$;对于闭式硬齿面齿轮、开式齿轮和铸铁齿轮传动,其齿根弯曲强度是薄弱环节,可取较少齿数和较大模数,以提高轮齿的弯曲强度,一般取 $z_1=17 \sim 20$。

3. 齿宽系数 ϕ_d 和齿宽 b

ϕ_d 取得大,可使齿轮径向尺寸减小,但将使其轴向尺寸增大,导致沿齿向载荷分布不均。ϕ_d 的取值参考表 10-7。

表 10-7 齿宽系数 ϕ_d

齿轮相对于轴承的位置	齿 面 硬 度	
	软齿面	硬齿面
对称布置	0.8～1.4	0.4～0.9
非对称布置	0.2～1.2	0.3～0.6
悬臂布置	0.3～0.4	0.2～0.25

注:轴及其支座刚度较大时取大值,反之,取小值。

齿宽由式 $b=\phi_d d_1$ 计算,b 值应加以圆整,作为大齿轮的齿宽 b_2,而使小齿轮的齿宽 $b_1=b_2+(5\sim10)$ mm,以保证轮齿足够的啮合宽度。

例 10-1 某单级直齿圆柱齿轮减速器用电动机驱动。已知传递功率 $P_1=10$ kW,小齿轮转速 $n_1=970$ r/min,传动比 $i=3.5$,齿轮对称布置,单向运转,载荷有中等冲击。试设计此齿轮传动。

分析 因使用条件为一般减速器齿轮,故采用软齿面的组合,其设计准则为:先按齿面接触强度进行设计,再按轮齿弯曲强度进行校核。

解 (1)选择材料及确定许用应力。

小齿轮用 45 钢调质,齿面硬度 197～286 HBW,$\sigma_{Hlim1}=580$ MPa,$\sigma_{Flim1}=440$ MPa(见表 10-1)。

大齿轮用 45 钢正火,齿面硬度 156～217 HBW,$\sigma_{Hlim2}=380$ MPa,$\sigma_{Flim2}=310$ MPa(见表 10-1)。

按表 10-5 的要求,可取 $S_H=1.1$,$S_F=1.25$,则有

$$[\sigma_{H1}] = \frac{\sigma_{Hlim1}}{S_H} = \frac{580}{1.1} \text{ MPa} = 527 \text{ MPa}$$

$$[\sigma_{H2}] = \frac{\sigma_{Hlim2}}{S_H} = \frac{380}{1.1} \text{ MPa} = 345 \text{ MPa}$$

$$[\sigma_{F1}] = \frac{\sigma_{Flim1}}{S_F} = \frac{440}{1.25} \text{ MPa} = 352 \text{ MPa}$$

$$[\sigma_{F2}] = \frac{\sigma_{Flim2}}{S_F} = \frac{310}{1.25} \text{ MPa} = 248 \text{ MPa}$$

(2)按齿面接触疲劳强度设计。

设齿轮按 8 级精度制造。取载荷系数 $K=1.5$(见表 10-3),齿宽系数 $\phi_d=1$(见表 10-7)。小齿轮上的转矩为

$$T_1 = 9.55 \times 10^6 \frac{P_1}{n_1} = 9.55 \times 10^6 \times \frac{10}{970} \text{N} \cdot \text{mm} = 9.85 \times 10^4 \text{ N} \cdot \text{mm}$$

取 $Z_E=189.8$(见表 10-4),则

$$d_1 \geqslant 2.32 \sqrt[3]{\frac{KT_1}{\phi_d} \frac{u+1}{u} \left(\frac{Z_E}{[\sigma_H]}\right)^2} = 2.32 \sqrt[3]{\frac{1.5 \times 9.85 \times 10^4}{1} \frac{3.5+1}{3.5} \left(\frac{189.8}{345}\right)^2} \text{ mm}$$

$$= 89.54 \text{ mm}$$

齿数取 $z_1=32$,则

$$z_2 = iz_1 = 3.5 \times 32 = 112$$

模数 $m=\dfrac{d_1}{z_1}=\dfrac{89.54}{32}$ mm $=2.8$ mm；查表 6-2，取标准模数 $m=3$ mm。

齿宽 $b=\phi_d d_1=1\times89.54$ mm $=89.54$ mm，取 $b_2=90$ mm，$b_1=95$ mm，则

$$d_1=mz_1=3\times32 \text{ mm}=96 \text{ mm}, d_2=mz_2=3\times112 \text{ mm}=336 \text{ mm}$$

中心距 $a=\dfrac{d_1+d_2}{2}=\dfrac{96+336}{2}$ mm $=216$ mm。

（3）验算轮齿弯曲强度。

齿形系数 $Y_{Fa1}=2.49$；$Y_{Fa2}=2.17$（见表 10-6），应力修正系数 $Y_{Sa1}=1.65$；$Y_{Sa2}=1.79$（见表 10-6）。

由式（10-7），得

$$\sigma_{F1}=\frac{2KT_1Y_{Fa1}Y_{Sa1}}{bm^2z_1}=\frac{2\times1.5\times9.85\times10^4\times2.49\times1.65}{90\times3^2\times32}\text{MPa}=46.8\text{ MPa}<[\sigma_{F1}]$$

$$\sigma_{F2}=\sigma_{F1}\frac{Y_{Fa2}Y_{Sa2}}{Y_{Fa1}Y_{Sa1}}=46.8\times\frac{2.17\times1.79}{2.49\times1.65}\text{MPa}=44.2\text{ MPa}<[\sigma_{F2}]$$

故满足齿根弯曲疲劳强度。

（4）齿轮的圆周速度。

$$v=\frac{\pi d_1 n_1}{60\times1\,000}=\frac{3.14\times96\times970}{60\,000}\text{m/s}=4.87\text{ m/s}$$

对照表 10-2 可知：选用 8 级精度是合适的。

其他计算从略。

10.8　斜齿圆柱齿轮传动的强度计算

1. 轮齿上的作用力

图 10-5 所示为斜齿圆柱齿轮传动的受力分析。轮齿所受总法向力 $\boldsymbol{F}_n$ 处于与轮齿相垂直的法面上，它可分解为圆周力 $\boldsymbol{F}_t$、径向力 $\boldsymbol{F}_r$ 和轴向力 $\boldsymbol{F}_a$，其数值可由图 10-5 导出。

圆周力　　　　　　　　　$F_t=\dfrac{2T_1}{d_1}$

径向力　　　　　　　　　$F_r=\dfrac{F_t\tan\alpha_n}{\cos\beta}$　　　　　　（10-9）

轴向力　　　　　　　　　$F_a=F_t\tan\beta$

各分力的方向如下：圆周力 $\boldsymbol{F}_t$ 的方向在主动轮上与运动方向相反，在从动轮上与运动方向相同；径向力 $\boldsymbol{F}_r$ 的方向对两轮都是指向各自的轴心；轴向力 $\boldsymbol{F}_a$ 的方向取决于齿轮的回转方向和螺旋线方向，可以用"主动轮左（右）手定则"来判断：当主动轮为右旋（左旋）时，则用右手（左手）握住齿轮的轴线，并使四指方向顺着齿轮的转动方向，此时大拇指的指向即为轴向力的方向。从动轮的轴向力与其相反。

2. 强度计算

斜齿圆柱齿轮传动的强度计算是按轮齿的法面进行分析的，其基本原理与直齿圆柱齿轮相似。但是斜齿圆柱齿轮传动的重合度较大，同时啮合的轮齿较多，轮齿的接触线是倾斜的，而且在法面内斜齿轮的当量齿轮的分度圆半径也较大，因此斜齿轮的接触应力和弯曲应力均比直齿轮有所降低。

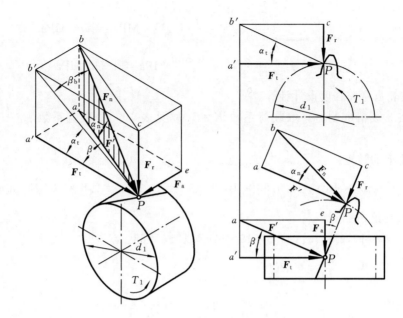

图 10-5　斜齿圆柱齿轮传动的受力分析

一对钢制标准斜齿轮传动的齿面接触应力及强度条件为

$$\sigma_H = 3.54 Z_E Z_\beta \sqrt{\frac{KT_1}{bd_1^2} \cdot \frac{\mu \pm 1}{\mu}} \leqslant [\sigma_H] \text{ MPa} \tag{10-10}$$

$$d_1 \geqslant 2.32 \sqrt[3]{\frac{KT_1}{\phi_d} \cdot \frac{\mu \pm 1}{\mu} \left(\frac{Z_E Z_\beta}{[\sigma_H]}\right)^2} \text{ mm} \tag{10-11}$$

式中：Z_E 为材料弹性系数，由表 10-4 查取；Z_β 为螺旋角系数，$Z_\beta = \sqrt{\cos\beta}$。

齿根弯曲疲劳强度条件为

$$\sigma_F = \frac{2KT_1}{bd_1 m_n} Y_{Fa} Y_{Sa} \leqslant [\sigma_F] \text{ MPa} \tag{10-12}$$

$$m_n \geqslant \sqrt[3]{\frac{2KT_1}{\phi_d z_1^2} \cdot \frac{Y_{Fa} Y_{Sa}}{[\sigma_F]} \cos^2\beta} \text{ mm} \tag{10-13}$$

式中：Y_{Fa} 为齿形系数，可按当量齿数 $z_v = \dfrac{z}{\cos^3\beta}$ 从表 10-6 中查取；Y_{Sa} 为应力校正系数，也可按 z_v 从表 10-6 中查取。

例 10-2　某斜齿圆柱齿轮减速器用电动机驱动，传递的功率 $P = 40$ kW，传动比 $i = 3.3$，主动轴转速 $n_1 = 1\,470$ r/min，长期工作，双向传动，载荷有中等冲击，要求结构紧凑，试设计此齿轮传动。

分析　因要求结构紧凑，故采用硬齿面的组合，其设计准则为：先按轮齿弯曲强度进行设计，再按齿面接触强度进行校核。因双向传动，轮齿的弯曲疲劳极限值应乘以 0.7。

解　（1）选择材料及确定许用应力。

小齿轮用 20CrMnTi 渗碳淬火，齿面的硬度为 56～62 HRC，$\sigma_{Hlim1} = 1\,500$ MPa，$\sigma_{Flim1} = 850$ MPa；大齿轮用 20Cr 渗碳淬火，齿面的硬度为 56～62 HRC，$\sigma_{Hlim2} = 1\,500$ MPa，$\sigma_{Flim2} = 850$ MPa（见表 10-1）。取 $S_F = 1.25$，$S_H = 1.1$（见表 10-5）；$Z_E = 189.8$（见表 10-4），则

$$[\sigma_{F1}] = [\sigma_{F2}] = \frac{0.7\sigma_{\text{Flim}}}{S_F} = \frac{0.7 \times 850}{1.25} \text{ MPa} = 476 \text{ MPa}$$

$$[\sigma_{H1}] = [\sigma_{H2}] = \frac{\sigma_{\text{Hlim}}}{S_H} = \frac{1\,500}{1.1} \text{ MPa} = 1\,364 \text{ MPa}$$

（2）按轮齿弯曲强度设计计算。

齿轮按 8 级精度制造。取载荷系数 $K=1.3$（见表 10-3），齿宽系数 $\phi_d=0.8$（见表 10-7）。

小齿轮上的转矩

$$T_1 = 9.55 \times 10^6 \frac{P}{n_1} = 9.55 \times 10^6 \times \frac{40}{1\,470} \text{ N} \cdot \text{mm} = 2.6 \times 10^5 \text{ N} \cdot \text{mm}$$

初选螺旋角 $\beta=15°$。

齿数取 $z_1=19, z_2=iz_1=3.3 \times 19=62.7$，取 $z_2=63$。

实际传动比为 $i=\dfrac{63}{19}=3.32$。

齿形系数　　$z_{v_1}=\dfrac{19}{\cos^3 15°}=21.08$，　$z_{v2}=\dfrac{63}{\cos^3 15°}=69.9$

由表 10-6 查得 $Y_{Fa1}=2.76, Y_{Fa2}=2.24; Y_{Sa1}=1.56, Y_{Sa2}=1.75$。

因　　$\dfrac{Y_{Fa1}Y_{Sa1}}{[\sigma_{F1}]}=\dfrac{2.76 \times 1.56}{476}=0.009\,05 > \dfrac{Y_{Fa2}Y_{Sa2}}{[\sigma_{F2}]}=\dfrac{2.24 \times 1.75}{476}=0.008\,24$

故应对小齿轮进行弯曲强度计算。

法面模数

$$m_n \geq \sqrt[3]{\frac{2KT_1}{\phi_d z_1^2} \cdot \frac{Y_{Fa1}Y_{Sa1}}{[\sigma_{F1}]}\cos^2\beta} = \sqrt[3]{\frac{2 \times 1.3 \times 2.6 \times 10^5}{0.8 \times 19^2} \times 0.009\,05\cos^2 15°} \text{mm} = 2.74 \text{ mm}$$

由表 6-2 取 $m_n=3$ mm。

中心距

$$a = \frac{m_n(z_1+z_2)}{2\cos\beta} = \frac{3 \times (19+63)}{2\cos 15°} \text{mm} = 127.34 \text{ mm}$$

取 $a=130$ mm。

确定螺旋角　$\beta=\arccos\dfrac{m_n(z_1+z_2)}{2a}=\arccos\dfrac{3 \times (19+63)}{2 \times 130}=18°53'16''$

齿轮分度圆直径　$d_1=m_n z_1/\cos\beta=3 \times 19/\cos 18°53'16'' \text{ mm}=60.294 \text{ mm}$

齿宽　　　　　$b=\phi_d d_1=0.8 \times 60.295\,4 \text{ mm}=48.2 \text{ mm}$

取 $b_2=50$ mm, $b_1=55$ mm。

（3）验算齿面接触强度。

将各参数代入式（10-10）得

$$\sigma_H = 3.54 Z_E Z_\beta \sqrt{\frac{KT_1}{bd_1^2} \cdot \frac{\mu+1}{\mu}}$$

$$= 3.54 \times 189.8 \times \sqrt{\cos 18°53'16''}\sqrt{\frac{1.3 \times 2.6 \times 10^5}{50 \times 60.294^2} \times \frac{4.32}{3.32}} \text{ MPa}$$

$$= 1\,017 \text{ MPa} < [\sigma_{H1}]$$

故齿面接触强度安全。

（4）齿轮的圆周速度。

$$v = \frac{\pi d_1 n_1}{60 \times 1\,000} = \frac{\pi \times 60.249 \times 1\,470}{60\,000} \text{ m/s} = 4.6 \text{ m/s}$$

对照表 10-2,选 8 级制造精度是合适的。

其他计算从略。

10.9　直齿圆锥齿轮传动的强度计算

1. 轮齿上的作用力

如图 10-6 所示的直齿圆锥齿轮传动的受力分析。法向力 F_n 可分解为三个分力:

$$\left.\begin{array}{l} F_{t1} = \dfrac{2T_1}{d_{m1}} \\[2mm] F_{r1} = F_{t1}\tan\alpha\cos\delta_1 \\[2mm] F_{a1} = F_{t1}\tan\alpha\sin\delta_1 \end{array}\right\} \qquad (10\text{-}14)$$

式中:d_{m1} 为小齿轮齿宽中点的分度圆直径,$d_{m1} = d_1 - b\sin\delta_1$。

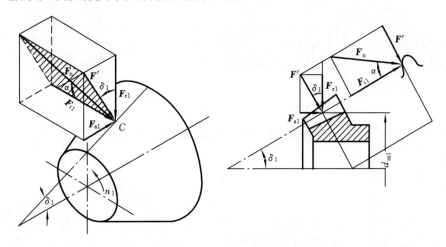

图 10-6　直齿圆锥齿轮传动的受力分析

各分力的方向如下:圆周力 F_t 的方向在主动轮上与运动方向相反,在从动轮上与运动方向相同;径向力 F_r 的方向分别指向各自轮心;轴向力 F_a 的方向对两个齿轮都是由小端指向大端。当 $\delta_1 + \delta_2 = 90°$ 时,$\sin\delta_1 = \cos\delta_2$,$\cos\delta_1 = \sin\delta_2$,各分力有如下关系:$F_{r1} = -F_{a2}$,$F_{a1} = -F_{r2}$ 和 $F_{t1} = -F_{t2}$(负号表示力的方向相反)。

2. 强度计算

可以近似认为,一对直齿圆锥齿轮传动和位于齿宽中点的一对当量圆柱齿轮传动的强度相等。由此可得轴交角为 90°的一对钢制直齿圆锥齿轮传动的强度计算公式如下。

1）齿面接触疲劳强度计算

$$\sigma_H = Z_E Z_H \sqrt{\frac{4KT_1}{\phi_R(1-0.5\phi_R)^2 d_1^3 \mu}} \leqslant [\sigma_H] \qquad (10\text{-}15)$$

$$d_1 \geqslant \sqrt[3]{\frac{4KT_1}{\phi_R(1-0.5\phi_R)^2 \mu}\left(\frac{Z_E Z_H}{[\sigma_H]}\right)^2} \text{ mm} \qquad (10\text{-}16)$$

式中：Z_H、Z_E、$[\sigma_H]$ 与直齿圆柱齿轮相同；$\phi_R = b/R$，称为锥齿轮传动的齿宽系数，设计时一般取 $\phi_R = 0.25 \sim 0.3$。

2）齿根弯曲疲劳强度计算

$$\sigma_F = \frac{4KT_1 Y_{Fa} Y_{Sa}}{\phi_R (1 - 0.5\phi_R)^2 z_1^2 m^3 \sqrt{\mu^2 + 1}} \leqslant [\sigma_F] \qquad (10\text{-}17)$$

$$m \geqslant \sqrt[3]{\frac{4KT_1}{\phi_R (1 - 0.5\phi_R)^2 z_1^2 \sqrt{\mu^2 + 1}} \cdot \frac{Y_{Fa} Y_{Sa}}{[\sigma_F]}} \text{ mm} \qquad (10\text{-}18)$$

式中：齿形系数 Y_{Fa} 和应力校正系数 Y_{Sa} 均按当量齿数 z_v 从表 10-6 中查取。

10.10   齿轮的结构设计

直径很小的钢制齿轮，当齿根圆直径与轴径接近时，可以将齿轮和轴做成一体，称为齿轮轴（见图 10-7）。如果齿轮的直径比轴的直径大得多，则应把齿轮和轴分开制造。直径较小的齿轮可以作成实心的（见图 10-8）。

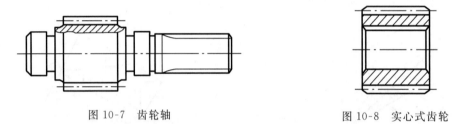

图 10-7　齿轮轴　　　　　　　　　　　图 10-8　实心式齿轮

齿顶圆直径 $d_a \leqslant 500$ mm 的齿轮可以是锻造的或铸造的，通常采用图 10-9 所示的腹板式结构。

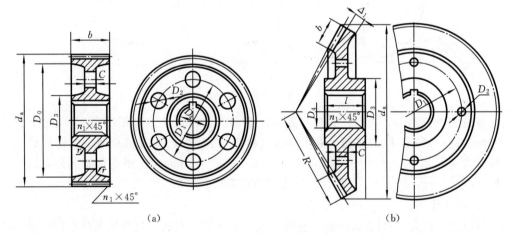

（a）　　　　　　　　　　　　　　　　　（b）

$D_1 \approx (D_0 + D_3)/2$；$D_2 \approx (0.25 \sim 0.35)(D_0 - D_3)$；$D_3 \approx 1.6D_4$（铸钢），$D_3 \approx 1.7D_4$（铸铁）；$n_1 \approx 0.5m_n$；$r \approx 5$ mm；
圆柱齿轮：$D_0 \approx d_a - (10 \sim 14)m_n$；$C \approx (0.2 \sim 0.3)b$；常用齿轮的 C 值不应小于 10 mm；
锥齿轮：$l \approx (1 \sim 1.2)D_4$；$C \approx (3 \sim 4)m$

图 10-9　腹板式齿轮

齿顶圆直径 $d_a \geqslant 400$ mm 的齿轮常用铸铁或铸钢制成，并采用图 10-10 所示的轮辐式结构。

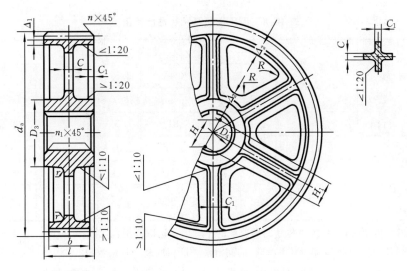

$D_3 \approx 1.6 D_4$(铸钢)，$D_3 \approx 1.7 D_4$(铸铁)；$\Delta_1 \approx (3 \sim 4) m_n$且$\Delta_1 \geqslant 8$ mm；
$\Delta_2 \approx (1 \sim 1.2) \Delta_1$；$H \approx 0.8 D_4$(铸钢)；$H \approx 0.9 D_4$(铸铁)；$H_1 \approx 0.8H$；$C \approx H/5$；$C_1 \approx H/6$；
$R \approx 0.5H$；$1.5 D_4 > l \geqslant b$；轮辐数常取为 6

图 10-10　轮辐式齿轮

10.11　齿轮传动的润滑和效率

　　开式齿轮传动通常采用人工定期润滑，可采用润滑油或润滑脂润滑。一般闭式齿轮传动的润滑方式根据齿轮的圆周速度 v 的大小而定。当 $v \leqslant 12$ m/s 时，多采用油池润滑（见图 10-11），大齿轮浸入油池一定的深度，齿轮运转时就把润滑油带到啮合区，同时也甩到箱壁上，借以散热。当 v 较大时，浸入深度约为一个齿高；当 v 较小（如 $0.5 \sim 0.8$ m/s）时，浸入深度可达到齿轮半径的 1/6。

　　在多级齿轮传动中，当几个大齿轮直径不相等时，可以采用惰轮的油池润滑（见图 10-12）。

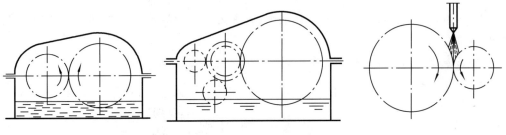

图 10-11　油池润滑　　　　图 10-12　采用惰轮的油池润滑　　　　图 10-13　喷油润滑

　　当 $v > 12$ m/s 时，不宜采用油池润滑，这是因为：①圆周速度过高，齿轮上的油大多被甩出去而达不到啮合区；②搅油过于激烈，使油的温升增加，并降低其润滑性能；③会搅起箱底沉淀的杂质，加速齿轮的磨损。故此时最好采用喷油润滑（见图 10-13），用油泵将润滑油直接喷到啮合区。表 10-8 所示为齿轮传动润滑油黏度荐用值。

表 10-8　齿轮传动润滑油黏度荐用值

齿 轮 材 料	强度极限 σ_B/MPa	圆周速度 v/(m/s)						
		<0.5	0.5~1	1~2.5	2.5~5	5~12.5	12.5~25	>25
		运动黏度/cSt(50 ℃)						
塑料、铸铁、青铜	—	177	118	81.5	59	44	32.4	—
钢	450~1 000	266	177	118	81.5	59	44	32.4
	1 000~1 250	266	266	177	118	81.5	59	44
渗碳或表面淬火的钢	1 250~1 580	444	266	266	177	118	81.5	59

注：① 多级齿轮传动时，采用各级传动圆周速度的平均值来选取润滑油黏度。

② σ_B>800MPa 的镍钢制齿轮(不渗碳)的润滑油黏度应取高一挡的数值。

润滑油的黏度确定之后，即可由机械设计手册查出所需润滑油的牌号。

齿轮传动的功率损失主要包括：①啮合中的摩擦损耗；②搅动润滑油的油阻损耗；③轴承中的摩擦损耗。计入上述损耗时，齿轮传动(常用滚动轴承)的平均效率如表 10-9 所示。

表 10-9　齿轮传动的平均效率

传 动 装 置	6 级或 7 级精度的闭式传动	8 级精度的闭式传动	开 式 传 动
圆柱齿轮	0.98	0.97	0.95
圆锥齿轮	0.97	0.96	0.93

本章重点、难点

重点：齿轮传动的失效形式和设计准则，各类齿轮传动的受力分析，直齿圆柱齿轮传动的设计。

难点：齿轮传动设计过程中主要参数的选择。

思考题与习题

10-1　齿轮传动中常见的失效形式有哪些？对于一般的闭式硬齿面、闭式软齿面和开式齿轮传动的设计计算准则是什么？

10-2　斜齿圆柱齿轮的齿数 z 与当量齿数 z_v 有什么关系？在下列几种情况下应分别采用哪一种齿数？

(1) 计算斜齿圆柱齿轮传动的角速比；

(2) 用仿形法切制斜齿轮时选盘形铣刀;

(3) 计算斜齿轮的分度圆直径;

(4) 弯曲强度计算时查取齿形系数。

10-3 一对软齿面圆柱齿轮传动,一般应使大、小齿轮的齿面硬度满足一个怎样的关系? 为什么?

10-4 在圆柱齿轮传动中,大、小齿轮的齿宽是否相等? 为什么?

10-5 有一直齿圆柱齿轮传动,原设计传递功率 P,主动轴转速 n_1。若其他条件不变,轮齿的工作应力也不变,当主动轴转速提高一倍,即 $n_1' = 2n_1$ 时,该齿轮传动能传递的功率 P' 应为多少?

10-6 已知开式直齿圆柱齿轮传动的传动比 $i = 2.3$,$P = 3.2 \text{ kW}$,$n_1 = 1\,440 \text{ r/min}$,电动机驱动,单向转动,载荷均匀,$z_1 = 21$,小齿轮为 45 钢调质,大齿轮为 45 钢正火,试设计此齿轮传动。

10-7 在单级闭式直齿圆柱齿轮传动中,小齿轮的材料为 45 钢调质处理,大齿轮为 ZG310-570 正火,$P = 4 \text{ kW}$,$n_1 = 720 \text{ r/min}$,$m = 4 \text{ mm}$,$z_1 = 25$,$z_2 = 73$,$b_1 = 84 \text{ mm}$,$b_2 = 78 \text{ mm}$,单向传动,载荷有中等冲击,用电动机驱动,试验算此单级传动的强度。

10-8 试分析题 10-8 图所示的齿轮传动,为使轴 Ⅱ 上两齿轮的轴向力方向相反,试设置斜齿轮螺旋线方向(在图中标出),并分析各齿轮所受的力(在受力体上用箭头标示出各力的作用位置及方向)。

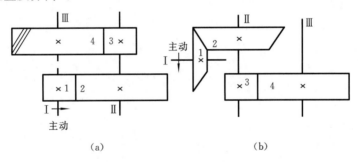

(a)   (b)

题 10-8 图

10-9 设两级斜齿圆柱齿轮减速器的已知条件如题 10-9 图所示,试问:①低速级斜齿轮的螺旋线方向应如何选择才能使中间轴上两齿轮的轴向力方向相反(在图中标出);②低速级螺旋角 β 应取多大数值才能使中间轴上两个轴向力互相抵消。

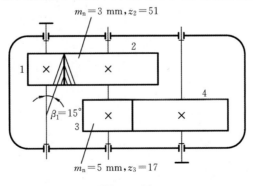

题 10-9 图

10-10　有一台单级直齿圆柱齿轮减速器由电动机驱动。已知：$z_1=32$，$z_2=108$，中心距 $a=210$ mm，齿宽 $b=72$ mm，大、小齿轮材料均为 45 钢，小齿轮调质，硬度为 $197\sim286$ HBS，大齿轮正火，硬度为 $156\sim217$ HBS，齿轮精度为 8 级，输入转速 $n_1=1\,460$ r/min，单向转动，载荷平稳。试求该齿轮传动允许传递的最大功率。

10-11　已知闭式直齿圆柱齿轮传动的传动比 $i=4.6$，$n_1=730$ r/min，$P=30$ kW，长期双向传动，载荷有中等冲击，要求结构紧凑。$z_1=27$，大、小齿轮都用 40Cr 钢表面淬火，试计算此单级齿轮传动的强度。

10-12　试设计某闭式双级斜齿圆柱齿轮减速器中高速级齿轮传动。已知：传递功率 $P_1=20$ kW，转速 $n_1=1\,430$ r/min，传动比 $i=4.3$，电动机驱动，单向传动，齿轮不对称布置，轴的刚度较小，载荷有轻微冲击。大、小齿轮材料均用 40Cr 钢表面淬火。

10-13　试设计一闭式单级直齿圆锥齿轮传动。已知：输入转矩 $T_1=98$ N·m，输入转速 $n_1=970$ r/min，传动比 $i=2.5$，电动机驱动，载荷平稳。

第11章 蜗杆传动

11.1 蜗杆传动的特点和类型

蜗杆传动由蜗杆和蜗轮组成,它用于传递空间交错轴之间的运动和动力,通常两轴交错角为90°(见图11-1),一般蜗杆是主动件,蜗轮是从动件。与螺杆类似,蜗杆也有左旋、右旋和单头、多头之分,常用的是右旋蜗杆。蜗杆传动广泛应用于各种机器和仪器中。

蜗杆传动的主要优点是:传动比大、结构紧凑、工作平稳、噪声较小等。在分度机构中,传动比 i 可达1 000;在动力传动中,通常 $i=8\sim80$。蜗杆传动的主要缺点是:传动效率较低;为了减摩耐磨,蜗轮齿圈需用青铜制造,成本较高。

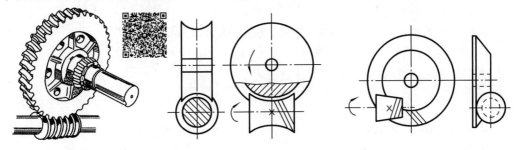

| 图 11-1 圆柱蜗杆传动 | 图 11-2 环面蜗杆传动 | 图 11-3 锥蜗杆传动 |

按蜗杆形状的不同,蜗杆传动可分为圆柱蜗杆传动(见图11-1)、环面蜗杆传动(见图11-2)和锥蜗杆传动(见图11-3),本章主要介绍圆柱蜗杆传动。圆柱蜗杆传动按其螺旋面的形状又可分为阿基米德蜗杆(ZA蜗杆)和渐开线蜗杆(ZI蜗杆)等。

对于一般动力传动,常按照7级精度(适用于蜗杆圆周速度 $v_1<7.5$ m/s)、8级精度 ($v_1<3$ m/s)和9级精度($v_1<1.5$ m/s)制造。

11.2 圆柱蜗杆传动的主要参数和几何尺寸

11.2.1 圆柱蜗杆传动的主要参数

1. 模数 m 和压力角 α

通过蜗杆轴线并垂直于蜗轮轴线的平面,称为中间平面(见图11-4)。在中间平面内,蜗轮与蜗杆的啮合就相当于渐开线齿轮与齿条的啮合。在设计蜗杆传动时,均取中间平面上的参数(如模数、压力角等)和尺寸(如齿顶圆、分度圆等)为基准,并沿用齿轮传动的计算关系。

蜗杆传动的正确啮合条件是:蜗杆轴向模数 m_{a1} 和轴向压力角 α_{a1} 应分别等于蜗轮端面模数 m_{t2} 和端面压力角 α_{t2};在两轴交错角为90°的蜗杆传动中,蜗杆分度圆柱上的导程角 γ 应等于蜗轮分度圆柱上的螺旋角 β,且两者的旋向必须相同,即

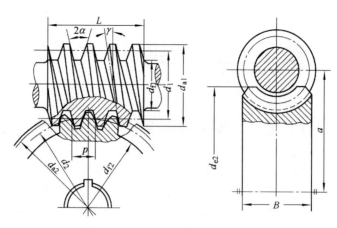

图 11-4　圆柱蜗杆传动的几何尺寸

$$\left.\begin{array}{l} m_{a1} = m_{t2} = m \\ \alpha_{a1} = \alpha_{t2} = \alpha \\ \gamma = \beta \end{array}\right\} \qquad (11-1)$$

圆柱蜗杆的基本尺寸和参数如表 11-1 所示，压力角标准值为 20°。

2. 传动比 i、蜗杆头数 z_1、蜗轮齿数 z_2

当蜗杆为主动件时，蜗杆传动的传动比为

$$i = \frac{n_1}{n_2} = \frac{z_2}{z_1} \qquad (11-2)$$

蜗杆的头数 z_1 越多，则传动效率越高，但加工越困难，所以通常取 $z_1 = 1、2、4$ 或 6。蜗轮齿数 $z_2 = i z_1$。z_1、z_2 的推荐值如表 11-2 所示。为了避免蜗轮轮齿发生根切，z_2 不应少于 26，但也不宜大于 80。若 z_2 过多，会使结构尺寸过大，蜗杆长度也随之增加，致使蜗杆刚度和啮合精度下降。

3. 蜗杆的直径系数 q 和导程角 γ

切制蜗轮的滚刀，其直径及齿形参数必须与相应的蜗杆相同，如果不对蜗杆分度圆直径 d_1 做必要的限制，刀具品种和数量势必太多。为了减少刀具的数量并便于标准化，制定了蜗杆分度圆直径的标准系列（见表 11-1）。

表 11-1　圆柱蜗杆的基本尺寸和参数

$m/$ mm	$d_1/$ mm	z_1	q	$m^2 d_1/$ mm³	$m/$ mm	$d_1/$ mm	z_1	q	$m^2 d_1/$ mm³
1	18	1	18.000	18	6.3	63	1,2,4,6	10.000	2 500
1.25	20	1	16.000	31.25		112	1	17.778	4 445
	22.4	1	17.920	35	8	80	1,2,4,6	10.000	5 120
1.6	20	1,2,4	12.500	51.2		140	1	17.500	8 960
	28	1	17.500	71.68	10	90	1,2,4,6	9.000	9 000
2	22.4	1,2,4,6	11.200	89.6		160	1	16.000	16 000
	35.5	1	17.750	142	12.5	112	1,2,4	8.960	17 500
2.5	28	1,2,4,6	11.200	175		200	1	16.000	31 250
	45	1	18.000	281	16	140	1,2,4	8.750	35 840
3.15	35.5	1,2,4,6	11.270	352		250	1	15.625	64 000
	56	1	17.778	556	20	160	1,2,4	8.000	64 000
4	40	1,2,4,6	10.000	640		315	1	15.750	126 000
	71	1	17.750	1 136	25	200	1,2,4	8.000	125 000
5	50	1,2,4,6	10.000	1 250		400	1	16.000	250 000
	90	1	18.000	2 250					

注：① 本表取材于 GB 10085—2018，本表所列的 d_1 数值为国标规定的优先使用值；

② 表中同一模数有两个 d_1 值，当选取其中较大的 d_1 值时，蜗杆导程角 $\gamma < 3°30'$，有较好的自锁性。

表 11-2　蜗杆头数 z_1 与蜗轮齿数 z_2 的推荐值

传动比 i	7～13	14～27	28～40	>40
蜗杆头数 z_1	4	2	1 或 2	1
蜗轮齿数 z_2	28～52	28～54	28～80	>40

如图 11-5 所示,圆柱蜗杆分度圆柱螺旋线上任一点的切线与端面间所夹的锐角称为蜗杆分度圆柱导程角,简称蜗杆导程角,用 γ 表示。p_a 为轴向齿距,由图 11-5 得

$$\tan\gamma = \frac{z_1 p_a}{\pi d_1} = \frac{mz_1}{d_1} = \frac{z_1}{q} \tag{11-3}$$

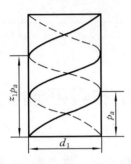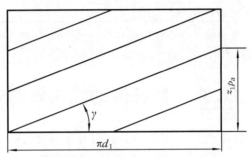

图 11-5　蜗杆的导程角

式中:$q = d_1/m$,q 为蜗杆分度圆直径与模数的比值,称为蜗杆直径系数。

由式(11-3)可知,d_1 越小(或 q 越小),导程角 γ 越大,传动效率也越高,但蜗杆的刚度和强度越小。通常,转速高的蜗杆可取较小的 d_1 值,蜗轮齿数 z_2 较多时可取较大的 d_1 值。

4. 齿面间滑动速度 v_s

蜗杆传动即使在节点 P 处啮合,齿廓之间也有较大的相对滑动,滑动速度 v_s 沿蜗杆螺旋线方向。设蜗杆圆周速度为 v_1、蜗轮圆周速度为 v_2,由图 11-6 可得

$$v_s = \sqrt{v_1^2 + v_2^2} = \frac{v_1}{\cos\gamma} \text{ m/s} \tag{11-4}$$

滑动速度的大小,对齿面的润滑情况、齿面失效形式、发热及传动效率等都有很大的影响。

5. 中心距 a

当蜗杆节圆与分度圆重合时称为标准传动,其中心距计算式为

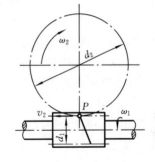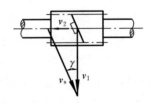

图 11-6　蜗杆传动的滑动速度

$$a = 0.5(d_1 + d_2) = 0.5\,m(q + z_2) \tag{11-5}$$

11.2.2　圆柱蜗杆传动的几何尺寸计算

圆柱蜗杆传动的几何尺寸计算公式如表 11-3 所示。

表 11-3　圆柱蜗杆传动的几何尺寸计算公式(参见图 11-4)

名　　称	计　算　公　式	
	蜗　　杆	蜗　　轮
分度圆直径	$d_1 = mq$	$d_2 = mz_2$
齿顶高	$h_a = m$	$h_a = m$
齿根高	$h_f = 1.2\,m$	$h_f = 1.2\,m$
蜗杆齿顶圆直径,蜗轮喉圆直径	$d_{a1} = m(q+2)$	$d_{a2} = m(z_2+2)$
齿根圆直径	$d_{f1} = m(q-2.4)$	$d_{f2} = m(z_2-2.4)$
径向间隙	$c = 0.2m$	
中心距	$a = 0.5m(q+z_2) = 0.5(d_1+d_2)$	
蜗杆轴向齿距,蜗轮端面齿距	$p_{a1} = p_{t2} = \pi m$	

注:蜗杆传动的中心距标准系列为(单位:mm):40、50、63、80、100、125、160(180)、200、(225)、250、(280)、315、(355)、400、(450)、500。

11.3　蜗杆传动的失效形式、材料和结构

1. 蜗杆传动的失效形式、设计准则及常用材料

蜗杆传动的主要失效形式有点蚀、齿根折断、齿面胶合及过度磨损等。在开式传动中,多发生齿面磨损和轮齿折断。因此,应以保证齿根弯曲疲劳强度作为开式传动的主要设计准则。在闭式传动中,蜗杆副多因齿面胶合或点蚀而失效。因此,通常是按齿面接触疲劳强度进行设计,而按齿根弯曲疲劳强度进行校核。此外,闭式蜗杆传动,由于散热较为困难,还应做热平衡核算。

由于蜗杆传动的特点,蜗杆副的材料不仅要求有足够的强度,更重要的是要有良好的减摩、耐磨性能和抗胶合能力。因此常采用青铜作蜗轮的齿圈,与淬硬磨削的钢制蜗杆相配。

蜗杆一般采用碳素钢或合金钢制造,要求齿面光洁并具有较高硬度。对于高速重载的蜗杆传动,常用 20Cr、20CrMnTi(渗碳淬火到 56~62 HRC)或 40Cr、42SiMn、45 钢(表面淬火到 45~55 HRC)等,并应磨削。一般蜗杆可采用 40、45 等优质碳素结构钢调质处理(硬度为 220~250 HBW)。在低速或人力传动中,蜗杆可不经热处理,甚至可采用铸铁。

在重要的高速蜗杆传动中,蜗轮常用锡青铜(ZCuSn10P1)制造,它的抗胶合和耐磨性能好,允许的滑动速度可达 25 m/s;易于切削加工,但价格昂贵。在滑动速度 $v_s < 12$ m/s 的蜗杆传动中,可采用含锡量低的锡青铜(ZCuSn5Pb5Zn5)。铝铁青铜(ZCuAl10Fe3)有足够强度,铸造性能好、耐冲击、价格便宜,但切削性能差、抗胶合性能不如锡青铜,一般用于 $v_s \leqslant 6$ m/s 的传动中。在速度较低(如 $v_s < 2$ m/s)的传动中,可用球墨铸铁或灰铸铁。蜗轮也可用尼龙或增强尼龙材料制成。

2. 蜗杆和蜗轮结构

蜗杆通常与轴做成一体,称为蜗杆轴,其结构形式如图 11-7 所示。

蜗轮可以制成整体(见图 11-8(a))。但为了节约贵重的有色金属,对大尺寸的蜗轮通常采用组合式结构,即齿圈用有色金属制造,而轮芯用钢或铸铁制成(见图 11-8(b))。采用组合结构时,齿圈和轮芯间可用过盈连接,为了工作可靠,沿结合面圆周装上 4~8 个

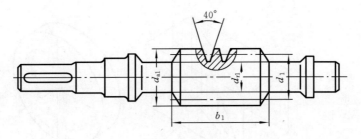

图 11-7　蜗杆轴

螺钉。为了便于钻孔,应将螺孔中心线向材料较硬的一边偏移 2~3 mm。这种结构用于尺寸不大而工作温度变化较小的场合。轮圈与轮芯也可用铰制孔螺栓来连接(见图 11-8(c)),由于装拆方便,常用于尺寸较大或磨损后需要更换齿圈的场合。对于成批制造的蜗轮,常在铸铁轮芯上浇铸出青铜齿圈(见图 11-8(d))。

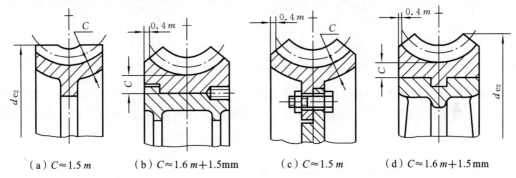

（a）$C \approx 1.5\,m$　（b）$C \approx 1.6\,m+1.5\,\text{mm}$　（c）$C \approx 1.5\,m$　（d）$C \approx 1.6\,m+1.5\,\text{mm}$

图 11-8　蜗轮的结构形式(m 为模数,m 和 C 的单位为 mm)

11.4　圆柱蜗杆传动的强度计算

11.4.1　圆柱蜗杆传动的受力分析

圆柱蜗杆传动的受力分析和斜齿轮相似。齿面上的法向力 $\boldsymbol{F}_n$ 可分解为三个互相垂直的分力:圆周力 $\boldsymbol{F}_t$、径向力 $\boldsymbol{F}_r$、轴向力 $\boldsymbol{F}_a$,如图 11-9 所示。当蜗杆轴和蜗轮轴交错成 90°时,如不计摩擦力的影响,蜗杆圆周力 $\boldsymbol{F}_{t1}$ 等于蜗轮轴向力 $\boldsymbol{F}_{a2}$,蜗杆轴向力 $\boldsymbol{F}_{a1}$ 等于蜗轮圆周力 $\boldsymbol{F}_{t2}$,蜗杆径向力 $\boldsymbol{F}_{r1}$ 等于蜗轮径向力 $\boldsymbol{F}_{r2}$。这是三对大小相等、方向相反的力,其值可按式(11-6)计算。

$$\left.\begin{aligned} F_{t1} &= F_{a2} = \frac{2T_1}{d_1} \\ F_{a1} &= F_{t2} = \frac{2T_2}{d_2} \\ F_{r1} &= F_{r2} = F_{t2}\tan\alpha \end{aligned}\right\} \tag{11-6}$$

式中:T_1 和 T_2 分别为作用在蜗杆和蜗轮上的转矩,$T_2 = T_1 \cdot i \cdot \eta$,$\eta$ 为蜗杆传动的效率。

当蜗杆为主动件时,上述各分力的方向按下述原则确定:蜗杆上的圆周力 $\boldsymbol{F}_{t1}$ 与其转动方向相反,蜗轮上的圆周力 $\boldsymbol{F}_{t2}$ 与其转动方向相同;径向力 $\boldsymbol{F}_r$ 的方向在蜗杆、蜗轮上都

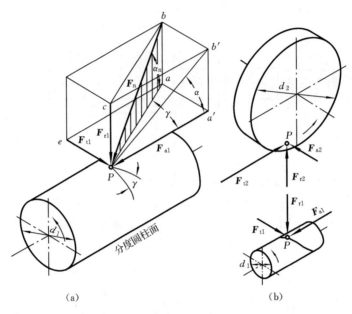

图 11-9　蜗杆与蜗轮的作用力

是由啮合点分别指向轴心；蜗杆轴向力的方向采用"主动轮左（右）手定则"来判断，即以右手代表右旋蜗杆（左手代表左旋蜗杆），四指代表蜗杆的旋转方向，则大拇指的指向代表蜗杆轴向力的方向，而蜗轮的转动方向与大拇指所指的方向相反。

11.4.2　圆柱蜗杆传动的强度计算

1. 蜗轮齿面接触疲劳强度计算

蜗轮齿面接触疲劳强度计算仍以赫兹公式为基础，其强度校核公式为

$$\sigma_H = Z_E Z_\rho \sqrt{\frac{K_A T_2}{a^3}} \leqslant [\sigma_H] \quad \text{MPa} \tag{11-7}$$

其设计公式为

$$a \geqslant \sqrt[3]{K_A T_2 \left(\frac{Z_E Z_\rho}{[\sigma_H]}\right)^2} \quad \text{mm} \tag{11-8}$$

式中：a 为中心距，mm；Z_E 为材料综合弹性系数（钢与铸锡青铜配对时，取 $Z_E = 150$；钢与铝青铜或灰铸铁配对时，取 $Z_E = 160$）；Z_ρ 为接触系数，用以考虑当量曲率半径的影响，根据蜗杆分度圆直径与中心距之比（d_1/a），由图 11-10 查取，一般 $d_1/a = 0.3 \sim 0.5$，取小值时，导角大，因而效率高，但蜗杆刚度较小；K_A 为使用系数，$K_A = 1.1 \sim 1.4$，有冲击载荷、环境温度高（$t > 35$ ℃）、速度较高时，取大值；$[\sigma_H]$ 为许用接触应力，对于铸锡青铜，可由表 11-4 查取；对于铸铝青铜及灰铸铁，其主要失效形式是胶合，而胶合与相对滑动速度有关，其值应查表 11-5，上述接触强度计算可限制胶合的产生。

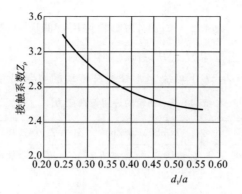

图 11-10　圆柱蜗杆传动的接触系数 Z_ρ

表 11-4　锡青铜蜗轮的许用接触应力[σ_H]　　　　　　　　　　(MPa)

蜗轮材料	铸造方法	适用的滑动速度 $v_s/(m/s)$	蜗杆齿面硬度	
			≤350 HBW	>45 HRC
铸锡磷青铜 ZCuSn10P1	砂型	≤12	180	200
	金属型	≤25	200	220
铸锡锌铅青铜 ZCuSn5Pb5Zn5	砂型	≤10	110	125
	金属型	≤12	135	150

表 11-5　铸铝铁青铜及铸铁蜗轮的许用接触应力[σ_H]　　　　　　(MPa)

蜗轮材料	蜗杆材料	滑动速度 $v_s/(m/s)$						
		0.5	1	2	3	4	6	8
铸铝铁青铜 ZCuAl10Fe3	淬火钢	250	230	210	180	160	120	90
灰铸铁 HT150、HT200	渗碳钢	130	115	90	—	—	—	—
灰铸铁 HT150	调质钢	110	90	70	—	—	—	—

注：螺杆未经淬火时，需将表中[σ_H]值降低 20%。

由式(11-8)算出中心距 a 后，可由下列公式粗算出蜗杆分度圆直径 d_1 和模数 m。

$$\left.\begin{array}{l} d_1 \approx 0.68a^{0.875} \\ m = \dfrac{2a - d_1}{z_2} \end{array}\right\} \tag{11-9}$$

再由表 11-1 选定标准模数值。

2. 蜗轮齿根弯曲疲劳强度计算

圆柱蜗杆传动的失效形式，主要是蜗轮轮齿表面产生胶合、点蚀和磨损，目前在设计时用限制接触应力的办法来解决。其验算公式为

$$\sigma_F = \frac{1.53 K_A T_2}{d_1 d_2 m \cos\gamma} Y_{Fa2} \leqslant [\sigma_F] \text{ MPa} \tag{11-10}$$

其设计公式为

$$m^2 d_1 \geqslant \frac{1.53 K_A T_2}{z_2 \cos\gamma [\sigma_F]} Y_{Fa2} \tag{11-11}$$

式中：γ 为蜗杆导程角；$\gamma = \arctan\dfrac{z_1}{q}$；$[\sigma_F]$ 为蜗轮许用弯曲应力，MPa，可由表 11-6 查取；Y_{Fa2} 为蜗轮齿形系数，由当量齿数 z_v 从表 10-6 中查取。

由求得的 $m^2 d_1$ 值查表 11-1 可决定圆柱蜗杆传动的主要尺寸。

表 11-6 蜗轮的许用弯曲应力 $[\sigma_F]$　　　　　　　(MPa)

蜗轮材料	ZCuSn10P1		ZCuSn5Pb5Zn5		ZCuAl10Fe3		HT150	HT200
铸造方法	砂模铸造	金属模铸造	砂模铸造	金属模铸造	砂模铸造	金属模铸造	砂模铸造	
单侧工作	50	70	32	40	80	90	40	47
双侧工作	30	40	24	28	63	80	25	30

3. 蜗杆的刚度计算

蜗杆较细长，支承跨距较大，若受力后产生的挠度过大，则会影响正常啮合传动。蜗杆产生的挠度应小于许用挠度 $[Y]$。

由圆周力 F_{t1} 和径向力 F_{r1} 产生的挠度分别为

$$Y_{t1} = \frac{F_{t1} l^3}{48EI}, \quad Y_{r1} = \frac{F_{r1} l^3}{48EI}$$

合成总挠度为

$$Y = \sqrt{Y_{t1}^2 + Y_{r1}^2} \leqslant [Y] \quad \text{mm}$$

式中：E 为蜗杆材料弹性模量，MPa，钢蜗杆 $E = 2.06 \times 10^5$ MPa；I 为蜗杆危险截面惯性矩，$I = \pi d^4/64$；l 为蜗杆支点跨距，mm，初步计算时可取 $l = 0.9 d_2$；$[Y]$ 为许用挠度，mm，$[Y] = d_1/1\,000$。

11.5　圆柱蜗杆传动的效率、润滑和热平衡计算

11.5.1　蜗杆传动的效率

闭式蜗杆传动的效率包括三部分：轮齿啮合的效率 η_1，轴承效率 η_2，以及考虑搅动箱体内润滑油阻力的效率 η_3。其中 $\eta_2 \eta_3 = 0.95 \sim 0.97$，$\eta_1$ 可根据螺旋传动的效率公式求得。

蜗杆主动时，蜗杆传动的总效率为

$$\eta = (0.95 \sim 0.97)\frac{\tan\gamma}{\tan(\gamma + \rho')} \tag{11-12}$$

式中：γ 为蜗杆导程角；ρ' 为当量摩擦角，$\rho' = \arctan f'$；当量摩擦系数 f' 主要与蜗杆副材料、表面状况以及滑动速度等有关（见表 11-7）。

表 11-7 当量摩擦系数 f' 和当量摩擦角 ρ'

蜗轮材料	锡 青 铜				无锡青铜	
蜗杆齿面硬度	>45 HRC		其他情况		>45 HRC	
滑动速度 v_s/(m/s)	f'	ρ'	f'	ρ'	f'	ρ'
0.01	0.11	6.28°	0.12	6.84°	0.18	10.2°

蜗轮材料	锡 青 铜				无 锡 青 铜	
0.10	0.08	4.57°	0.09	5.14°	0.13	7.4°
0.50	0.055	3.15°	0.065	3.72°	0.09	5.14°
1.00	0.045	2.58°	0.055	3.15°	0.07	4°
2.00	0.035	2°	0.045	2.58°	0.055	3.15°
3.00	0.028	1.6°	0.035	2°	0.045	2.58°
4.00	0.024	1.37°	0.031	1.78°	0.04	2.29°
5.00	0.022	1.26°	0.029	1.66°	0.035	2°
8.00	0.018	1.03°	0.026	1.49°	0.03	1.72°
10.00	0.016	0.92°	0.024	1.37°	—	—
15.00	0.014	0.8°	0.020	1.15°	—	—
24.00	0.013	0.74°	—	—	—	—

注:① 硬度>45 HRC 的蜗杆,其 f'、ρ' 值是指经过磨削和跑合并有充分润滑的情况;

② 蜗轮材料为灰铸铁时,可按无锡青铜查取 f'、ρ'。

由式(11-12)可知,增大导程角 γ 可提高效率,故常采用多头蜗杆。但导程角过大,会导致蜗杆加工困难,而且导程角 $\gamma > 28°$ 时,效率提高很少。

当 $\gamma \leqslant \rho'$ 时,蜗杆传动具有自锁性,但效率很低($\eta < 50\%$)。需注意的是,在振动条件下,ρ' 值的波动可能很大。因此,不宜单靠蜗杆传动的自锁作用来实现制动。在重要场合应另加制动装置。估计蜗杆传动的总效率时,可由表 11-8 选取。

表 11-8 蜗杆传动总效率 η 的概值

z_1	η	
	闭式传动	开式传动
1	0.7~0.75	0.6~0.7
2	0.75~0.82	
4	0.87~0.92	

11.5.2 蜗杆传动的润滑

润滑对蜗杆传动来说,具有特别重要的意义。若润滑不良,传动效率将显著降低,并且会使轮齿早期发生磨损或胶合。一般蜗杆传动用润滑油的牌号为 L-CKE;重载及有冲击时用 L-CKE/P。蜗杆传动润滑油黏度和润滑方式可由表 11-9 选取。

表 11-9 蜗杆传动润滑油的黏度和润滑方式

滑动速度 v_s/(m/s)	≤1.5	>1.5~3.5	>3.5~10	10
黏度 ν_{40}/(mm²/s)	>612	414~506	288~352	198~242
润滑方式	$v_s \leqslant 5$m/s 油浴润滑		$v_s > 5 \sim 10$m/s 油浴润滑或喷油润滑	$v_s > 10$m/s 喷油润滑

用油浴润滑,常采用蜗杆下置式传动,由蜗杆带油润滑。但当蜗杆线速度 $v_1 > 4$ m/s 时,为减小搅油损失,常将蜗杆置于蜗轮之上,形成上置式传动,由蜗轮带油润滑。

11.5.3　蜗杆传动的热平衡计算

由于蜗杆传动的效率低、发热量大，若不及时散热，会使箱体内油温升高、润滑失效，导致轮齿磨损加剧，甚至出现胶合。因此，对连续工作的闭式蜗杆传动要进行热平衡计算。

在闭式传动中，热量是通过箱壳散发的，要求箱体内的油温 $t(℃)$ 和周围空气温度 $t_0(℃)$ 之差不超过允许值，即

$$\Delta t = \frac{1\,000P_1(1-\eta)}{\alpha_t A} \leqslant [\Delta t] \tag{11-13}$$

式中：Δt 为温度差，$\Delta t = t - t_0$；P_1 为蜗杆传递的功率，kW；η 为传动效率；α_t 为表面传热系数，根据箱体周围通风条件，一般取 $\alpha_t = 10 \sim 17$ W/(m² · ℃)；A 为散热面积，m²，指箱体外壁与空气接触而内壁被油飞溅到的箱壳面积，对于箱体上的散热片，其散热面积按 50% 计算；$[\Delta t]$ 为温差允许值，一般为 $60 \sim 70$ ℃，并应使油温 $t(= t_0 + \Delta t)$ 小于 90 ℃。

如果超过温差允许值，可采用下述冷却措施。

(1) 增加散热面积。合理设计箱体结构，铸出或焊上散热片。

(2) 提高表面散热系数。在蜗杆轴上装置风扇，或在箱体油池内装设蛇形冷却水管，或用循环油冷却。

例 11-1　试设计一由电动机驱动的单级圆柱蜗杆减速器中的蜗杆传动。电动机功率 $P_1 = 5.5$ kW，转速 $n_1 = 960$ r/min，传动比 $i = 21$，载荷平稳，单向回转。

解　(1) 选择材料并确定其许用应力。

蜗杆用 45 钢，表面淬火，硬度为 $45 \sim 55$ HRC；蜗轮用铸锡磷青铜 ZCuSn10P1，砂模铸造。

① 许用接触应力，查表 11-4 得 $[\sigma_H] = 200$ MPa。

② 许用弯曲应力，查表 11-6 得 $[\sigma_F] = 50$ MPa。

(2) 选择蜗杆头数 z_1 并估计传动效率 η。

由 $i = 21$ 查表 11-2，取 $z_1 = 2$，则 $z_2 = i z_1 = 21 \times 2 = 42$。

由 $z_1 = 2$ 查表 11-8，估计 $\eta = 0.8$。

(3) 确定蜗轮转矩 T_2。

$$T_2 = 9.55 \times 10^6 \frac{P\eta}{n_2} = 9.55 \times 10^6 \frac{P\eta i}{n_1}$$

$$= 9.55 \times 10^6 \frac{5.5 \times 0.8 \times 21}{960} \text{ N · mm} = 919\,188 \text{ N · mm}$$

(4) 确定使用系数 K_A、综合弹性系数 Z_E。

取 $K_A = 1.2$、$Z_E = 150$（钢配锡青铜）。

(5) 确定接触系数 Z_ρ。

假定 $d_1/a = 0.4$，由图 11-10 得 $Z_\rho = 2.8$。

(6) 计算中心距 a。

$$a \geqslant \sqrt[3]{K_A T_2 \left(\frac{Z_E Z_\rho}{[\sigma_H]}\right)^2} = \sqrt[3]{1.2 \times 919\,188 \left(\frac{150 \times 2.8}{200}\right)^2} \text{ mm} = 169.44 \text{ mm}$$

(7) 确定模数 m、蜗轮齿数 z_2、蜗杆直径系数 q、蜗杆导程角 γ、中心距 a 等参数。

由式(11-9)得

$$d_1 \approx 0.68 a^{0.875} = 0.68 \times 169.44^{0.875} \text{ mm} = 60.66 \text{ mm}$$

$$m = \frac{2a - d_1}{z_2} = \frac{2 \times 169.44 - 60.66}{42} \text{ mm} = 6.62 \text{ mm}$$

由表 11-1,取 $m = 8$ mm,$q = 10$,$d_1 = 80$ mm,则 $d_2 = 8 \times 42$ mm $= 336$ mm,由式(11-5)得

$$a = 0.5 m(q + z_2) = 0.5 \times 8(10 + 42) \text{ mm} = 208 \text{ mm} > 169.44 \text{ mm}$$

故接触强度足够。

由式(11-3)得导程角 $\gamma = \arctan \dfrac{2}{10} = 11.309\ 9°$。

(8) 校核弯曲强度。

① 蜗轮齿形系数。

由当量齿数 $\qquad z_v = \dfrac{z_2}{\cos^3 \gamma} = \dfrac{42}{(\cos 11.309\ 9°)^3} = 45$

查表 10-6 得 $Y_{Fa2} = 2.35$。

② 蜗轮齿根弯曲应力。

$$\sigma_F = \frac{1.53 K_A T_2}{d_1 d_2 m \cos\gamma} Y_{Fa2} = \frac{1.53 \times 1.2 \times 919\ 188}{80 \times 336 \times 8 \times \cos 11.309\ 9°} \times 2.35$$

$$= 18.8 \text{ MPa} < [\sigma_F] = 50 \text{ MPa}$$

故弯曲强度足够。

(9) 蜗杆刚度计算(略)。

(10) 热平衡核算(略)。

本章重点、难点

重点:蜗杆传动的受力分析、失效形式、设计准则,普通圆柱蜗杆传动的主要参数、几何尺寸计算、强度计算及热平衡计算。

难点:蜗杆传动的强度计算及主要参数选择。

思考题与习题

11-1 试述蜗杆传动的特点及应用场合。

11-2 蜗杆传动的正确啮合条件是什么?

11-3 蜗杆传动的总效率包括哪几部分? 如何提高啮合效率?

11-4 蜗杆传动在什么情况下必须进行热平衡计算? 采取哪些措施可以改善散热条件?

11-5　如题 11-5 图所示，蜗杆主动，$T_1=20\ \text{N·m}$，$m=4\ \text{mm}$，$z_1=2$，$d_1=50\ \text{mm}$，蜗轮齿数 $z_2=50$，传动的啮合效率 $\eta=0.75$。试确定：①蜗轮的转向；②蜗杆与蜗轮上作用力的大小和方向。

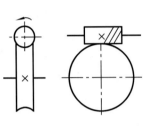
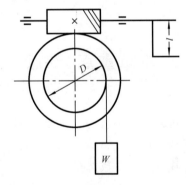

右旋蜗杆（主动）

题 11-5 图　　　　　　　　　题 11-6 图

11-6　试分析题 11-6 图所示蜗杆传动中各轴的回转方向、蜗轮轮齿的螺旋方向及蜗杆、蜗轮所受各力的作用位置及方向。

11-7　手动绞车采用圆柱蜗杆传动，如题 11-7 图所示。已知：$m=8\ \text{mm}$，$z_1=1$，$d_1=80\ \text{mm}$，$z_2=40$，卷筒直径 $D=200\ \text{mm}$。试问：

（1）欲使重物 W 上升 1 m，蜗杆应转多少转？

（2）蜗杆与蜗轮间的当量摩擦系数 $f'=0.18$，该机构能否自锁？

（3）若重物 $W=5\ \text{kN}$，手摇时施加的力 $F=100\ \text{N}$，手柄转臂的长度 l 应是多少？

题 11-7 图

11-8　设计一由电动机驱动的单级圆柱蜗杆减速器。电动机功率为 7 kW，转速为 1 440 r/min，蜗轮轴转速为 80 r/min，载荷平稳，单向传动。蜗轮材料选铸锡磷青铜 ZCuSn10P1，砂模铸造，蜗杆选用 40Gr 表面淬火。

11-9　一单级蜗杆减速器输入功率 $P_1=3\ \text{kW}$，$z_1=2$，箱体散热面积约为 $1\ \text{m}^2$，通风条件较好，室温 20 ℃，试验算油温是否满足使用要求。

第12章 带传动和链传动

带传动和链传动都是通过中间挠性件(带或链)传递运动和动力的,适用于两轴中心距较大的场合。在这种场合下,与应用广泛的齿轮传动相比,它们具有结构简单、成本低廉等优点。因此,带传动和链传动也是常用的传动。

12.1 带传动概述

1. 带传动的类型和应用

如图12-1所示,带传动主要由主动轮1、从动轮2和张紧在两轮上的环形带3组成。根据传动原理不同,带传动可分为摩擦型和啮合型两大类。平带、V带、特殊带(如圆形带、多楔带)等都是靠带与带轮接触面之间的摩擦力来传递运动和动力的(见图12-1(a)),而同步齿形带则是靠带齿与轮齿啮合来传动的(见图12-1(b))。

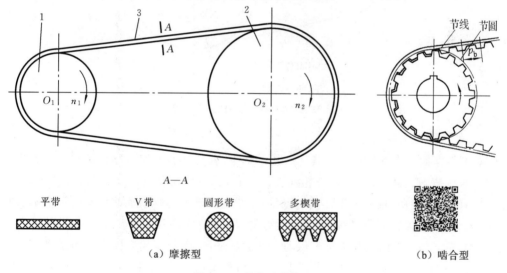

图 12-1　带传动的类型

平带的横截面为扁平矩形,其工作面是与轮面相接触的内表面。V带的横截面为等腰梯形,其工作面是与轮槽相接触的两侧面,而V带与轮槽槽底并不接触。由于轮槽的楔形效应,当初拉力相同时,V带传动较平带传动能产生更大的摩擦力,故能传递较大功率,结构也较紧凑,且V带无接头,传动较平稳,因此V带应用较广。多楔带以其扁平部分为基体,下面有几条等距纵向槽,其工作面是楔的侧面。这种带兼有平带的弯曲应力小和V带的摩擦力大等优点,常用于传递动力较大而又要求结构紧凑的场合。圆带的牵引能力小,常用于仪器和家用器械中。

带传动主要用于两轴平行而且回转方向相同的场合,这种传动称为开口传动。如图12-2所示,当带的张紧力为规定值时,两带轮轴线间的距离a称为中心距。带被张紧时,带与带轮接触弧所对的中心角称为包角。包角是带传动的一个重要参数。相同条件下,包角越大,带的摩擦力和能传递的功率也越大。设 d_1、d_2 分别为小带轮、大带轮的直径,L 为带长,由图 12-2 可推得带轮的包角为

$$\alpha = 180° \pm \frac{d_2-d_1}{a} \times 57.3°$$ (12-1)

式中:"＋"号用于大带轮包角 α_2,"－"号用于小带轮包角 α_1。

带长为

$$L \approx 2a + \frac{\pi}{2}(d_1+d_2) + \frac{(d_2-d_1)^2}{4a}$$ (12-2)

已知带长时,由式(12-2)可得中心距

$$a \approx \frac{1}{8}\left\{2L - \pi(d_1+d_2) + \sqrt{[2L-\pi(d_1+d_2)]^2 - 8(d_2+d_1)^2}\right\}$$ (12-3)

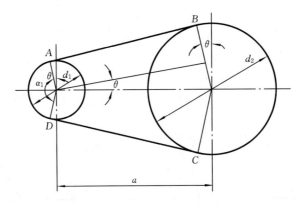

图 12-2　开口带传动的几何关系

2. 带传动的优缺点

(1) 靠摩擦工作的带传动。其优点是:①带具有良好的挠性,可缓和冲击,吸收振动,运行平稳无噪声;②过载时带与带轮间会出现打滑,打滑虽使传动失效,但可防止损坏其他零件;③结构简单、成本低廉。其缺点是:①带与带轮的弹性滑动使传动比不准确,效率较低,寿命较短;②需要张紧装置,传动的外廓尺寸较大;③不宜用于高温、易燃的场合。

(2) 靠啮合工作的同步齿形带传动。其优点是:①带与带轮间没有相对滑动,传动效率高,传动比恒定;②传动平稳,噪声小;③结构紧凑;④传动比和圆周速度的最大值均高于摩擦型带传动。主要缺点是:①带及带轮价格较高;②对制造、安装精度要求较高。

通常,带传动适用于中小功率的传动。目前,V 带传动应用最广,一般带速为 $v = 5\sim$ 25 m/s,传动比 $i \leqslant 7$,传动效率为 0.90~0.95。

12.2　V 带和 V 带轮

12.2.1　V 带的结构和规格

V 带分为普通 V 带、窄 V 带、宽 V 带、大楔角 V 带、汽车 V 带等多种类型,其中普通 V 带应用最广。本节主要介绍普通 V 带。

V 带由抗拉体、顶胶、底胶和包布组成(见图 12-3)。包布是 V 带的保护层,用橡胶帆

布制成。顶胶和底胶均用橡胶制成,分别承受弯曲时的拉伸和压缩。抗拉体是承受负载拉力的主体,由帘布或线绳组成,绳芯结构柔软易弯有利于提高寿命。抗拉体的材料可采用化学纤维或棉织物,前者的承载能力较高。

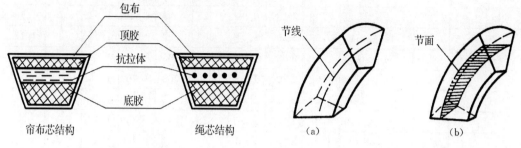

图 12-3 V 带的结构   图 12-4   V 带的节线和节面

当带受纵向弯曲时,在带中保持原长度不变的周线称为节线,由全部节线构成的面称为节面。带的节面宽度称为节宽(b_p),当带受纵向弯曲时,该宽度保持不变(见图 12-4)。

普通 V 带已标准化,按截面尺寸的不同,有 Y、Z、A、B、C、D、E 七种型号(见表12-1)。

表 12-1   普通 V 带截面尺寸

型号	Y	Z	A	B	C	D	E
节宽 b_p/mm	5.3	8.5	11.0	14.0	19.0	27.0	32.0
顶宽 b/mm	6.0	10.0	13.0	17.0	22.0	32.0	38.0
高度 h/mm	4.0	6.0	8.0	11.0	14.0	19.0	23.0
楔角 φ				40°			
每米质量 q/(kg/m)	0.023	0.060	0.105	0.170	0.300	0.630	0.970

在 V 带轮上,与所配用 V 带的节面宽度 b_p 相对应的带轮直径称为基准直径 d。

普通 V 带均制成无接头的环状带,在规定的张紧力下,位于带轮基准直径上的周线长度称为基准长度 L_d。普通 V 带的长度系列如表 12-2 所示。

表 12-2   普通 V 带基准长度 L_d(mm)和带长修正系数 K_L(摘自 GB/T 13575.1—2008)

Y		Z		A		B		C		D		E	
L_d	K_L	L_d	K_L	L_d	K_L	L_d	K_L	L_d	K_L	L_d	K_L	L_d	K_L
200	0.81	405	0.87	630	0.81	930	0.83	1 565	0.82	2 740	0.82	4 660	0.91
224	0.82	475	0.90	700	0.83	1 000	0.84	1 760	0.85	3 100	0.86	5 040	0.92
250	0.84	530	0.93	790	0.85	1 100	0.86	1 950	0.87	3 330	0.87	5 420	0.94
280	0.87	625	0.96	890	0.87	1 210	0.87	2 195	0.90	3 730	0.90	6 100	0.96
315	0.89	700	0.99	990	0.89	1 370	0.90	2 420	0.92	4 080	0.91	6 850	0.99
355	0.92	780	1.00	1 100	0.91	1 560	0.92	2 715	0.94	4 620	0.94	7 650	1.01
400	0.96	920	1.04	1 250	0.93	1 760	0.94	2 880	095	5 400	0.97	9 150	1.05
450	1.00	1 080	1.07	1 430	0.96	1 950	0.97	3 080	0.97	6 100	0.99	12 230	1.11

续表

Y		Z		A		B		C		D		E	
L_d	K_L	L_d	K_L	L_d	K_L	L_d	K_L	L_d	K_L	L_d	K_L	L_d	K_L
500	1.02	1 330	1.13	1 550	0.98	2 180	0.99	3 520	0.99	6 840	1.02	13 750	1.15
		1 420	1.14	1 640	0.99	2 300	1.01	4 060	1.02	7 620	1.05	15 280	1.17
		1 540	1.54	1 750	1.00	2 500	1.03	4 600	1.05	9 140	1.08	16 800	1.19
				1 940	1.02	2 700	1.04	5 380	1.08	10 700	1.13		
				2 050	1.04	2 870	1.05	6 100	1.11	12 200	1.16		
				2 200	1.06	3 200	1.07	6 815	1.14	13 700	1.19		
				2 300	1.07	3 600	1.09	7 600	1.17	15 200	1.21		
				2 480	1.09	4 060	1.13	9 100	1.21				
				2 700	1.10	4 430	1.15	10 700	1.24				
						4 820	1.17						
						5 370	1.20						
						6 070	1.24						

12.2.2　V 带轮的结构

常用的带轮材料为 HT150 或 HT200，允许的最大圆周速度为 25 m/s。速度更高时，可采用铸钢或钢板冲压后焊接；小功率带轮的材料可用铸铝或塑料。

带轮按结构不同分为实心式、辐板式、轮辐式。带轮直径较小时，可采用实心结构（见图 12-5(a)）；中等直径的带轮可采用腹板式结构（见图 12-5(b)）；基准直径大于 350 mm 时，可采用轮辐式结构（见图 12-6）。

带轮轮槽尺寸按带的型号由表 12-3 查取。

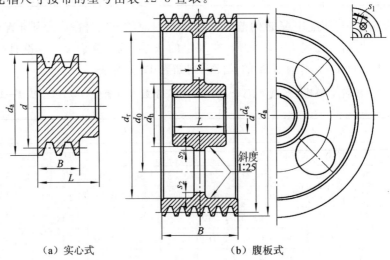

（a）实心式　　　　　　　　（b）腹板式

$$d_h = (1.8 \sim 2)d_s；d_0 = \frac{d_h + d_s}{2}；d_r = d_a - 2(H + \delta)；H、\delta \text{值参见表 12-3；}$$

$$s = (0.2 \sim 0.3)B；s_1 \geqslant 1.5s；s_2 \geqslant 1.5s；L = (1.52)d_s$$

图 12-5　实心式和腹板式带轮

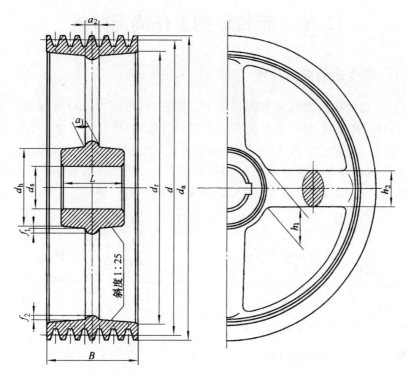

$h_1=290\sqrt[3]{\dfrac{P}{nA}}$（其中：$P$ 为传递功率（kW）；n 为带轮转速；A 为轮辐数）；

$h_2=0.8h_1$；$a_1=0.4h_1$；$a_2=0.8a_1$；$f_1=0.2h_1$；$f_2=0.2h_2$

图 12-6 轮辐式带轮

表 12-3 普通 V 带轮的轮槽尺寸   （mm）

槽　　型	Y	Z	A	B	C
b_d	5.3	8.5	11	14	19
h_{amin}	1.6	2.0	2.75	3.5	4.8
h_{fmin}	4.7	7.0	8.7	10.8	14.3
e	8±0.3	12±0.3	15±0.3	19±0.4	25.5±0.5
f_{min}	6	7	9	11.5	16
δ_{min}	5	5.5	6	7.5	10
B	\multicolumn{5}{c}{$B=(z-1)e+2f$（其中 z 为带根数）}
φ 32°	对应的 d	≤60	—	—	—	—
34°		—	≤80	≤118	≤190	≤315
36°		>60	—	—	—	—
38°		—	>80	>118	>190	>315

注：δ_{min} 是轮缘最小壁厚推荐值。

12.3　带传动的工作情况分析

12.3.1　带传动的受力分析

带必须以一定的初拉力张紧在两带轮上。静止时，带两边的拉力都等于初拉力 F_0（见图 12-7(a)）。传动时，由于带与轮面间摩擦力的作用，带两边的拉力不再相等（见图 12-7(b)）。绕进主动轮的一边，拉力由 F_0 增加到 F_1，称为紧边，F_1 为紧边拉力；而另一边带的拉力由 F_0 减小为 F_2，称为松边，F_2 为松边拉力。设环形带的总长度不变，则紧边拉力的增加量 $F_1 - F_0$ 应等于松边拉力的减少量 $F_0 - F_2$，即

$$F_1 - F_0 = F_0 - F_2 \quad \text{或} \quad F_0 = \frac{1}{2}(F_1 + F_2) \tag{12-4}$$

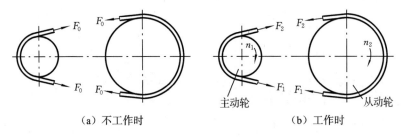

（a）不工作时	（b）工作时

图 12-7　带传动的受力情况

两边拉力之差称为带传动的有效拉力，即带所传递的圆周力为

$$F = F_1 - F_2 \tag{12-5}$$

圆周力 F(N)、带速 v(m/s) 和传递的功率 P(kW) 之间的关系为

$$P = \frac{Fv}{1\,000} \tag{12-6}$$

当带所需传递的圆周力超过带与轮面间的极限摩擦力总和时，带与带轮将发生显著的相对滑动，这种现象称为打滑。经常出现打滑将使带的磨损加剧、传动效率降低，以致使传动失效。即将打滑时，F_1 和 F_2 有下列关系

$$F_1 / F_2 = \mathrm{e}^{f\alpha} \tag{12-7}$$

式中：f 为带与轮面间的摩擦系数；α 为带轮的包角，rad；e 为自然对数的底。式(12-7)是挠性体摩擦的欧拉公式。

联立解式(12-5)和式(12-7)可得

$$\left. \begin{aligned} F_1 &= F\,\frac{\mathrm{e}^{f\alpha}}{\mathrm{e}^{f\alpha} - 1} \\ F_2 &= F\,\frac{1}{\mathrm{e}^{f\alpha} - 1} \\ F &= F_1 - F_2 = F_1\left(1 - \frac{1}{\mathrm{e}^{f\alpha}}\right) \end{aligned} \right\} \tag{12-8}$$

由式(12-8)可知，增大张紧力、包角和摩擦系数，都可以提高带传动所能传递的圆周力。因小带轮包角 α_1 小于大带轮包角 α_2，故计算带传动所能传递的圆周力时，将 α_1 代入计算。

当 V 带传动与平带传动的初拉力相等（即带压向带轮的压力同为 F_Q，见图 12-8）时，它们的法向力 F_N 则不相同。平带的极限摩擦力为 $F_N f = F_Q f$，而 V 带的极限摩擦力为

$$F_N f = \frac{F_Q}{\sin\dfrac{\varphi}{2}} f = F_Q f'$$

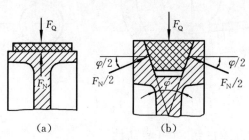

图 12-8　带与带轮间的法向力

式中：φ 为 V 带轮轮槽角；$f' = f / \sin\dfrac{\varphi}{2}$ 为当量摩擦系数。显然，$f' > f$，故在相同条件下，V 带能传递较大的功率。换言之，在传递相同功率时，V 带传动的结构较为紧凑。引用当量摩擦系数的概念，以 f' 代替 f，即可将式（12-7）和式（12-8）应用于 V 带传动。

12.3.2　带传动的应力分析

带传动工作时，带中应力由以下三部分组成。

1. 紧边和松边拉力产生的拉应力

$$\left.\begin{array}{ll}紧边拉应力 & \sigma_1 = F_1/A \quad \mathrm{MPa}\\[2mm] 松边拉应力 & \sigma_2 = F_2/A \quad \mathrm{MPa}\end{array}\right\} \tag{12-9}$$

式中：A 为带的横截面面积，mm。

2. 离心力产生的拉应力

当带绕过带轮轮缘作圆周运动时，带自身质量将引起离心力 F_c，离心力只发生在带作圆周运动的部分，但由此引起的拉力却作用于带的全长，故离心拉应力为

$$\sigma_c = \frac{F_c}{A} = \frac{qv^2}{A} \ \mathrm{MPa} \tag{12-10}$$

式中：q 为带每米长的质量，kg/m，查表 12-1；v 为带速，m/s。

3. 弯曲应力

带绕过带轮时，因弯曲而产生弯曲应力。由材料力学公式得带的弯曲应力

$$\sigma_b = \frac{2yE}{d} \ \mathrm{MPa} \tag{12-11}$$

式中：E 为带的弹性模量，MPa；d 为带轮的基准直径，mm；y 为带的中性层到最外层的距离，mm。显然，两轮直径不相等时，带在两轮上的弯曲应力也不相等。

图 12-9 所示为带的应力分布情况，各截面应力的大小用自该处引出的径向线（或垂直线）的长短来表示。由图 12-9 可知，在运转过程中，带经受变应力。最大应力发生在紧边与小轮接触处，其值为

$$\sigma_{max} = \sigma_1 + \sigma_c + \sigma_{b1} \tag{12-12}$$

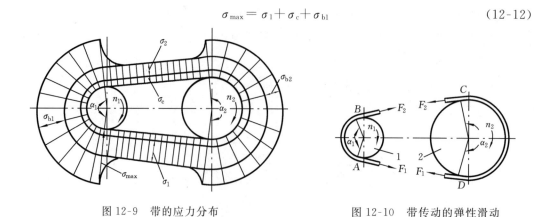

图 12-9　带的应力分布　　　　　　　图 12-10　带传动的弹性滑动

12.3.3　带传动的弹性滑动和传动比

由于带是弹性体,受力不同时,带的弹性变形量也不相同。如图 12-10 所示,带从绕入主动轮 1 到离开的过程中,所受拉力由 F_1 逐渐降至 F_2,带将逐渐缩短并沿轮面滑动,使带的速度滞后于主动轮的圆周速度。带从绕入从动轮到离开的过程中,所受拉力由 F_2 逐渐增至 F_1,带将逐渐伸长,也会沿轮面滑动,使带的速度超前于从动轮的圆周速度。这种由于带的弹性变形而引起的带与带轮之间的微量滑动称为弹性滑动。

弹性滑动导致从动轮的圆周速度低于主动轮的圆周速度,使传动比不准确,降低了传动效率,引起带的磨损,使带的温度升高。

弹性滑动和打滑是两个截然不同的概念。打滑是由过载引起的带与带轮间的全面滑动,是可以避免的。弹性滑动是由带的弹性和紧边、松边的拉力差引起的,只要传递圆周力,出现紧边和松边,就一定会发生弹性滑动,所以弹性滑动是不可避免的。

设 d_1、d_2 为主、从动轮的直径(mm),n_1、n_2 为主、从动轮的转速(r/min),则两轮的圆周速度分别为

$$v_1 = \frac{\pi d_1 n_1}{60 \times 1\,000}\text{ m/s}, \quad v_2 = \frac{\pi d_2 n_2}{60 \times 1\,000}\text{ m/s} \tag{12-13}$$

由于弹性滑动是不可避免的,所以 v_2 总是低于 v_1。传动中由于带的滑动引起的从动轮圆周速度的降低率称为滑动率 ε,即

$$\varepsilon = \frac{v_1 - v_2}{v_1} = \frac{d_1 n_1 - d_2 n_2}{d_1 n_1} \tag{12-14}$$

则带的传动比

$$i = \frac{n_1}{n_2} = \frac{d_2}{d_1(1-\varepsilon)} \tag{12-15}$$

从动轮转速

$$n_2 = \frac{d_1 n_1 (1-\varepsilon)}{d_2} \tag{12-16}$$

V 带传动的滑动率 $\varepsilon = 0.01 \sim 0.02$,在一般计算中,可不予考虑。

12.4　普通 V 带传动的设计计算

12.4.1　带传动的失效形式和设计准则

带传动的主要失效形式是打滑和带的疲劳破坏(脱层、撕裂或拉断)。因此,带传动的设计准则是:在保证带传动不打滑的条件下,具有一定的疲劳强度和寿命。

由式(12-6)、式(12-7)、式(12-9)并以 f' 代替 f,可得单根普通 V 带所能传递的功率

$$P_0 = F_1 \left(1 - \frac{1}{e^{f'_\alpha}}\right) \frac{v}{1\,000} = \sigma_1 A \left(1 - \frac{1}{e^{f'_\alpha}}\right) \frac{v}{1\,000} \qquad (12\text{-}17)$$

式中:A 为单根普通 V 带的横截面面积。

为了使带具有一定的疲劳强度,应使 $\sigma_{\max} = \sigma_1 + \sigma_{b1} + \sigma_c \leqslant [\sigma]$,即

$$\sigma_1 = [\sigma] - \sigma_{b1} - \sigma_c \qquad (12\text{-}18)$$

式中:$[\sigma]$ 为带的许用应力。

将式(12-18)代入式(12-17)得带传动在既不打滑又有一定寿命时,单根 V 带能传递的功率为

$$P_0 = ([\sigma] - \sigma_{b1} - \sigma_c)\left(1 - \frac{1}{e^{f'_\alpha}}\right)\frac{Av}{1\,000} \quad \text{kW} \qquad (12\text{-}19)$$

P_0 称为单根普通 V 带的基本额定功率,它是通过试验得到的。试验条件为:载荷平稳、包角 $\alpha = 180°$(即 $i = 1$)、带长 L_d 为特定长度、抗拉体为化学纤维绳芯结构。具体数据如表 12-4 所示。

表 12-4　单根普通 V 带的基本额定功率 P_0

(包角 $\alpha_1 = 180°$、特定基准长度、载荷平稳)　　　　　　　　　　　　(kW)

型号	小带轮基准直径 d_1/mm	小带轮的转速 n_1/(r/min)											
		200	400	800	950	1 200	1 450	1 600	1 800	2 000	2 400	2 800	3 200
Z	50	0.04	0.06	0.10	0.12	0.14	0.16	0.17	0.19	0.20	0.22	0.26	0.28
	56	0.04	0.06	0.12	0.14	0.17	0.19	0.20	0.23	0.25	0.30	0.33	0.35
	63	0.05	0.08	0.15	0.18	0.22	0.25	0.27	0.30	0.32	0.37	0.41	0.45
	71	0.06	0.09	0.20	0.23	0.27	0.30	0.33	0.36	0.39	0.46	0.50	0.54
	80	0.10	0.14	0.22	0.26	0.30	0.35	0.39	0.42	0.44	0.50	0.56	0.61
	90	0.10	0.14	0.24	0.28	0.33	0.36	0.40	0.44	0.48	0.54	0.60	0.64
A	75	0.15	0.26	0.45	0.51	0.60	0.68	0.73	0.79	0.84	0.92	1.00	1.04
	90	0.22	0.39	0.68	0.77	0.93	1.07	1.15	1.25	1.34	1.50	1.64	1.75
	100	0.26	0.47	0.83	0.95	1.14	1.32	1.42	1.58	1.66	1.87	2.05	2.19
	112	0.31	0.56	1.00	1.15	1.39	1.61	1.74	1.89	2.04	2.30	2.51	2.68
	125	0.37	0.67	1.19	1.37	1.66	1.92	2.07	2.26	2.44	2.74	2.98	3.15
	140	0.43	0.78	1.41	1.62	1.96	2.28	2.45	2.66	2.87	3.22	3.48	3.65
	160	0.51	0.94	1.69	1.95	2.36	2.73	2.54	2.98	3.42	3.80	4.06	4.19
	180	0.59	1.09	1.97	2.27	2.74	3.16	3.40	3.67	3.93	4.32	4.54	4.58

型号	小带轮基准直径 d_1/mm	\multicolumn{12}{c}{小带轮的转速 n_1/(r/min)}											
		200	400	800	950	1 200	1 450	1 600	1 800	2 000	2 400	2 800	3 200
B	125	0.48	0.84	1.44	1.64	1.93	2.19	2.33	2.50	2.64	2.85	2.96	2.94
	140	0.59	1.05	1.82	2.08	2.47	2.82	3.00	3.23	3.42	3.70	3.85	3.83
	160	0.74	1.32	2.32	2.66	3.17	3.62	3.86	4.15	4.40	4.75	4.89	4.80
	180	0.88	1.59	2.81	3.22	3.85	4.39	4.68	5.02	5.30	5.67	5.76	5.52
	200	1.02	1.85	3.30	3.77	4.50	5.13	5.46	5.83	6.13	6.47	6.43	5.95
	224	1.19	2.17	3.86	4.42	5.26	5.97	6.33	6.73	7.02	7.25	6.95	6.05
	250	1.37	2.50	4.46	5.10	6.04	6.82	7.20	7.63	7.87	7.89	7.14	5.60
	280	1.58	2.89	5.13	5.85	6.90	7.76	8.13	8.46	8.60	8.22	6.80	4.26
C	200	1.39	2.41	4.07	4.58	5.29	5.84	6.07	6.28	6.34	6.02	5.01	3.23
	224	1.70	2.99	5.12	5.78	6.71	7.45	7.75	8.00	8.06	7.57	6.08	3.57
	250	2.03	3.62	6.23	7.04	8.21	9.08	9.38	9.63	9.62	8.75	6.56	2.93
	280	2.42	4.32	7.52	8.49	9.81	10.72	11.06	11.22	11.04	9.50	6.13	—
	315	2.84	5.14	8.92	10.05	11.53	12.46	12.72	12.67	12.14	9.43	4.16	—
	355	3.36	6.05	10.46	11.73	13.31	14.12	14.19	13.73	12.59	7.98	—	—
	400	3.91	7.06	12.10	13.48	15.04	15.53	15.24	14.08	11.95	4.34	—	—
	450	4.51	8.20	13.80	15.23	16.59	16.47	15.57	13.29	9.64	—	—	—

注：本表摘自 GB/T 13575.1—2008。

12.4.2　单根 V 带的许用功率

实际工作条件与上述特定条件不同时，应对 P_0 值加以修正。修正后即得实际工作条件下，单根 V 带所能传递的功率，称为许用功率 $[P_0]$。

$$[P_0] = (P_0 + \Delta P_0)K_\alpha K_L \qquad (12\text{-}20)$$

式中：ΔP_0 为功率增量，考虑传动比 $i \neq 1$ 时，带在大轮上的弯曲应力较小，故在寿命相同的条件下，可增大传递的功率，普通 V 带的 ΔP_0 值如表 12-5 所示；K_α 为包角修正系数，考虑 $\alpha \neq 180°$ 时对传动能力的影响，可查表 12-6；K_L 为带长修正系数，考虑带长不为特定长度时对传动能力的影响，可查表 12-2。

表 12-5　单根普通 V 带 $i \neq 1$ 时额定功率的增量 ΔP_0

（$\alpha_1 = 180°$、特定基准长度、载荷平稳时）　　　　　　　　　　　　　　（kW）

型号	传动比 i	\multicolumn{10}{c}{小带轮转速 n_1/(r/min)}									
		400	730	800	980	1 200	1 460	1 600	2 000	2 400	2 800
Z	1.35～1.51	0.01	0.01	0.01	0.02	0.02	0.02	0.02	0.03	0.03	0.04
	1.52～1.99	0.01	0.01	0.02	0.02	0.02	0.02	0.03	0.03	0.04	0.04
	≥2	0.01	0.02	0.02	0.02	0.03	0.03	0.03	0.04	0.04	0.04
A	1.35～1.51	0.04	0.07	0.08	0.08	0.11	0.13	0.15	0.19	0.23	0.26
	1.52～1.99	0.04	0.08	0.09	0.10	0.13	0.15	0.17	0.22	0.26	0.30
	≥2	0.05	0.09	0.10	0.11	0.15	0.17	0.19	0.24	0.29	0.34

型号	传动比 i	小带轮转速 n_1/(r/min)									
		400	730	800	980	1 200	1 460	1 600	2 000	2 400	2 800
B	1.35~1.51	0.10	0.17	0.20	0.23	0.30	0.36	0.39	0.49	0.59	0.69
	1.52~1.99	0.11	0.20	0.23	0.26	0.34	0.40	0.45	0.56	0.62	0.79
	≥2	0.13	0.22	0.25	0.30	0.38	0.46	0.51	0.63	0.76	0.89
C	1.35~1.51	0.27	0.48	0.55	0.65	0.82	0.99	1.10	1.37	1.65	1.92
	1.52~1.99	0.31	0.55	0.63	0.74	0.94	1.14	1.25	1.57	1.88	2.19
	≥2	0.35	0.62	0.71	0.83	1.06	1.27	1.41	1.76	2.12	2.47

表 12-6　包角修正系数 K_α

包角 α_1/(°)	180°	170°	160°	150°	140°	130°	120°	110°	100°	90°
K_α	1.00	0.98	0.95	0.92	0.89	0.86	0.82	0.78	0.74	0.69

12.4.3　V 带传动的设计计算

设计 V 带传动,通常应已知传动用途、载荷性质、传递的功率、带轮转速(或传动比)及外廓尺寸要求等。设计的主要内容有:选择合理的传动参数、确定 V 带的型号、长度和根数;确定带轮的材料、结构和尺寸,以及作用在轴上的压力等。

设计计算的一般步骤如下。

1. 确定计算功率 P_c

$$P_c = K_A P \tag{12-21}$$

式中:P_c 为计算功率,kW;K_A 为工作情况系数(见表 12-7);P 为所需传递的功率,kW。

表 12-7　工作情况系数 K_A

载荷性质	工 作 机	原 动 机					
		电动机(交流启动、三角启动、直流并励)、四缸以上的内燃机			电动机(联机交流启动、直流复励或串励)、四缸以下的内燃机		
		每天工作时间/h					
		<10	10~16	>16	<10	10~16	>16
载荷变动很小	液体搅拌机、通风机和鼓风机(≤7.5 kW)、离心式水泵和压缩机、轻型输送机	1.0	1.1	1.2	1.1	1.2	1.3
载荷变动小	带式输送机(不均匀负荷)、通风机(>7.5 kW)、旋转式水泵和压缩机(非离心式)、发电机、金属切削机床、印刷机、旋转筛、锯木机和木工机械	1.1	1.2	1.3	1.2	1.3	1.4
载荷变动较大	制砖机、斗式提升机、往复式水泵和压缩机、起重机、磨粉机、冲剪床、橡胶机械、振动筛、纺织机械、重载输送机	1.2	1.3	1.4	1.4	1.5	1.6
载荷变动很大	破碎机(旋转式、颚式等)、磨碎机(球磨、棒磨、管磨)	1.3	1.4	1.5	1.5	1.6	1.8

2. 选择 V 带型号

根据计算功率 P_c 及小带轮转速 n_1，按图 12-11 选择带的型号。其中以粗斜直线划定型号区域，若工况坐标点临近两种型号的交界线时，可按两种型号同时计算，并分析比较决定取舍，带的截面积较小，则带轮直径小，但根数较多。

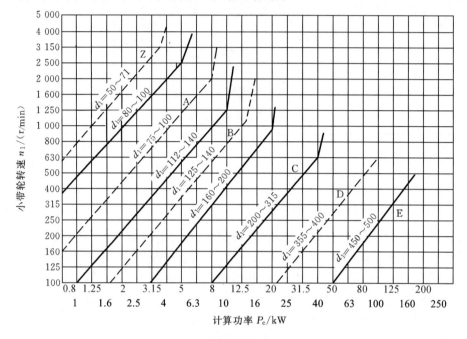

图 12-11　普通 V 带选型图

3. 确定带轮的基准直径 d_1 和 d_2，验算带速 v

d_1 小，则带传动的外廓尺寸小，但 d_1 过小，带的弯曲应力将增大，从而导致带的寿命降低，所以应使 $d_1 \geqslant d_{min}$。由式（12-16）得从动轮基准直径

$$d_2 = \frac{n_1}{n_2} d_1 (1 - \varepsilon)$$

式中：d_1、d_2 应符合带轮基准直径系列，参见表 12-8。

表 12-8　V 带轮的最小基准直径及基准直径系列　　　　　　　　　（mm）

型　　号	Y	Z	A	B	C	D	E
d_{min}	20	50	75	125	200	355	500
带轮直径系列 d	20,22.4,25,28,31.5,35.5,40,45,50,56,63,71,75,80,85,90,95,100,106,112,118,125,132,140,150,160,170,180,200,212,224,236,250,265,280,300,315,355,375,400,425,450,475,500,530,560,600,630,670,710,750,800,900,1 000,…						

带速的计算公式为

$$v = \frac{\pi d_1 n_1}{60 \times 1\,000} \quad \text{m/s} \tag{12-22}$$

带速过高，则离心力大，从而降低传动能力；带速太低，则传递的功率小，使带的根数过多。带速一般应在 5～25 m/s 的范围内，否则应调整小带轮的直径或转速。

4. 确定中心距 a 和 V 带的基准长度 L_d

一般推荐按下式初定中心距。

$$0.7(d_1+d_2) \leqslant a_0 \leqslant 2(d_1+d_2) \tag{12-23}$$

由式(12-2)可得初定的 V 带基准长度

$$L_0 = 2a_0 + \frac{\pi}{2}(d_1+d_2) + \frac{(d_2-d_1)^2}{4a_0}$$

根据初定的带长 L_0，由表 12-2 选取接近的基准长度 L_d，再按式(12-24)近似计算实际的中心距

$$a \approx a_0 + \frac{L_d - L_0}{2} \tag{12-24}$$

考虑带传动的安装调整和补偿张紧的需要，中心距的变动范围为

$$(a - 0.015L_d) \sim (a + 0.03L_d)$$

5. 验算小带轮包角 α_1

$$\alpha_1 = 180° - \frac{d_2-d_1}{a} \times 57.3°$$

一般应使 $\alpha_1 \geqslant 120°$，否则可加大中心距或增设张紧轮。

6. 确定 V 带的根数 z

V 带根数的计算公式为

$$z \geqslant \frac{P_c}{[P_0]} = \frac{P_c}{(P_0 + \Delta P_0)K_a K_L} \tag{12-25}$$

z 应取整数。为了使每根 V 带受力均匀，V 带根数不宜太多，通常 $z<10$。当 z 过多时，可改选带轮基准直径，或改选较大型号的 V 带重新设计。

7. 确定初拉力 F_0

保持适当的初拉力是带传动正常工作的首要条件。初拉力过小，摩擦力小，容易发生打滑；初拉力过大，将增大轴和轴承上的压力，并降低带的寿命。

单根普通 V 带合适的初拉力可按下式计算

$$F_0 = \frac{500P_c}{zv}\left(\frac{2.5}{K_a} - 1\right) + qv^2 \ \text{N} \tag{12-26}$$

式中：P_c 为计算功率，kW；z 为 V 带根数；v 为带速，m/s；K_a 为包角修正系数，见表12-6；q 为V 带每米长的质量，kg/m，见表 12-1。

8. 计算作用在带轮轴上的压力 F_Q

设计支承带轮的轴和轴承时，需知道 F_Q。由图 12-12 可得

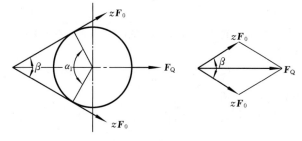

图 12-12　作用在带轮轴上的压力

$$F_Q = 2zF_0 \sin \frac{\alpha_1}{2} \qquad (12\text{-}27)$$

式中：z 为带的根数。

12.5　V带传动的张紧装置

V带传动运转一段时间以后，会因为带的塑性变形和磨损而松弛。因此，带传动应设置张紧装置，以保持正常工作。常用的张紧装置有以下几种。

1. 定期张紧的装置

采用定期改变中心距的方法来调节带的初拉力，使带重新张紧。图 12-13(a)所示为滑道式定期张紧装置，图 12-13(b)所示为摆架式定期张紧装置。

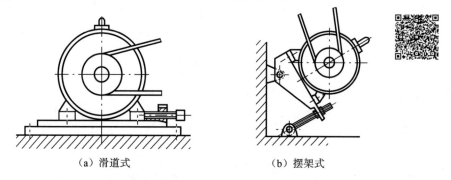

（a）滑道式　　　　　　　（b）摆架式

图 12-13　带的定期张紧装置

2. 自动张紧的装置

如图 12-14 所示，将装有带轮的电动机安装在浮动的摆架上，利用电动机的自重，使带轮随同电动机绕固定轴摆动，以自动保持初拉力。

3. 采用张紧轮的装置

当中心距不能调节时，可采用张紧轮将带张紧，如图 12-15 所示。设置张紧轮应注意：①一般应放在松边的内侧，使带只受单向弯曲；②张紧轮应尽量靠近大轮，以免减小带在小带轮上的包角；③张紧轮的轮槽尺寸应与带轮的相同，且其直径小于小带轮的直径。

例 12-1　设计一带式运输机中的普通 V 带传动。已知电动机功率 $P = 4 \text{ kW}$，主动轮转速 $n_1 = 1\,440 \text{ r/min}$，从动轮转速 $n_2 = 450 \text{ r/min}$，一班制工作，载荷变动较小，要求中心距 $a \leqslant 550 \text{ mm}$。

解　(1) 确定计算功率 P_c。

由表 12-7 查得 $K_A = 1.1$，故 $P_c = K_A P = 1.1 \times 4 \text{ kW} = 4.4 \text{ kW}$。

(2) 选取 V 带型号。

根据 $P_c = 4.4 \text{ kW}$，$n_1 = 1\,440 \text{ r/min}$，由图 12-11 初步选用 A 型带。

(3) 选取带轮基准直径 d_1 和 d_2。

由表 12-8 取 $d_1 = 100 \text{ mm}$，$\varepsilon = 0.02$，由式(12-15)得

$$d_2 = \frac{n_1}{n_2} d_1 (1 - \varepsilon) = \frac{1\,440}{450} \times 100 \times (1 - 0.02) \text{ mm} = 313.6 \text{ mm}$$

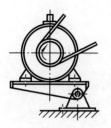

图 12-14　带的自动张紧装置

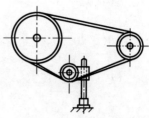

图 12-15　张紧轮装置

由表 12-8 取 $d_2 = 315$ mm(虽使 n_2 略有减小,但其误差小于 5%,故允许)。

(4) 验算带速 v。

$$v = \frac{\pi d_1 n_1}{60 \times 1\,000} = \frac{\pi \times 100 \times 1\,440}{60 \times 1\,000} \text{ m/s} = 7.54 \text{ m/s}$$

带速在 5~25 m/s 范围内,合适。

(5) 确定 V 带基准长度 L_d 和中心距 a。

初选中心距 $a_0 = 450$ mm,符合 $0.7(d_1 + d_2) \leqslant a_0 \leqslant 2(d_1 + d_2)$。

由式(12-2)得带长

$$L_0 = 2a_0 + \frac{\pi}{2}(d_1 + d_2) + \frac{(d_2 - d_1)^2}{4a_0}$$

$$= \left[2 \times 450 + \frac{\pi}{2}(100 + 315) + \frac{(315 - 100)^2}{4 \times 450} \right] \text{ mm}$$

$$\approx 1\,578 \text{ mm}$$

查表 12-2,对 A 型带选用基准长度 $L_d = 1\,550$ mm。再由式(12-24)计算实际中心距

$$a \approx a_0 + \frac{L_d - L_0}{2} = \left(450 + \frac{1\,550 - 1\,578}{2} \right) \text{ mm} = 436 \text{ mm}$$

符合题意。

(6) 验算小带轮包角 α_1。

由式(12-1)得

$$\alpha_1 = 180° - \frac{d_2 - d_1}{a} \times 57.3° = 180° - \frac{315 - 100}{436} \times 57.3° = 152° > 120°$$

故小带轮包角合适。

(7) 确定 V 带的根数 z。

由式(12-25)得

$$z \geqslant \frac{P_c}{(P_0 + \Delta P_0) K_a K_L}$$

由 $d_1 = 100$ mm,$n_1 = 1\,440$ r/min,查表 12-4,由线性插值法得

$$P_0 = 1.31 \text{ kW}$$

由式(12-15)得传动比

$$i = \frac{d_2}{d_1(1 - \varepsilon)} = \frac{315}{100 \times (1 - 0.02)} = 3.2$$

查表 12-5 得

$$\Delta P_0 = 0.17 \text{ kW}$$

由 $\alpha_1 = 152°$ 查表 12-6 得

$$K_a = 0.926$$

查表 12-2 得 $K_L = 0.99$，由此可得

$$z \geqslant \frac{P_c}{(P_0 + \Delta P_0)K_a K_L} = \frac{4.4}{(1.31 + 0.17) \times 0.926 \times 0.99} = 3.24$$

故取 4 根。

（8）确定初拉力 F_0。

查表（12-1）得 $q = 0.105$ kg/m，由式（12-26）得单根普通 V 带的初拉力

$$F_0 = \frac{500P_c}{zv}\left(\frac{2.5}{K_a} - 1\right) + qv^2 = \left[\frac{500 \times 4.4}{4 \times 7.54} \times \left(\frac{2.5}{0.926} - 1\right) + 0.105 \times 7.54^2\right] \text{N} = 130 \text{ N}$$

（9）计算作用在轴上的压力 F_Q。

由式（12-27）得

$$F_Q \approx 2zF_0 \sin\frac{\alpha_1}{2} = 2 \times 4 \times 130 \times \sin\frac{152°}{2} \text{ N} = 1\,009 \text{ N}$$

（10）带轮结构设计（略）。

12.6　链传动的特点和应用

链传动是一种挠性传动，它由主动链轮 1、从动链轮 2 和链条 3 组成（见图 12-16），靠链与链轮的啮合来传递运动和动力。链传动广泛应用于矿山机械、农业机械、石油机械、机床及摩托车中。

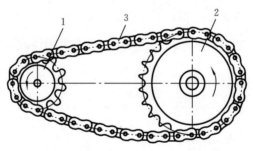

图 12-16　链传动

与摩擦型带传动相比，链传动没有弹性滑动和打滑现象，能保持准确的平均传动比，传动效率较高；需要的张紧力小，作用在轴上的压力也小，结构较为紧凑；能在温度较高、有油污等恶劣环境条件下工作。与齿轮传动相比，链传动的制造和安装精度要求较低，中心距较大时其结构简单。链传动的主要缺点是瞬时链速和瞬时传动比不是常数，因此传动平稳性较差，工作中有一定的冲击和噪声。

通常情况下，链传动的传动比 $i \leqslant 8$，中心距 $a \leqslant 5 \sim 6$ m，传递功率 $P \leqslant 100$ kW，圆周速度 $v \leqslant 15$ m/s，传动效率 $\eta = 0.95 \sim 0.98$。

12.7 滚子链链条和链轮

1. 链条

传递动力用的链条,按结构的不同主要有滚子链和齿形链两种,滚子链的应用最为广泛。

滚子链由内链板 1、外链板 2、销轴 3、套筒 4 和滚子 5 组成(见图 12-17),也称为套筒滚子链。内链板与套筒、外链板与销轴分别用过盈配合连接,滚子与套筒、套筒与销轴之间则为间隙配合。当链条啮入和啮出时,内、外链节作相对转动;同时,滚子沿链轮轮齿滚动,可减少链条与轮齿的磨损。内、外链板均制成"8"字形,以减轻重量并保持链板各横截面的强度大致相等。

链条的各零件由碳素钢或合金钢制成,并经热处理,以提高其强度和耐磨性。

滚子链上相邻两滚子中心的距离称为链的节距,用 p 表示,它是链条的主要参数。节距 p 越大,链条各零件的尺寸越大,所能传递的功率也越大。

滚子链可制成单排链(见图 12-17)和多排链,如双排链(见图 12-18)或三排链等。

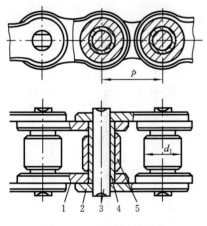

图 12-17 滚子链的结构

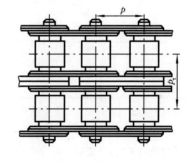

图 12-18 双排链

链条长度以链节数表示。链节数最好取为偶数,以便链条连成环形时正好是内、外链板相接,接头处可用开口销或弹簧夹锁紧(见图 12-19(a)、(b))。若链节数为奇数,则需采用过渡链节(见图 12-19(c))。在链条受拉时,过渡链节还要承受附加的弯曲载荷,通常应避免采用。

滚子链已标准化,分为 A、B 两个系列,常用的是 A 系列。表 12-9 列出了几种 A 系列滚子链的主要参数。滚子链的标记为

链号—排数—整链链节数　　标准编号

例如:08A-1-88　GB/T 1243—2006 表示链号为 08A、单排、88 节滚子链。

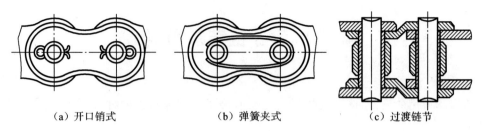

（a）开口销式　　　　　（b）弹簧夹式　　　　　（c）过渡链节

图 12-19　滚子链的接头形式

表 12-9　A 系列滚子链的主要参数

链　号	节　距 p/mm	排　距 p_1/mm	滚子外径 d_1/mm	极限载荷 Q（单排）/N	每米长质量 q（单排）/(kg/m)
08A	12.70	14.38	7.95	139 00	0.65
10A	15.875	18.11	10.16	21 800	1.00
12A	19.05	22.78	11.91	31 300	1.50
16A	25.40	29.29	15.88	55 600	2.60
20A	31.75	35.76	19.05	87 000	3.80
24A	38.10	45.44	22.23	125 000	5.06
28A	44.45	48.87	25.40	170 000	7.50
32A	50.80	58.55	28.58	223 000	10.10
40A	63.50	71.55	39.68	347 000	16.10
48A	76.20	87.83	47.63	500 000	22.60

注：① 本表摘自 GB 1243—2006,表中链号与相应的国际标准链号一致,链号乘以 25.4/16 即为节距值
（mm）,后缀 A 表示 A 系列;

② 使用过渡链节时,其极限载荷按表列数值 80% 计算。

2. 滚子链链轮

滚子链链轮的端面齿形最常用的是"三圆弧一直线"齿形,即由三段圆弧($\overset{\frown}{aa}$、$\overset{\frown}{ab}$、$\overset{\frown}{cd}$)和一段直线($\overline{bc}$)组成(见图 12-20),该齿形具有良好的啮合特性,且便于加工。链轮的轴面齿形两侧呈圆弧状(见图 12-21),便于链节进入和退出啮合。链轮上被链条节距等分的圆称为分度圆,其直径用 d 表示。若已知节距 p 和齿数 z,则链轮主要尺寸的计算式为

分度圆直径　　　　　　　　$d = \dfrac{p}{\sin\dfrac{180°}{z}}$

齿顶圆直径　　　　　　　$d_a = p(0.54 + \cot\dfrac{180°}{z})$（三圆弧一直线）　　　　　(12-28)

齿根圆直径　　　　　　　$d_f = d - d_1$（d_1 为滚子直径）

齿形用标准刀具加工时,在链轮工作图上不必绘制端面齿形,但须绘出链轮轴面齿形,以便车削链轮毛坯。轴面齿形的具体尺寸见有关设计手册。

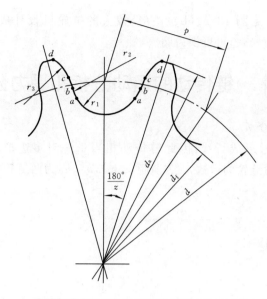

图 12-20   滚子链链轮端面齿形

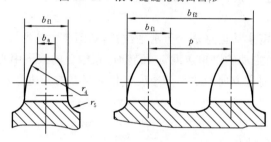

图 12-21   滚子链链轮轴面齿形

链轮齿应具有足够的接触强度和耐磨性,故齿面多经热处理。小链轮的啮合次数比大链轮多,所受冲击力也大,故所选材料一般优于大链轮。常用的链轮材料有碳素钢(如 Q235、Q275、45、ZG310-570 等)、灰铸铁(如 HT200)等,重要的链轮可采用合金钢(如 40Gr 等)。

链轮的结构如图 12-22 所示。小直径链轮可制成实心式(见图 12-22(a));中等直径

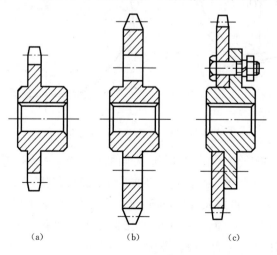

图 12-22   链轮结构

的链轮可制成孔板式（见图 12-22(b)）；直径较大的链轮可设计成组合式（见图 12-22(c)）。若轮齿因磨损而失效，可更换齿圈。

12.8　链传动的运动分析和受力分析

1. 链传动的运动分析

链条绕在链轮上时形成折线，因此链传动相当于一对多边形轮之间的传动（见图 12-23）。设 z_1、z_2 为两链轮的齿数，p 为节距(mm)，n_1、n_2 为两链轮的转速(r/min)，则链条的平均速度 v 为

$$v = \frac{z_1 n_1 p}{60 \times 1\,000} = \frac{z_2 n_2 p}{60 \times 1\,000} \quad \text{m/s} \tag{12-29}$$

链传动的传动比为

$$i = \frac{n_1}{n_2} = \frac{z_2}{z_1} \tag{12-30}$$

以上两式求得的链速和传动比都是平均值。实际上，由于多边形效应，瞬时链速和瞬时传动比都是变化的。

为了便于分析，假定主动边总是处于水平位置，如图 12-23 所示。设小链轮分度圆直径为 d_1（半径为 r_1），当主动轮以角速度 ω_1 回转时，相啮合的滚子中心 A 的圆周速度 $v_1 = r_1\omega_1$，v_1 可分解为链条前进方向的水平分速度 v 和垂直方向分速度 v_1'，其值分别为

$$v = v_1\cos\beta = r_1\omega_1\cos\beta \tag{12-31a}$$

$$v_1' = v_1\sin\beta = r_1\omega_1\sin\beta \tag{12-31b}$$

式中：β 角为滚子中心 A 的相位角。

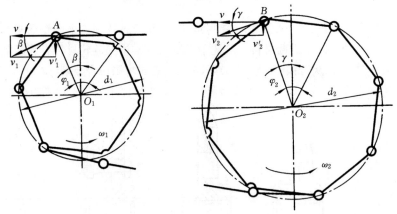

图 12-23　链传动的运动分析

由图 12-23 可知，相位角 β 在 $\pm 180°/z_1$ 之间变化。当 $\beta = \pm 180°/z_1$ 时，链条前进的速度最小，$v_{min} = r_1\omega_1\cos(\pm 180°/z_1)$；当 $\beta = 0°$ 时，前进速度最大，$v_{max} = r_1\omega$。由此可知：链条前进的速度 v 由小变大，再由大变小，每转过一个链节，链速 v 周期性变化一次，使得链传动不平稳，且齿数越少，则 β 值越大，v 的变化就越大。随着 β 角的变动，链条在垂直方向的分速度也作周期性变化，导致链条抖动。

在从动轮上，滚子中心 B 的圆周速度为 $v_2 = r_2\omega_2$，而其水平速度为 $v = r_2\omega_2\cos\gamma$，故

$$\omega_2 = \frac{v}{r_2\cos\gamma} = \frac{r_1\omega_1\cos\beta}{r_2\cos\gamma} \qquad (12\text{-}32)$$

式中:γ 为滚子中心 B 的相位角。

瞬时传动比

$$i = \frac{\omega_1}{\omega_2} = \frac{r_2\cos\gamma}{r_1\cos\beta} \qquad (12\text{-}33)$$

是周期性变化的,只有当 $z_1 = z_2$,且传动的中心距为链节的整数倍时,才能使瞬时传动比保持恒定。

为改善链传动的运动不均匀性,可选用较小的链节距,增加链轮齿数和限制链轮转速。

2. 链传动的受力分析

安装链传动时,只需不大的张紧力,主要是使链的松边的垂度不致过大,以免影响链条正常退出啮合和产生振动、跳齿或脱链现象。若不考虑传动中的动载荷,作用在链上的力有圆周力(即有效拉力)F,离心拉力 F_c 和悬垂拉力 F_y。如图 12-24 所示,链的紧边拉力为

$$F_1 = (F + F_c + F_y) \quad \text{N} \qquad (12\text{-}34)$$

松边拉力为

$$F_2 = (F_c + F_y) \quad \text{N} \qquad (12\text{-}35)$$

链传动的圆周力 F 为

$$F = 1\,000P/v \quad \text{N} \qquad (12\text{-}36)$$

式中:P 为链传递的功率,kW;v 为链的速度,m/s。

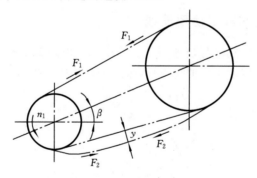

图 12-24　作用在链上的力

围绕在链轮上的链节在运动中产生的离心拉力 F_c 为

$$F_c = qv^2 \quad \text{N} \qquad (12\text{-}37)$$

式中:q 为链单位长度的质量,kg/m,参见表 12-9。悬垂拉力 F_y 可利用求悬索拉力的方法近似求得

$$F_y = K_y qga \quad \text{N} \qquad (12\text{-}38)$$

式中:a 为链传动的中心距,m;g 为重力加速度,m/s^2;K_y 为下垂量 $y = 0.02a$ 时的垂度系数,其值与两链轮中心连线与水平线的夹角 β(见图 12-24)有关。垂直布置时,可取 $K_y = 1$;水平布置时,取 $K_y = 6.5$;倾斜布置时,可取 $K_y = 1.2(\beta = 75°)$、$K_y = 2.8(\beta = 60°)$、$K_y = 5(\beta = 30°)$。

链作用于轴上的压力 F_Q 可近似取为

$$F_Q = (1.2 \sim 1.3)F \quad N \tag{12-39}$$

当外载荷有冲击和振动时取大值。

12.9　滚子链传动的设计计算

12.9.1　链传动的主要失效形式

1. 链条铰链磨损

铰链磨损后，链节变长，容易引起跳齿和脱链。

2. 链板的疲劳破坏

链在松边拉力和紧边拉力的反复作用下，经过一定的循环次数，链板会发生疲劳破坏。

3. 滚子套筒的冲击疲劳破坏

链传动的啮入冲击首先由滚子和套筒承受。在反复多次的冲击下，经过一定的循环次数，滚子、套筒会发生冲击疲劳破坏。

4. 销轴与套筒的胶合

润滑不当或速度过高时，销轴和套筒的工作表面会发生胶合。

5. 过载拉断

在低速、重载或瞬时严重过载的情况下，链条可能因静强度不足而被拉断。

12.9.2　链传动的额定功率曲线

链传动的各种失效形式都与链速有关。图 12-25 所示为实验条件下，单排链的极限功率曲线图。为保证链传动工作的可靠性，采用额定功率来限制链传动的实际工作能力。

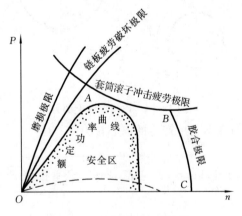

图 12-25　极限功率曲线图

图 12-26 所示为 A 系列滚子链的额定功率曲线。它是在特定条件下制定的：①两轮共面；②小链轮齿数 $z_1 = 19$；③链节数 $L_p = 100$ 节；④载荷平稳；⑤按推荐的方式润滑（见图 12-27）；⑥工作寿命为 15 000 h；⑦链条因磨损而引起的相对伸长量不超过 3%。

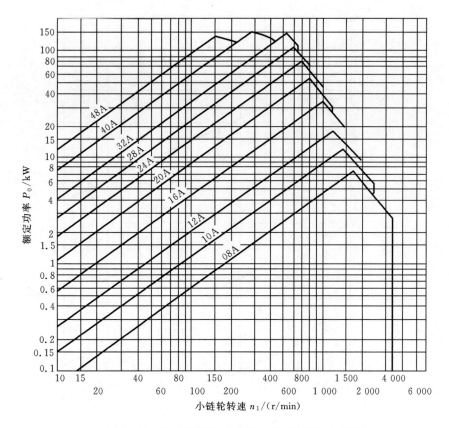

$z_1=19,L_p=100$ 节,载荷平稳,寿命 15 000h,按推荐的方式润滑

图 12-26　单排 A 系列滚子链的额定功率曲线图

图 12-26 表明了当采用推荐的润滑方式时,链传动所能传递的功率 P_0、小轮转速 n_1 和链号三者之间的关系。

若润滑不良或不能采用推荐的润滑方式时,应将图中 P_0 值降低:当链速 $v \leqslant 1.5$ m/s 时,降低到 50%;当 1.5 m/s $\leqslant v \leqslant 7$ m/s 时,降低到 25%。当 $v>7$ m/s 而又润滑不当时,传动不可靠。

12.9.3　滚子链传动的设计计算

通常,链传动设计的已知条件为:传动的用途、工作情况、原动机和工作机种类、传递的名义功率及载荷性质、链轮的转速(n_1、n_2)或传动比、传动布置及对结构尺寸的要求。

链传动的主要设计内容是:确定链条的型号、链节数 L_p 和排数、链轮齿数 z_1、z_2 以及链轮的材料、结构和几何尺寸,链传动的中心距 a、压轴力 F_Q,润滑方式和张紧装置等。

1. 确定链轮齿数 z_1、z_2 和传动比 i

为使链传动的运动平稳,小链轮齿数不宜过少。对于滚子链,可按传动比由表 12-10 选取小链轮齿数 z_1,然后按传动比确定大链轮齿数 $z_2(=iz_1)$。小链轮齿数也不宜过多,否则大链轮齿数 z_2 将过大,这样除了增大结构尺寸和重量外,还会因磨损使链条节距伸长易发生跳齿和脱链现象,一般应使 $z_2 \leqslant 120$。

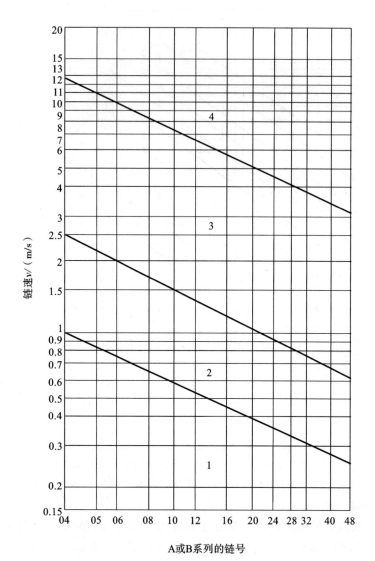

图 12-27　推荐的润滑方式

1—人工定期润滑；2—滴油润滑；3—油浴或飞溅润滑；4—压力喷油润滑

表 12-10　小链轮齿数 z_1

传动比 i	1~2	2~3	3~4	4~5	5~6	>6
齿数 z_1	31~27	27~25	25~23	23~21	21~17	17

一般链节数为偶数，而链轮齿数最好选取奇数，这样可使磨损较均匀。

2. 确定链节距 p 和排数

在一定条件下，链的节距越大，其承载能力越高，但运动的不均匀性、冲击及噪声也随之加大。因此，设计时应尽量选用小节距的链，高速重载时可选用小节距多排链。

链节距 p 可根据单排链的额定功率 P_0 和小链轮转速 n_1 从图 12-26 中查取。链传动所需的额定功率 P_0 按下式确定：

$$P_0 \geqslant \frac{K_A P}{K_z K_L K_m} \text{ kW} \tag{12-40}$$

式中：P 为传递的名义功率，kW；K_A 为工作情况系数（见表 12-11）；K_z 为小链轮齿数系数（见表 12-12）；K_L 为链长系数（见表 12-12）；K_m 为多排链系数（见表 12-13）。

表 12-11　工作情况系数 K_A

载 荷 种 类	原 动 机	
	电动机或汽轮机	内 燃 机
载荷平稳	1.0	1.1
中等冲击	1.4	1.5
较大冲击	1.8	1.9

表 12-12　小链轮齿数系数 K_z 和链长系数 K_L

在图 12-26 中的位置	位于曲线顶点左侧	位于曲线顶点右侧
小链轮齿数系数 K_z	$\left(\dfrac{z_1}{19}\right)^{1.08}$	$\left(\dfrac{z_1}{19}\right)^{1.5}$
链长系数 K_L	$\left(\dfrac{L_p}{100}\right)^{0.26}$	$\left(\dfrac{L_p}{100}\right)^{0.5}$

表 12-13　多排链系数 K_m

排　　数	1	2	3	4	5	6
多排链系数 K_m	1.0	1.7	2.5	3.3	4.0	4.6

根据 P_0 和小链轮转速 n_1，由图 12-26 查出链号，再由表 12-9 查出链节距。由图 12-27 查出润滑方式，链传动按推荐的润滑方式进行润滑。

3. 确定中心距和链节数

中心距的大小对传动有很大影响。若链传动中心距过小，则小链轮上的包角也小，同时啮合的链轮齿数也减少；若中心距过大，则易使链条抖动。一般可取中心距 $a = (30\sim50)p$，最大中心距 $a_{max} \leqslant 80p$。

链条长度用链节数 L_p 表示，按带传动求带长的公式可导出

$$L_p = \frac{2a}{p} + \frac{z_1 + z_2}{2} + \frac{p}{a}\left(\frac{z_2 - z_1}{2\pi}\right)^2 \tag{12-41}$$

由此算出的链节数，须圆整为整数，最好取为偶数，以避免使用过渡链节。根据链节数 L_p，算出链传动的实际中心距

$$a = \frac{p}{4}\left[\left(L_p - \frac{z_1 + z_2}{2}\right) + \sqrt{\left(L_p - \frac{z_1 + z_2}{2}\right)^2 - 8\left(\frac{z_2 - z_1}{2\pi}\right)^2}\right] \tag{12-42}$$

为了便于链条的安装和保证松边有合适的垂度，实际中心距应比计算出的中心距小一些，一般取 $\Delta a = (0.002\sim0.004)a$，中心距可调时取大值。为了便于安装链条和调节链的张紧程度，一般中心距设计成可以调节的或安装张紧轮。

当 $v \leqslant 0.6$ m/s 时,主要失效形式为链条的过载拉断,设计时必须验算静力强度的安全系数

$$\frac{Q}{K_A F_1} \geqslant S \tag{12-43}$$

式中:Q 为链的极限载荷(见表 12-9);F_1 为紧边拉力;S 为安全系数,$S = 4 \sim 8$。

例 12-2 试设计一带式运输机上的滚子链传动。已知电动机额定功率 $P = 7.5$ kW,主动链轮转速 $n_1 = 970$ r/min,链传动比 $i = 3.23$,载荷平稳,中心距不小于 550 mm,要求中心距可调整。

解 (1)确定链轮齿数 z_1、z_2。

由表 12-11,选取小链轮齿数 $z_1 = 25$。而大链轮齿数 $z_2 = iz_1 = 3.23 \times 25 = 80.75$,取 $z_2 = 81$。实际传动比 $i = 81/25 = 3.24$,其误差远小于 $\pm 5\%$,故允许。

(2)确定链节数 L_p。

初定中心距 $a_0 = 40p$,则链节数为

$$L_p = \frac{2a}{p} + \frac{z_1 + z_2}{2} + \frac{p}{a_0}\left(\frac{z_2 - z_1}{2\pi}\right)^2 = \frac{2 \times 40p}{p} + \frac{25 + 81}{2} + \frac{p}{40p}\left(\frac{81 - 25}{2\pi}\right)^2 = 134.99$$

取 $L_p = 136$。

(3)确定链节距 p。

由表 12-11 查得 $K_A = 1.0$,估计此链传动工作于图 12-26 所示曲线的左侧,由表 12-12 计算得小链轮齿数系数 $K_z = 1.34$;计算得 $K_L = 1.08$。采用单排链,由表 12-13 查得 $K_m = 1.0$。

计算链传动所需的额定功率 P_0 为

$$P_0 \geqslant \frac{K_A P}{K_z K_L K_m} = \frac{1.0 \times 7.5}{1.34 \times 1.08 \times 1.0} \text{ kW} = 5.18 \text{ kW}$$

根据小链轮转速 $n_1 = 970$ r/min 和额定功率 $P_0 = 5.18$ kW,由图 12-26 选择滚子链型号为 10A,链节距 $p = 15.875$ mm。

(4)确定实际中心距 a。

$$a = \frac{p}{4}\left[\left(L_p - \frac{z_1 + z_2}{2}\right) + \sqrt{\left(L_p - \frac{z_1 + z_2}{2}\right)^2 - 8\left(\frac{z_2 - z_1}{2\pi}\right)^2}\right]$$

$$= \frac{15.875}{4}\left[\left(136 - \frac{25 + 81}{2}\right) + \sqrt{\left(136 - \frac{25 + 81}{2}\right)^2 - 8 \times \left(\frac{81 - 25}{2\pi}\right)^2}\right]\text{mm}$$

$$= 643.3 \text{ mm}$$

$a > 550$ mm,符合设计要求。

(5)计算链速 v,确定润滑方式。

$$v = \frac{n_1 z_1 p}{60 \times 1\,000} = \frac{970 \times 25 \times 15.875}{60\,000} \text{ m/s} = 6.42 \text{ m/s}$$

由 $v = 6.42$ m/s 和链号 10 A,查图 12-27 可知:应采用油浴或飞溅润滑方式。

(6)计算压轴力 F_Q。

由式(12-39)$F_Q = (1.2 \sim 1.3)F$,取 $F_Q = 1.3F$,得

$$F = 1\,000P/v = 1\,000 \times 7.5/6.42 \text{ N} = 1\,168 \text{ N}$$

$$F_Q = 1.3F = 1.3 \times 1\,168 \text{ N} = 1\,518 \text{ N}$$

（7）链条标记。

链号为 10A、单排、136 节滚子链，标记为：10A-1-136　GB/T 1243—2006。

链轮的尺寸及零件图略。

12.9.4　链传动的润滑、布置和张紧

1. 链传动的润滑

良好的润滑有利于减少铰链磨损、提高传动效率、缓和冲击，从而延长链条寿命。通常根据链速和链号按图 12-27 选取推荐的润滑方式。

2. 链传动的布置

布置链传动时，链轮必须位于铅垂面内，两链轮共面。中心线可以水平，也可以倾斜，但尽量不要处于铅垂位置。一般紧边在上，松边在下，以免在上的松边下垂量过大而阻碍链轮顺利运转。

本章重点、难点

重点：带传动的受力分析、应力分析、失效形式和设计准则，弹性滑动和打滑。链传动的运动分析，主要失效形式和额定功率曲线，滚子链的结构与规格。

难点：弹性滑动与打滑的区别、带传动与链传动设计中主要参数的合理选择。

思考题与习题

12-1　带传动有哪些主要类型？各有什么特点？

12-2　带传动工作时，截面上将产生哪几种应力？应力沿带全长如何分布？最大应力在何处？

12-3　带的弹性滑动与打滑在本质上有什么区别？

12-4　试分析在 V 带传动设计中，主要参数 d_1、α_1、v、i、a 对 V 带传动有哪些影响？如何选取各主要参数？

12-5　链传动有何特点？滚子链由哪些元件组成？

12-6　为什么链节数常取偶数，而链轮齿数多取为奇数？

12-7　在链传动中，主动链轮匀速转动，从动链轮是否也匀速转动？为什么？

12-8　链轮的齿数、链条的节距、链传动的中心距对链传动有何影响？

12-9　设单根 V 带所能传递的最大功率 $P=5$ kW，已知主动轮直径 $d_1=140$ mm，转速 $n_1=1\,460$ r/min，包角 $\alpha_1=140°$，带与带轮间的当量摩擦系数 $f_v=0.5$，试求最大有效拉力（圆周力）F 和紧边拉力 F_1。

12-10　有一 A 型普通 V 带传动，主动轮转速 $n_1=1\,480$ r/min，从动轮转速 $n_2=600$

r/min，传递的最大功率 $P=1.5$ kW。假设带速 $v=7.75$ m/s，中心距 $a=800$ mm，当量摩擦系数 $f_v=0.5$，求带轮基准直径 d_1、d_2，带基准长度 L_d 和初拉力 F_0。

12-11　试计算一带式输送机中的普通 V 带传动（确定带的型号、长度、根数）。已知电动机额定功率 $P=7.5$ kW，主动轮转速 $n_1=1\,450$ r/min，从动带轮转速 $n_2=610$ r/min，两班制工作。

12-12　一滚子链传动，已知链节距 $p=15.875$ mm，小链轮齿数 $z_1=18$，大链轮齿数 $z_2=60$，中心距 $a=700$ mm，小链轮转速 $n_1=730$ r/min，载荷平稳，试计算链节数、链所能传递的最大功率及链的工作拉力。

12-13　设计一带式运输机的滚子链传动。已知传递功率 $P=7.5$ kW，主动链轮转速 $n_1=960$ r/min，从动链轮转速 $n_2=330$ r/min，电动机驱动，载荷平稳，单班制工作。

第 13 章 轴

13.1 轴的功用和类型

轴是机器中的重要零件之一,用来支承旋转的机械零件(如齿轮、蜗轮、带轮、链轮、凸轮等),并传递转矩。根据承载情况的不同,轴可分为转轴、心轴和传动轴三类。转轴既传递转矩又承受弯矩,如支承齿轮的轴(见图 13-1)。心轴只承受弯矩而不传递转矩,如铁路车辆的轴(见图 13-2)、自行车的前轮轴(见图 13-3)。传动轴只传递转矩而不承受弯矩或承受的弯矩很小,如汽车的传动轴(见图 13-4)。

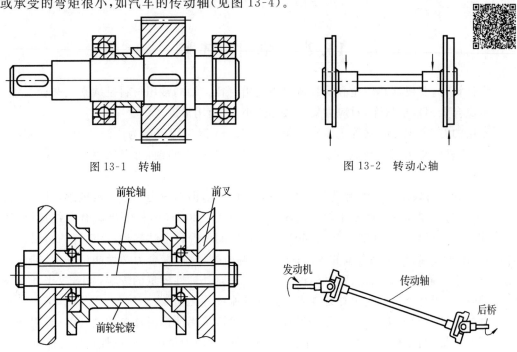

图 13-1 转轴　　　　　　　　　　　　　　图 13-2 转动心轴

图 13-3 固定心轴　　　　　　　　　　　　图 13-4 传动轴

按照轴线形状的不同,轴可分为直轴(见图 13-1 至图 13-4)、曲轴(见图 13-5)和挠性钢丝轴(见图 13-6)。根据轴的外形,直轴可分为阶梯轴和光轴,阶梯轴便于满足轴上零件的安装定位等要求,故应用很广。曲轴常用于往复式机械中。挠性钢丝轴是由几层紧贴在一起的钢丝层构成的,具有良好的挠性,可以把转矩和旋转运动灵活地传送到任何位置。本章只研究直轴。

轴的设计,主要是根据工作要求,并考虑制造工艺等因素,选用合适的材料进行结构设计,经过强度、刚度计算确定轴的结构形状和尺寸,必要时还要考虑振动稳定性。

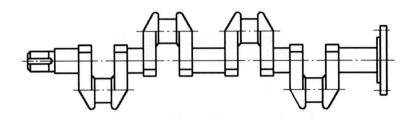

图 13-5 曲轴

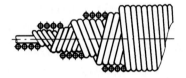

图 13-6 挠性钢丝轴

13.2 轴 的 材 料

设计轴时,要根据其用途和受载情况来选用材料。轴的常用材料是碳素钢和合金钢。碳素钢比合金钢价格低廉,对应力集中敏感性小,故应用最广。

常用的有 35、45、50 钢等优质碳素钢,其中以 45 钢应用得最为广泛。为了改善其力学性能,应进行正火或调质处理。对于不重要或受力较小的轴,可以采用 Q235、Q275 等碳素结构钢。

合金钢具有较高的力学性能与较好的热处理性能,但对应力集中比较敏感,且价格较贵,多用于对强度和耐磨性要求较高的场合。如 20Gr、20GrMnTi 等低碳合金结构钢,经渗碳淬火后可提高耐磨性能;20Gr2MoV、38GrMoAlA 等合金结构钢,有良好的高温力学性能,常用于高温、高速及重载的场合;40Gr 经调质处理后,综合力学性能良好,是轴最常用的合金钢。值得注意的是:钢材的种类和热处理对其弹性模量的影响很小,故当其他条件相同时,采用合金钢或通过热处理来提高轴的刚度并无实效。

轴的毛坯一般采用轧制的圆钢或锻件,有时也可采用铸钢或球墨铸铁。例如,用球墨铸铁制造曲轴、凸轮轴,具有成本低廉、吸振性较好、对应力集中的敏感性较低等优点。

表 13-1 列出了几种轴的常用材料、主要力学性能及应用。

表 13-1 轴的常用材料、主要力学性能及应用

材料	热处理	毛坯直径 /mm	硬 度 /HBW	强度极限 σ_B	屈服极限 σ_S	弯曲疲劳极限 σ_{-1}	应 用 说 明
					MPa		
Q235	—	—	—	400	235	170	用于不重要或载荷不大的轴
35	正火	≤100	149～187	520	270	250	有良好的塑性和适当的强度,可做一般曲轴、转轴等

续表

材料	热处理	毛坯直径/mm	硬度/HBW	强度极限 σ_B	屈服极限 σ_S	弯曲疲劳极限 σ_{-1}	应用说明
					MPa		
45	正火	≤100	170～217	600	300	275	用于较重要的轴,应用最为广泛
	调质	≤200	217～255	650	360	300	
40Cr	调质	25	—	1 000	800	500	用于载荷较大而无很大冲击的重要轴
		≤100	241～286	750	550	350	
		>100～300	241～266	700	550	340	
40MnB	调质	25	—	1 000	800	485	性能接近于40Cr,用于重要的轴
		≤200	241～286	750	500	335	
35CrMo	调质	≤100	207～269	750	550	390	用于重载荷的轴
20Cr	渗碳淬火回火	15	56～62 HRC	850	550	375	用于要求强度、韧性及耐磨性均较高的轴
		≤60		650	400	280	

13.3 轴的结构设计

轴的结构设计就是根据其工作条件和要求,确定轴的合理外形和全部结构尺寸。其主要要求是:①轴应便于加工,轴上零件要易于装拆和调整(制造安装要求);②轴和轴上零件要有准确的工作位置(定位);③各零件要牢固而可靠地相对固定(固定);④改善受力状况,减小应力集中和提高疲劳强度;⑤使轴具有良好的工艺性。

13.3.1 制造安装要求

为便于轴上零件的装拆,常将轴做成阶梯形,其直径从轴端逐渐向中间增大。轴主要由轴颈、轴头、轴身三部分组成。安装轮毂的部分称为轴头,与轴承配合的部分称为轴颈,连接轴头与轴颈的部分称为轴身。如图13-7所示,可依次将齿轮、套筒、左端滚动轴承、轴承盖和带轮从轴的左端装拆,将右端滚动轴承和轴承盖从右端装拆。在满足使用要求的情况下,轴的形状和尺寸应力求简单,以便于加工。

13.3.2 轴上零件的定位和固定

为了防止轴上零件受力时发生沿轴向或周向的相对运动,必须要求定位准确、可靠。常用的周向定位方法有平键、花键、销、紧定螺钉及过盈配合等,其中紧定螺钉只用于传力不大的零件。轴向定位和固定的方法如表13-2所示。

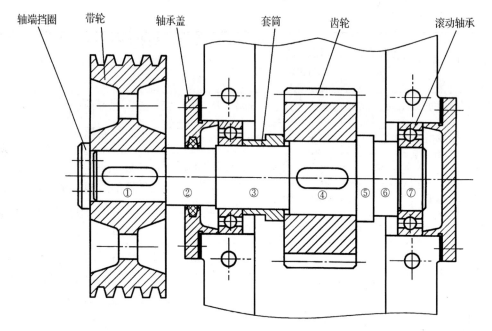

图 13-7　轴的结构

表 13-2　轴上零件的轴向定位和固定方法

定位与固定方法	结 构 图 例	特点与应用
轴肩与轴环	（a）轴肩　　　　（b）轴环 $h=(0.07\sim0.1)d$　　$b\geqslant1.4h$ （与滚动轴承相配合处的 h，见滚动轴承标准）	结构简单、工作可靠，能承受较大的轴向力，应用广泛。为保证定位可靠，轴肩的圆角半径 r 应小于相配零件的倒角 C 或圆角半径 R，轴肩高度 h 必须大于 C 或 R
套筒		结构简单、可靠，装拆方便，能承受较大的轴向力。装拆方便，常用于轴上两个近距离零件间的相对固定，但不宜用于转速高的轴
轴端挡圈		工作可靠，能承受较大的轴向力，用于轴端零件的固定，应采用止动垫片等防松措施

续表

定位与 固定方法	结 构 图 例	特点与应用
圆锥面	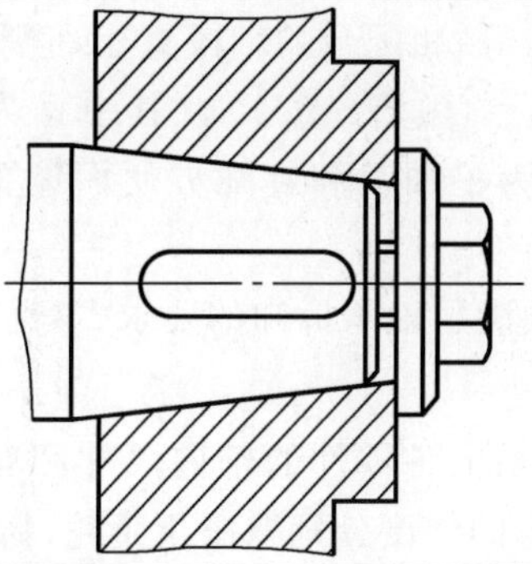	装拆方便,对中精度高,能承受冲击载荷,多用于轴端零件的固定,常与轴端挡圈联合使用
圆螺母	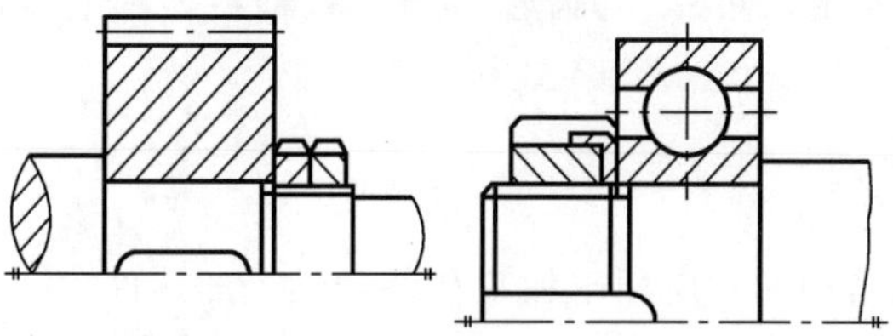 (a) 双圆螺母　　　(b) 圆螺母与止动垫圈	固定可靠,能承受较大的轴向力。常用于轴上两零件间距较大处,也可用于轴端。为了防松,需加止动垫圈或使用双螺母
弹性挡圈	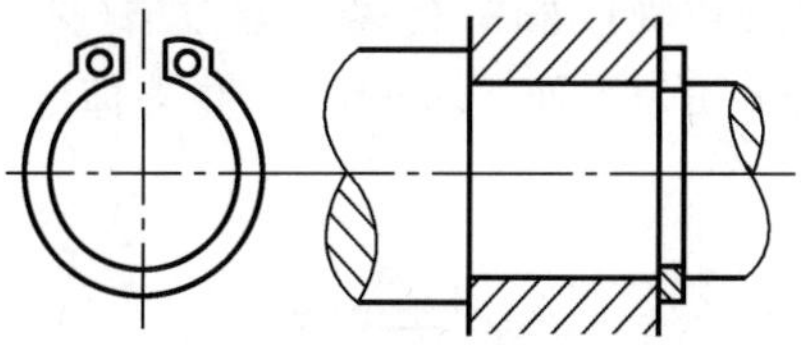	结构简单、紧凑,装拆方便,但只能承受较小的轴向力
紧定螺钉	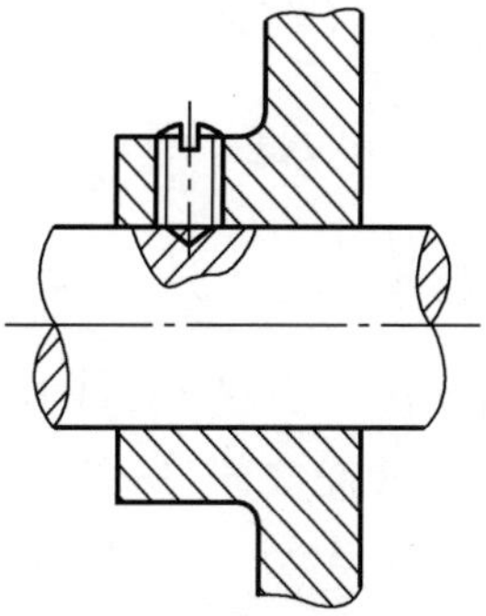	结构简单,但受力较小,且不适于高速场合
锁紧挡圈	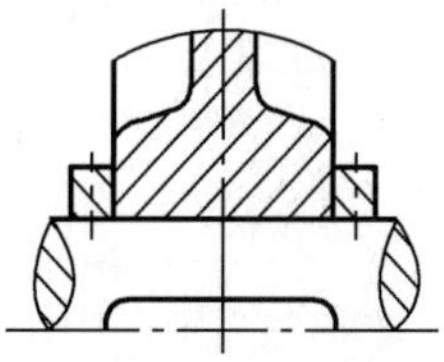	结构简单,两侧各用一锁紧挡圈时,轴上零件位置可调整。多用于光轴,只能承受较小的轴向力,不宜用于转速高的轴

13.3.3 各轴段直径和长度的确定

1. 各轴段直径的确定原则

阶梯轴各轴段的直径,可根据轴所传递的转矩初步估算出最小直径(参见13.4.1节),

再根据轴上零件的装配、定位和固定等要求逐段确定。轴的直径除应满足强度和刚度的要求外，还要根据下面的具体情况确定轴的实际直径。

（1）与零件有配合关系的轴段应符合标准直径。

（2）与标准件（如滚动轴承、联轴器等）相配合的轴段直径，应采用相应的标准值。

（3）有定位要求的轴肩高度可取 $h=(0.07\sim0.1)d$（其中 d 为与零件相配处的轴的直径（mm））。没有定位要求的轴肩是为了加工和装配方便而设置的，一般可取 $h=1\sim2\ mm$。

（4）滚动轴承定位轴肩的高度必须满足轴承拆卸的要求，参见滚动轴承的安装尺寸。

2. 各轴段的长度应满足的要求

（1）阶梯轴各轴段的长度，应根据轴上各零件的轴向尺寸和有关零件间的相互位置要求确定。如图 13-7 中，轴段①、④、⑦的长度分别取决于带轮、齿轮和轴承的宽度。

（2）为了保证轴上零件轴向定位可靠，与齿轮、带轮、联轴器等轴上零件相配合部分的轴段一般应比轮毂宽度短 $2\sim3\ mm$（见表 13-2 和图 13-7）。

13.3.4　轴的结构工艺性

轴的结构工艺性是指轴的结构形式应便于加工和装配轴上的零件，并且生产率高，成本低。采用键连接时，为了减少装夹工件的时间，同一轴上不同轴段的键槽应布置在同一加工直线上（见图 13-8）；需要切制螺纹的轴段应留有螺纹退刀槽（见图 13-9）；需要磨削的轴段应留有砂轮越程槽（见图 13-10）。为了便于装配零件并去掉毛刺，轴端应切制 45°的倒角。

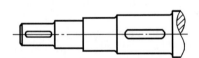 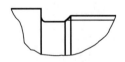 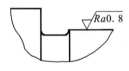

图 13-8　键槽在同一加工直线上　　　图 13-9　螺纹退刀槽　　　图 13-10　砂轮越程槽

13.3.5　提高轴强度和刚度的措施

（1）合理布置轴上零件，改善轴的受力状况。如图 13-11 所示，轴上装有三个传动轮，为了减小轴上转矩，应将输入轮布置在两输出轮之间（见图 13-11(a)），这时轴的最大转矩为 T_1；如将输入轮布置在轴的一端（见图 13-11(b)），轴的最大转矩为 T_1+T_2。

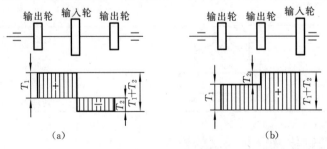

图 13-11　轴的两种布置方案

（2）改进轴上零件的结构，减小轴的载荷。图 13-12 所示为起重机卷筒的两种布置方案,在图 13-12(a)所示的结构中,大齿轮与卷筒做成一体,转矩经大齿轮直接传给卷筒,故卷筒轴只受弯矩而不传递转矩;而在图 13-12(b)所示的结构中,大齿轮将转矩通过轴传给卷筒,因而卷筒轴既受弯矩又传递转矩。显然,在起重同样载荷 **F** 时,图 13-12(a)所示结构中轴的直径较小。

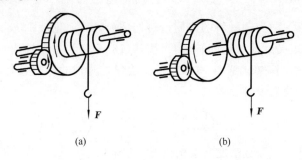

图 13-12 起重机卷筒的两种结构方案

(3) 减小应力集中,提高轴的疲劳强度。合金钢对应力集中较为敏感,尤需加以注意。零件截面发生突然变化的地方,都会产生应力集中现象。因此对阶梯轴来说,在截面尺寸变化处应采用圆角过渡,圆角半径不宜过小,并尽量避免在轴上(特别是应力大的部位)开横孔、切口或凹槽。在重要的结构中,可采用卸载槽 B(见图 13-13(a))、过渡肩环(见图 13-13(b))或凹切圆角(见图 13-13(c))增大轴肩圆角半径,以减小局部应力。此外,改进轴的表面质量,如合理减小轴的表面及圆角处的表面粗糙度值,适当进行表面强化处理,可以提高轴的疲劳强度。

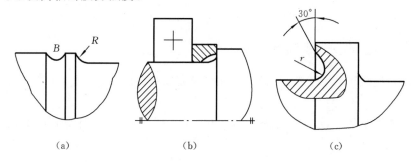

图 13-13 减小应力集中的结构

13.4 轴的强度计算

轴的强度计算应根据轴的承载情况,采用相应的计算方法。传动轴按扭转强度条件计算;转轴是在初估轴的直径,并初步完成轴的结构设计之后,按弯扭合成强度计算;心轴按弯曲强度计算。

13.4.1 按扭转强度计算

这种方法适用于只承受转矩的传动轴的精确计算,也可用于既受弯矩又传递转矩的转轴的近似计算。

对于只传递转矩的圆截面轴,其扭转强度条件为

$$\tau_T = \frac{T}{W_T} = \frac{9.55 \times 10^6 P}{0.2 d^3 n} \leqslant [\tau_T] \text{ MPa} \tag{13-1}$$

式中：τ_T 为轴的扭转切应力；T 为轴所传递的转矩，N·mm；W_T 为轴的抗扭截面系数，mm³，对圆截面轴，$W_T = \frac{\pi d^3}{16} \approx 0.2 d^3$；$P$ 为轴传递的功率，kW；n 为轴的转速，r/min；d 为轴的直径，mm；$[\tau_T]$ 为轴材料的许用扭转切应力，MPa，见表 13-3。

对于既传递转矩又承受弯矩的转轴，可用式(13-1)初步估算轴的直径，但必须把轴的许用扭切应力 $[\tau_T]$ 适当降低(见表 13-3)，以补偿弯矩对轴的影响。将降低后的许用应力代入式(13-1)，并改写为设计公式

$$d \geqslant \sqrt[3]{\frac{9.55 \times 10^6}{0.2 [\tau_T]}} \sqrt[3]{\frac{P}{n}} = C \sqrt[3]{\frac{P}{n}} \text{ mm} \tag{13-2}$$

式中：C 为与轴的材料和承载情况有关的常数(见表 13-3)。

应用式(13-2)求出的 d 值，一般作为传递转矩轴段的最小直径，需考虑到轴上键槽会削弱轴的强度。因此，如轴的横截面上有一个键槽，轴径应增大 5%；有两个键槽，轴径应增大 10%。

表 13-3　轴常用材料的 $[\tau_T]$ 值和 C 值

轴 的 材 料	Q235,20	35	45	40Gr,35SiMn
$[\tau_T]$/MPa	12～20	20～30	30～40	40～52
C	160～135	135～118	118～107	107～98

注：当作用在轴上的弯矩比传递的转矩小或只传递转矩时，C 取较小值；反之，取较大值。

13.4.2　按弯扭合成强度计算

对于既传递转矩又承受弯矩的转轴，在初步完成结构设计后，通常按弯扭合成强度条件校核轴的强度。

对于一般钢制的轴，根据第三强度理论(即最大切应力理论)计算危险截面的当量应力 σ_e，其强度条件为

$$\sigma_e = \sqrt{\sigma_b^2 + 4\tau_T^2} \leqslant [\sigma_b] \tag{13-3}$$

式中：σ_b 为危险截面上弯矩 M 产生的弯曲应力；τ_T 为转矩 T 产生的扭转切应力。对于直径为 d 的实心圆轴，有

$$\sigma_b = \frac{M}{W} = \frac{M}{\pi d^3/32} \approx \frac{M}{0.1 d^3}, \quad \tau_T = \frac{T}{W_T} = \frac{M}{\pi d^3/16} \approx \frac{T}{0.2 d^3} = \frac{T}{2W}$$

式中：W、W_T 分别为轴的抗弯截面系数和抗扭截面系数。将 σ_b 及 τ_T 值代入式(13-3)，得

$$\sigma_e = \sqrt{\left(\frac{M}{W}\right)^2 + 4\left(\frac{T}{2W}\right)^2} = \frac{\sqrt{M^2 + T^2}}{W} \leqslant [\sigma_b] \tag{13-4}$$

对于一般的转轴，即使载荷大小与方向不变，其弯曲应力 σ_b 也为对称循环变应力，由转矩 T 所产生的扭切应力 τ_T 则往往不是对称循环变应力。为了考虑两者循环特性不同的影响，引入折合系数 α，则

$$\sigma_e = \frac{M_e}{W} = \frac{1}{0.1 d^3} \sqrt{M^2 + (\alpha T)^2} \leqslant [\sigma_{-1b}] \tag{13-5}$$

式中：M_e为当量弯矩，$M_e = \sqrt{M^2 + (\alpha T)^2}$；$\alpha$为根据转矩性质而定的折合系数（对于不变的转矩，取$\alpha \approx 0.3$；当转矩脉动变化时，$\alpha \approx 0.6$；对于频繁正反转的轴，可作为对称循环变应力，$\alpha = 1$；若转矩的变化规律不清楚，一般可按脉动循环处理）；$[\sigma_{-1b}]$、$[\sigma_{0b}]$、$[\sigma_{+1b}]$分别为对称循环、脉动循环及静应力状态下的许用弯曲应力（见表13-4）。

表 13-4　轴的许用弯曲应力　　　　　　　　　　　　（MPa）

材　料	σ_B	$[\sigma_{+1b}]$	$[\sigma_{0b}]$	$[\sigma_{-1b}]$
碳素钢	400	130	70	40
	500	170	75	45
	600	200	95	55
	700	230	110	65
合金钢	800	270	130	75
	900	300	140	80
	1 000	330	150	90
铸钢	400	100	50	30
	500	120	70	40

式（13-5）可用来校核轴的疲劳强度。

由式（13-5）可得轴所需的直径为

$$d \geqslant \sqrt[3]{\frac{M_e}{0.1[\sigma_{-1b}]}} \text{ mm} \qquad (13-6)$$

对于当量弯矩和直径不同的截面，应分别计算。对于有键槽的截面，应将计算出的轴径加大 5%。若计算出的轴径大于结构设计初步估算的轴径，则表明结构图中轴的强度不够，必须修改结构设计；若计算出的轴径小于结构设计的估算轴径，且相差不很大，一般就以结构设计的轴径为准。

对于一般用途的轴，按上述方法设计计算即可。对于重要的轴，尚须作进一步的强度校核（如安全系数法），其计算方法可查阅有关参考书。

例 13-1　图 13-14 所示为带式运输机中单级斜齿圆柱齿轮减速器。减速器由电动机驱动，已知输出轴传递的功率 $P = 11$ kW，从动齿轮的转速 $n_2 = 210$ r/min。轴上大齿轮分度圆直径 $d_2 = 382$ mm，轮毂宽度为 $B = 80$ mm，作用在齿轮上圆周力 $F_{t2} = 2\ 618$ N，径向力 $F_{r2} = 982$ N，轴向力 $F_{a2} = 653$ N，单向转动。试设计该减速器的输出轴。

解　（1）选择轴的材料，确定许用应力。

该轴无特殊要求，选用 45 钢，调质处理，由表 13-1 查得 $\sigma_B = 650$ MPa，查表 13-4，由插值法得 $[\sigma_{-1b}] = 60$ MPa。

（2）确定输出轴的直径。

按扭转强度估算输出轴最小直径。由表 13-3 取 $C = 110$，由式（13-2）可得

$$d \geqslant C \sqrt[3]{\frac{P}{n_2}} = 110 \times \sqrt[3]{\frac{11}{210}} \text{ mm} = 41.2 \text{ mm}$$

考虑轴上开有一个键槽，故将轴的直径增大 5%，则

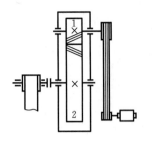

图 13-14　带式运输机传动系统

$$d = 41.2 \times (1 + 5\%) \text{mm} = 43.3 \text{ mm}$$

此段轴的直径和长度应与联轴器相符，选用 LT7 型弹性套柱销联轴器，其轴孔直径为 45 mm，与轴配合部分长度为 84 mm，故得轴输出端直径 d 为 45 mm。

（3）轴的结构设计。

结构设计时，应一方面按比例绘制轴系结构草图，一方面考虑轴上零件的安装、定位和固定方式，逐步定出轴各部分的结构和尺寸，如图 13-15 所示。

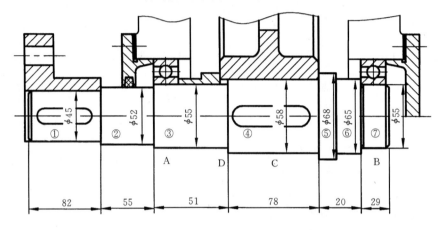

图 13-15　轴的结构设计

① 确定轴上零件的位置及轴上零件的固定方式。

因为是单级齿轮减速器，故将齿轮布置在箱体的中央，两轴承对称布置，轴的外伸端安装联轴器。轴设计成阶梯形，右端滚动轴承和轴承盖从右端装入，而齿轮、套筒、左端滚动轴承、左端轴承盖和联轴器均从左端装入。

齿轮采用轴环和套筒实现轴向定位与固定，采用 A 型普通平键实现周向固定。左端滚动轴承采用套筒和轴承盖实现轴向固定，右端滚动轴承采用轴肩和轴承盖实现轴向固定，其周向固定采用过盈配合。联轴器分别采用轴肩与轴端挡圈（未画出）、A 型普通平键实现轴向固定和周向固定。轴通过两端轴承盖实现轴向固定。

② 确定轴的各段直径。

如图 13-15 所示，外伸端直径 $d_① = 45$ mm。轴段①、②之间的轴肩是联轴器的定位轴肩，其高度 h 应保证定位可靠，取 $h = 3.5$ mm，则 $d_② = 52$ mm。轴段③、⑦均为轴颈部分，应符合滚动轴承的内径。此处选择滚动轴承型号为 6311，其内径为 55 mm，$d_③ = d_⑦ = 55$ mm。轴段③与④之间的轴肩为非定位轴肩，为便于齿轮的装拆，故取 $d_④ = 58$ mm。轴段⑥与⑦之间的轴肩是滚动轴承的定位面，其高度应低于滚动轴承内圈的厚度，以便于轴承的拆装，具体数值根据滚动轴承的型号查轴承样本确定，由轴承型号 6311 查得 $d_⑥ = 65$ mm。其余轴段的直径与相配零件的孔径一致。

③ 确定轴的各段长度。

齿轮轮毂宽度是 80 mm，故取齿轮轴头长度为 $L_④ = (80 - 2) \text{mm} = 78$ mm。由轴承标准查得 6311 型轴承宽度是 29 mm，因此右端轴颈长度为 $L_⑦ = 29$ mm。齿轮两端面、轴承端面应与箱体内壁保持一定距离,故取轴环、套筒宽度分别为 10 mm、20 mm,即 $L_⑤=$ 10 mm、$L_⑥=10$ mm。安装齿轮轴段的长度应比齿轮的宽度小 2 mm,故 $L_③=(2+20+29)$ mm=51 mm。根据箱体结构要求和联轴器距箱体外壁要有一定距离的要求,穿过轴承透盖的长度取为 $L_②=55$ mm。联轴器处的轴头长度取 $L_①=(84-2)$ mm=82 mm。通过以上轴的结构设计,得出轴的结构设计草图,如图 13-15 所示,并得轴的支承跨距 $L=149$ mm。

为便于加工,两个键槽布置在同一加工直线上。若与轴承配合的轴段需进行磨削加工,则轴肩处应先切制出砂轮越程槽,如图 13-15 中 $d_⑦$ 处所示。

(4) 按弯扭合成校核轴的强度(见图 13-16)。

① 绘制轴的受力简图(见图 13-16(a))。

② 求垂直面支反力,作垂直面弯矩图(见图 13-16(b))。

由 $\sum M_B=0,F_{r2}\cdot\dfrac{L}{2}+F_{a2}\cdot\dfrac{d_2}{2}-F_{AV}\cdot L=0$ 得

$$F_{AV}=\left(F_r\cdot\frac{L}{2}+F_a\cdot\frac{d}{2}\right)\bigg/L=\left(982\times\frac{149}{2}+653\times\frac{382}{2}\right)\bigg/149\ \text{N}=1\ 328\ \text{N}$$

由 $\sum F_y=0,F_{AV}-F_{r2}+F_{BV}=0$ 得

$$F_{BV}=F_{r2}-F_{AV}=(982-1\ 328)\ \text{N}=-346\ \text{N}\quad(与假设方向相反)$$

截面 C 左侧弯矩

$$M_{CV}=F_{AV}\cdot\frac{L}{2}=1\ 328\times\frac{149}{2}\ \text{N}\cdot\text{mm}=98\ 936\ \text{N}\cdot\text{mm}$$

截面 C 右侧弯矩

$$M_{C'V}=F_{BV}\cdot\frac{L}{2}=346\times\frac{149}{2}\text{N}\cdot\text{mm}=25\ 777\ \text{N}\cdot\text{mm}$$

③ 求水平面支反力,作水平面弯矩图(见图 13-16(c))。

$$F_{AH}=F_{BH}=\frac{F_t}{2}=\frac{2\ 618}{2}\ \text{N}=1\ 309\ \text{N}$$

$$M_{CH}=F_{AH}\times\frac{L}{2}=1\ 309\times\frac{149}{2}\ \text{N}\cdot\text{mm}=97\ 521\ \text{N}\cdot\text{mm}$$

④ 绘制合成弯矩图(见图 13-16(d))。

根据 $M=\sqrt{M_H^2+M_V^2}$ 得

$$M_C=\sqrt{M_{CH}^2+M_{CV}^2}=\sqrt{97\ 521^2+98\ 936^2}\ \text{N}\cdot\text{mm}=138\ 920\ \text{N}\cdot\text{mm}$$

$$M_C'=\sqrt{M_{CH}^2+M'^2_{CV}}=\sqrt{97\ 521^2+25\ 777^2}\ \text{N}\cdot\text{mm}=100\ 870\ \text{N}\cdot\text{mm}$$

⑤ 绘制扭矩图(见图 13-16(e))。

$$T_2=F_{t2}\cdot\frac{d_2}{2}=2\ 618\times\frac{382}{2}\ \text{N}\cdot\text{mm}=500\ 038\ \text{N}\cdot\text{mm}$$

⑥ 绘制当量弯矩图(见图 13-16(f))。

由当量弯矩图和轴的结构图可知,C 和 D 截面都有可能是危险截面,应分别计算其当量弯矩。此处可将轴的扭切应力视为脉动循环,取 $\alpha\approx0.6$,则

C 截面:

$$M_{Ce}=\sqrt{M_C^2+(\alpha T)^2}=\sqrt{138\ 920^2+(0.6\times500\ 038)^2}\ \text{N}\cdot\text{mm}=330\ 625\ \text{N}\cdot\text{mm}$$

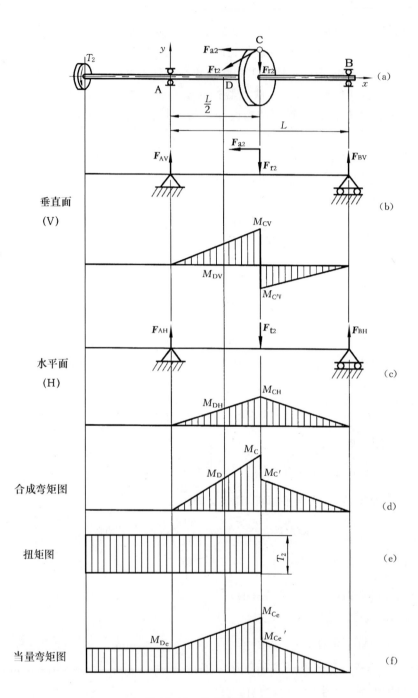

图 13-16　轴的强度计算

$$M_{Ce} = M'_C = 100\ 870\ \text{N} \cdot \text{mm}$$

在这两项中，取大值计算。

D 截面：

$$M_{DH} = F_{AH}[L - (78 + 20 + 29/2)] = 1\ 309 \times (149 - 112.5)\ \text{N} \cdot \text{mm} = 47\ 779\ \text{N} \cdot \text{mm}$$

$$M_{DV} = F_{AV}[L - (78 + 20 + 29/2)] = 1\ 328 \times (149 - 112.5)\ \text{N} \cdot \text{mm} = 48\ 472\ \text{N} \cdot \text{mm}$$

$$M_D = \sqrt{M_{DH}^2 + M_{DV}^2} = \sqrt{47\ 779^2 + 48\ 472^2}\ \text{N} \cdot \text{mm} = 68\ 061\ \text{N} \cdot \text{mm}$$

$$M_{De} = \sqrt{M_D^2 + (\alpha T)^2} = \sqrt{68\,061^2 + (0.6 \times 500\,038)^2}\,\text{N} \cdot \text{mm} = 307\,646\,\text{N} \cdot \text{mm}$$

⑦ 校核危险截面处的强度。

C 截面：

$$\sigma_{eb} = \frac{M_{Ce}}{W_C} = \frac{M_{Ce}}{0.1d_4^3} = \frac{330\,625}{0.1 \times 58^3}\,\text{MPa} = 16.95\,\text{MPa} < [\sigma_{-1b}]$$

D 截面：

$$\sigma_{eb} = \frac{M_{De}}{W_D} = \frac{M_{De}}{0.1d_3^3} = \frac{307\,646}{0.1 \times 55^3}\,\text{MPa} = 18.49\,\text{MPa} < [\sigma_{-1b}]$$

故轴满足强度要求。

13.5　轴的刚度计算

轴受弯矩作用会产生弯曲变形，受转矩作用会产生扭转变形（见图 13-17）。如果轴

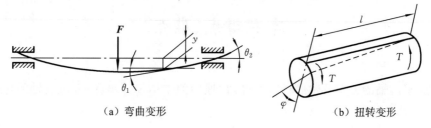

（a）弯曲变形　　　　　　　　　　　　（b）扭转变形

图 13-17　轴的弯曲变形和扭转变形

的刚度不够，就会影响轴的正常工作。例如，电机转子轴的弯曲变形过大，会改变转子与定子的间隙而影响电机的性能；机床主轴的刚度不够，将影响加工精度。因此，为了使轴不致因刚度不足而失效，设计时必须根据轴的工作条件限制其变形量，即

$$\left.\begin{array}{l} y \leqslant [y] \\ \theta \leqslant [\theta] \\ \varphi \leqslant [\varphi] \end{array}\right\} \tag{13-7}$$

式中：y、$[y]$ 分别为挠度、许用挠度，mm；θ、$[\theta]$ 分别为偏转角、许用偏转角，rad；φ、$[\varphi]$ 分别为扭转角、许用扭转角，$(°/\text{m})$。

y、θ、φ 按材料力学中的公式计算，相应的许用值根据各类机器的要求确定（见表 13-5）。

表 13-5　轴的许用变形量 $[y]$、$[\theta]$ 和 $[\varphi]$

应用场合	许用挠度 $[y]$/mm	应用场合	许用转角 $[\theta]$/rad	应用场合	许用扭角 $[\varphi]$/$(°/\text{m})$
一般用途的轴	$(0.000\,3 \sim 0.000\,5)l$	滑动轴承	$\leqslant 0.001$	一般传动	$0.5 \sim 1$
刚度要求较高的轴	$\leqslant 0.000\,2l$	向心球轴承	$\leqslant 0.005$	较精密的传动	$0.25 \sim 0.5$

续表

应用场合	许用挠度[y]/mm	应用场合	许用转角[θ]/rad	应用场合	许用扭角[φ]/(°/m)
安装齿轮的轴	$(0.01\sim0.03)m_n$	调心球轴承	$\leqslant0.05$	重要传动	$\leqslant0.25$
安装蜗轮的轴	$(0.02\sim0.05)m$	圆柱滚子轴承	$\leqslant0.002\,5$	表中:l——支承间跨距; Δ——电动机定子与转子间的气隙; m_n——齿轮法面模数; m——蜗轮模数	
蜗杆轴	$(0.01\sim0.02)m$	圆锥滚子轴承	$\leqslant0.001\,6$		
电机轴	$\leqslant0.1\Delta$	安装齿轮处轴的截面	$0.001\sim0.002$		

本章重点、难点

重点：了解轴的分类及轴的材料选择，掌握轴的结构设计步骤、方法及轴的弯扭合成强度计算方法。

难点：轴的结构设计。

思考题与习题

13-1 轴的功用是什么？

13-2 什么是传动轴、心轴、转轴？它们的区别是什么？

13-3 根据承载情况，分析链式自行车的前轴、中轴和后轴，它们各属于什么轴？

13-4 轴的常用材料有哪些？

13-5 轴上零件的周向及轴向固定的常用方法有哪些？各有什么特点？

13-6 在轴的强度计算公式 $M_e=\sqrt{M^2+(\alpha T)^2}$ 中，α 的含义是什么？其大小如何确定？

13-7 在题 13-7 图中，Ⅰ、Ⅱ、Ⅲ、Ⅳ轴是心轴、转轴还是传动轴？心轴是固定的还是转动的？

13-8 已知一传动轴传递的功率为 5.5 kW，转速 $n=960$ r/min，如果轴上的扭切应力不许超过 40 MPa，试求该轴的轴径。

13-9 已知一传动轴直径 $d=32$ mm，转速 $n=1\,440$ r/min，如果轴上的扭切应力不允许超过 50 MPa，问此轴能传递多大功率？

13-10 题 13-10 图所示的转轴，直径 $d=60$ mm，传递不变的转矩 $T=2\,300$ N·m，$F=9\,000$ N，$a=300$ mm。若轴的许用弯曲应力$[\sigma_{-1b}]=80$ MPa，求 x。

13-11　如题 13-11 图所示单级直齿圆柱齿轮减速器,用电动机直接拖动,电动机功率 $P=22$ kW,转速 $n_1=1\,470$ r/min,齿轮的模数 $m=4$ mm,齿数 $z_1=18$,$z_2=82$,若支承间跨距 $l=180$ mm(齿轮位于跨距中央),轴的材料用 45 钢调质,试计算输出轴危险截面处的直径 d。

13-12　如题 13-12 图所示两级斜齿圆柱齿轮减速器。已知中间轴Ⅱ传递的功率 $P=40$ kW,$n_2=200$ r/min,齿轮 2 的分度圆直径 $d_2=688$ mm,螺旋角 $\beta_2=12°50'$,齿轮 3 的分度圆直径 $d_3=170$ mm,螺旋角 $\beta_3=10°29'$,轴的材料用 45 钢调质,试按弯扭合成强度计算方法求轴Ⅱ的直径。

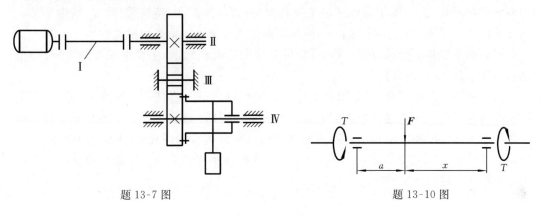

题 13-7 图　　　　　　　　　　　　　　　题 13-10 图

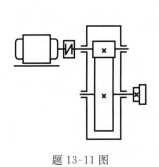

题 13-11 图

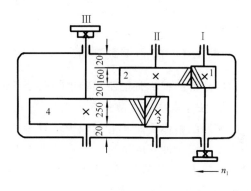

题 13-12 图

第14章 滑 动 轴 承

14.1 滑动轴承的功用和类型

轴承是用来支承轴或轴上旋转零件的部件。滑动轴承是一种工作在滑动摩擦状态下的轴承,主要用于滚动轴承难以满足工作要求的场合,如高速、高精度、重载、结构上要求剖分等场合。另外,为了降低成本,一些极简单的回转支承也常采用滑动轴承。

滑动轴承按其承受载荷方向的不同,可分为向心滑动轴承(主要承受径向载荷)和止推滑动轴承(承受轴向载荷)。

为了减小摩擦和磨损,滑动轴承工作表面应加以润滑。当轴颈与轴承工作表面完全被润滑油膜分隔而不直接接触时,轴承的摩擦称为液体摩擦状态($f = 0.001 \sim 0.01$),这种轴承称为液体摩擦滑动轴承。若轴颈与轴承表面间润滑油不充分,两摩擦面间局部波峰的直接接触未能完全消除($f = 0.1 \sim 0.3$),这种轴承称为非液体摩擦滑动轴承。本章主要介绍非液体摩擦滑动轴承。

14.2 滑动轴承的结构

14.2.1 向心滑动轴承

向心滑动轴承有整体式轴承和剖分式轴承两大类。

1. 整体式向心滑动轴承

典型的整体式向心滑动轴承由轴承座、整体式轴套等组成(见图14-1),轴承座上面设有安装润滑油杯的螺纹孔。在轴套上开有油孔,并在轴套的内表面上开有油槽。这种轴承的优点是:结构简单、成本低廉。它的缺点是:轴套磨损后,轴承间隙无法调整。此外,只能从轴颈端部装拆。因此,这种轴承多用在低速、轻载或间歇性工作的机器中。

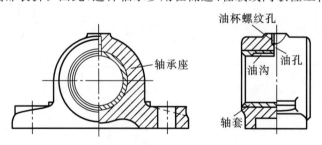

图14-1 整体式向心滑动轴承

2. 剖分式向心滑动轴承

剖分式向心滑动轴承由轴承座、轴承盖、剖分式轴瓦和双头螺柱等组成(见图14-2)。轴承盖和轴承座的剖分面常做成阶梯形,以便对中和防止横向错动。轴承剖分面上配置调整垫片,轴承磨损后可调整间隙。这种轴承装拆方便。

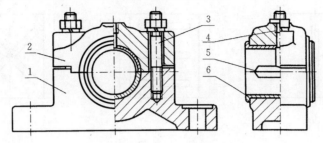

图 14-2　剖分式向心滑动轴承
1—轴承座;2—轴承盖;3—双头螺柱;4—油杯螺孔座(油孔);5—油槽;6—剖分轴瓦

14.2.2　止推滑动轴承

止推滑动轴承由轴承座和止推轴颈组成。常用的结构形式有空心式、单环式和多环式,其结构基本形式及尺寸见表14-1。空心式轴颈接触面上的压力分布较均匀。单环式是利用轴颈的环形端面止推,而且可以利用纵向油槽输入润滑油,结构简单,润滑方便,广泛应用于低速、轻载的场合。多环式止推轴承不仅能承受较大的轴向载荷,有时还可承受双方向的轴向载荷。

表 14-1　止推滑动轴承结构基本形式及尺寸

空 心 式	单 环 式		多 环 式
（图）	（图）	（图）	（图）
d_2 由轴的结构设计拟订； $d_1 = (0.4 \sim 0.6)d_2$； 若结构上无限制,应取 $d_1 = 0.5d_2$	d_1、d_2 由轴的结构设计拟订		d 由轴的结构设计拟订 $d_2 = (1.2 \sim 1.6)d$； $d_1 = 1.1d$； $h = (0.12 \sim 0.15)d$； $h_0 = (2 \sim 3)h$

14.2.3　轴瓦的结构和材料

轴瓦直接与轴颈相接触,其结构有整体式(见图14-1)和剖分式(见图14-2)。为了使润滑油能流到轴瓦的整个工作表面上,轴瓦上要开出油沟和油孔。图14-3所示为几种常见的油沟开设形式。一般油孔和油沟开在非承载区,可保持承载区油膜的连续性。为了使润滑油能均匀分布在整个轴颈长度上,油沟轴向应有足够的长度,一般取为轴瓦长度的80%。

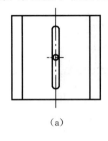 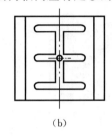 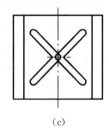

(a)   (b)   (c)

图 14-3 油沟形式

轴瓦通常由铜合金、铝合金或轴承合金等减摩材料制成。为了节省贵重金属或其他需要,常在轴瓦内表面上贴附一层轴承衬。设计时可参阅表14-2。轴承座则由钢或铸铁等强度较高的材料制成。

表 14-2 常用轴瓦及轴承衬材料的性能

材料及其代号	$[p]$ /MPa	$[v]$/ (m/s)	$[pv]$/ (MPa·m/s)	最高工作温度/℃	硬度/HBW		轴颈硬度	应用说明
					金属型	砂型		
铸锡锑轴承合金 ZSnSb11Cu6	25 (平稳)	80	20	150	27		150 HBW	用于高速、重载下工作的重要轴承,变载荷下易疲劳,价格贵
	20 (冲击)	60	15					
铸铅锑轴承合金 ZPbSb16Sn16Cu2	15	12	10	150	30		150 HBW	用于中速、中载的轴承,不宜受显著的冲击载荷
铸锡青铜 ZCuSn10P1	15	10	15	280	90	80	45 HRC	用于中速、重载及受变载荷的轴承
铸锡青铜 ZCuSn5Pb5Zn5	8	3	15	280	65	60	45 HRC	用于中速、中载的轴承
铸铝青铜 ZCuAl10Fe3	15	4	12	280	110	100	45 HRC	用于润滑充分的低速重载轴承

注:$[pv]$值为非液体摩擦下的许用值。

14.3 润滑剂和润滑装置

14.3.1 润滑剂

轴承润滑的目的在于降低摩擦功耗,减少磨损,同时还起到冷却、吸振、防锈等作用。最常用的润滑剂有润滑油和润滑脂两类,另外还有固体润滑剂,如石墨、二硫化钼等。

1. 润滑油

润滑油是滑动轴承中应用最广的润滑剂。选择润滑油时,以黏度为主要指标,当转速低、载荷大时,应选用黏度大的润滑油;反之,应选用黏度小的润滑油。润滑油牌号的选定可参考表 14-3。

表 14-3　滑动轴承润滑油选择(不完全液体润滑、工作温度<60℃)

轴颈圆周速度 $v/(m/s)$	平均压力 $p<3$ MPa	轴颈圆周速度 $v/(m/s)$	平均压力 $p=$ $3\sim7.5$ MPa
<0.1	L-AN68、L-AN100、L-AN150	<0.1	L-AN150
0.1~0.3	L-AN68、L-AN100	0.1~0.3	L-AN100、L-AN150
0.3~2.5	L-AN46、L-AN68	0.3~0.6	L-AN100
2.5~5.0	L-AN332、L-AN46	0.6~1.2	L-AN68、L-AN100
5.0~9.0	L-AN15、L-AN22、L-AN32	1.2~2.0	L-AN68
>9.0	L-AN7、L-AN10、L-AN15		

注:表中润滑油的牌号是以 40℃时运动黏度为基础的牌号。

2. 润滑脂

润滑脂是用润滑油和稠化剂(如钙、钠、铝、锂等金属皂)混合稠化而成。根据稠化剂皂基的不同,常用的润滑脂主要有钙基润滑脂、钠基润滑脂、锂基润滑脂。润滑脂对载荷和速度的变化有较大的适应范围,受温度的影响不大,但摩擦损耗较大,机械效率较低,故不宜用于高速场合。且润滑脂易变质,不如润滑油稳定。总的说来,一般参数的机器,特别是低速或带有冲击的机器,都可以使用润滑脂润滑。

目前使用最多的是钙基润滑脂,它有耐水性,常用于 60 ℃以下的各种机械设备中轴承的润滑。钠基润滑脂可用于 115 ℃~145 ℃以下,但不耐水。锂基润滑脂性能优良、耐水,且可在 −20 ℃~150 ℃范围内广泛适用,可以代替钙基润滑脂、钠基润滑脂。

14.3.2　润滑方法和润滑装置

滑动轴承的供油方式有连续供油和间歇供油两种。

1. 连续供油

对于比较重要的轴承应采用连续供油润滑方式(见图 14-4),主要有针阀油杯(见图 14-4(a))、油芯油杯(见图 14-4(b))、油环润滑(见图 14-4(c))。

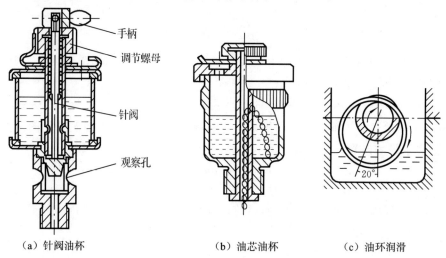

（a）针阀油杯　　　　　（b）油芯油杯　　　　　（c）油环润滑

图 14-4　连续供油润滑方式

针阀油杯和油芯油杯都可以做到连续滴油润滑。针阀油杯可通过调节滴油速度来改变供油量,并且停车时可扳动油杯上端的手柄以关闭针阀而停止供油。油芯油杯在停车时仍继续滴油,引起无用的消耗。油环润滑是在轴颈上套有油环,油环下垂浸到油池里,当轴颈回转时,依靠摩擦力带动油环转动而将润滑油带到轴颈表面进行润滑。

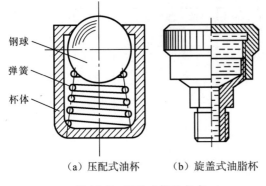

钢球

弹簧

杯体

(a) 压配式油杯　　　(b) 旋盖式油脂杯

图 14-5　间歇式供油方式

2. 间歇供油

对于低速和间歇工作的轴承,采用间歇供油润滑方式。图 14-5(a)所示为压配式油杯,平时弹簧顶住钢球将油孔封闭,避免污物进入轴承。图 14-5(b)所示为悬盖式油脂杯,是应用得最广的脂润滑装置,杯中装满润滑脂后,旋动上盖即可将润滑脂挤入轴承中。

14.4　非液体摩擦滑动轴承的计算

非液体摩擦滑动轴承的主要失效形式为磨损和胶合。其可靠工作的条件是:维持边界油膜不受破坏,以减少发热和磨损。由于边界油膜的强度和破裂温度受多种因素影响,十分复杂,因此,目前采用的计算方法是间接的、条件性的。实践证明:若能限制压强 $p\leqslant$ $[p]$ 和压强与轴颈速度的乘积 $pv\leqslant[pv]$,轴承就能够正常工作。

14.4.1　向心轴承

1. 轴承的压强 p

应限制轴承压强 p,以保证润滑油不被过大的压力挤出,从而避免轴瓦工作表面产生过度的磨损。即

$$p = \frac{F}{Bd} \leqslant [p] \text{ MPa} \tag{14-1}$$

式中:F 为轴承径向载荷,N;B 为轴瓦宽度,mm;d 为轴颈直径,mm;$[p]$ 为轴瓦材料的许用压强,MPa,见表 14-2。

2. 轴承的 pv 值

pv 值简略地表征了轴承的发热因素。应限制轴承的 pv 值,以控制轴承的温升,防止胶合及边界油膜的破裂。其验算式为

$$pv = \frac{F}{Bd} \cdot \frac{\pi dn}{60 \times 1\,000} \leqslant [pv] \tag{14-2}$$

式中:n 为轴的转速,r/min;$[pv]$ 为轴瓦材料的许用值,MPa·m/s,见表 14-2。

14.4.2　止推轴承

由图 14-6 可知,止推轴承应满足

$$p = \frac{F_a}{\frac{\pi}{4}(d_2^2 - d_1^2)z} \leqslant [p] \tag{14-3}$$

$$pv_m = \frac{F_a}{\frac{\pi}{4}(d_2^2 - d_1^2)z} \cdot \frac{\pi d_m n}{60 \times 1\,000} \leqslant [pv] \tag{14-4}$$

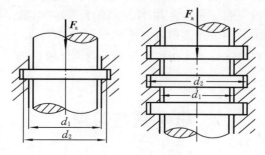

图 14-6　止推轴承

式中：z 为轴环数；F_a 为轴向载荷，N；$[p]$ 为许用压力，MPa，其值如表 14-4 所示；v_m 为环形支承面的平均速度，m/s；d_m 为环形支承面的平均直径（$d_m = (d_1 + d_2)/2$，m）；n 为轴颈的转速，r/min；$[pv]$ 为 $[pv_m]$ 的许用值，MPa·m/s，其值如表 14-4 所示。

表 14-4　止推滑动轴承常用材料及 $[p]$、$[pv]$ 值

轴 的 材 料	未 淬 火 钢			淬 火 钢		
轴承材料	铸铁	青铜	轴承合金	青铜	轴承合金	淬火钢
$[p]$/MPa	2～2.5	4～5	5～6	7.5～8	8～9	12～15
$[pv]$/(MPa·m/s)	1～2.5					

例 14-1　一减速器中的滑动轴承，轴承衬材料为 ZPbSb16Sn16Cu2，承受径向载荷 $F = 35\,000$ N，轴径 $d = 190$ mm，工作宽度 $B = 250$ mm，转速 $n = 150$ r/min，试校核该轴承是否合用。

解　据轴承衬材料 ZPbSb16Sn16Cu2，由表 14-2 查得 $[p] = 15$ MPa，$[pv] = 10$ MPa·m/s。

（1）校核平均压强 p。

$$p = \frac{F}{Bd} = \frac{35\,000}{250 \times 190}\ \text{MPa} = 0.74\ \text{MPa}$$

由于 $p < [p]$，故满足。

（2）校核轴承 pv 值。

$$pv = \frac{F}{Bd} \cdot \frac{\pi d n}{60 \times 1\,000} = \frac{35\,000}{250 \times 190} \cdot \frac{\pi \times 190 \times 150}{6 \times 10^4}\ \text{MPa·m/s} = 1.1\ \text{MPa·m/s}$$

由于 $pv < [pv]$，故满足使用要求。

结论：该轴承符合使用要求。

本章重点、难点

重点:滑动轴承的特点和应用场合,滑动轴承的典型结构、轴瓦材料、润滑方法和润滑装置;非液体润滑滑动轴承的设计原理及方法。

难点:滑动轴承的材料选择及非液体润滑轴承的设计依据。

思考题与习题

14-1　什么场合下应采用滑动轴承?

14-2　非液体摩擦滑动轴承的主要失效形式是什么?

14-3　在条件性计算中,限制 p、pv 的主要原因是什么?

14-4　滑动轴承常用的材料有哪些? 分别应用在什么场合?

14-5　某机器上采用剖分式向心滑动轴承,已知轴承处所承受的载荷 $F=200$ kN,轴颈直径 $d=200$ mm,轴的转速 $n=500$ r/min,工作平稳,试设计该轴承。

第15章 滚动轴承

15.1 概 述

　　滚动轴承是现代机器中广泛应用的部件之一,它是依靠主要元件间的滚动接触来支承转动零件的。与滑动轴承相比,具有摩擦阻力小、启动灵敏、效率高、润滑简便和易于互换等优点,缺点是抗冲击能力较差,高速时出现噪声,工作寿命不及液体摩擦的滑动轴承。

　　滚动轴承一般是由内圈1、外圈2、滚动体3和保持架4组成的。内圈装在轴颈上,外圈装在机座或零件的轴承孔中。内、外圈上有滚道,当内、外圈相对转动时,滚动体将沿着滚道滚动。保持架的作用是把滚动体均匀地隔开(见图15-1)。

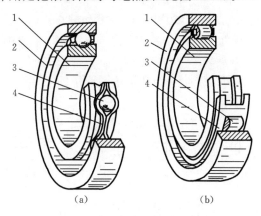

图 15-1　滚动轴承的基本结构

　　滚动体和内、外圈的材料应具有高的硬度和接触疲劳强度、良好的耐磨性和冲击韧度,一般采用轴承铬钢制造,经热处理后硬度可达 61~65 HRC,工作表面须经磨削和抛光。保持架一般用低碳钢板冲压而成(见图15-1(a)),它与滚动体间有较大的间隙,实体保持架(见图15-1(b))常用铜合金、铝合金或塑料经切削加工制成,有较好的定心作用。

　　滚动轴承绝大多数已经标准化,并由轴承生产企业批量生产。因此,滚动轴承的设计主要是根据工作条件正确选择轴承类型和尺寸,进行轴承的组合设计。

15.2 滚动轴承的类型、代号和选择

15.2.1 滚动轴承的主要类型及特点

滚动轴承通常按承受载荷的方向(或接触角)和滚动体的形状来分类。

滚动体和外圈滚道接触处的法线与轴承径向平面之间的夹角称为公称接触角,简称

　229　·

接触角,用 α 表示,它是滚动轴承的一个主要参数,轴承的受力分析和承载能力等都与接触角有关。接触角越大,轴承承受轴向载荷的能力也越大。表 15-1 列出了各类轴承的公称接触角。

表 15-1　各类轴承的公称接触角

轴 承 类 型	向 心 轴 承		推 力 轴 承	
	径向接触	角接触	角接触	轴向接触
公称接触角 α	$\alpha=0°$	$0°<\alpha\leqslant45°$	$45°<\alpha<90°$	$\alpha=90°$
图例 （以球轴承为例）	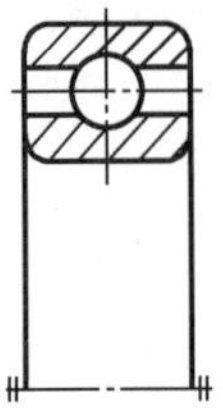 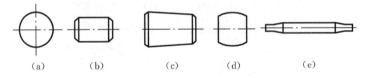	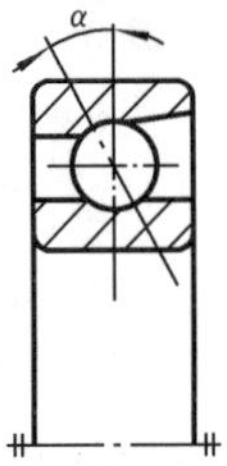	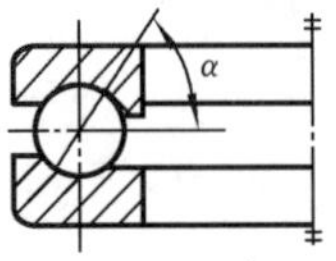	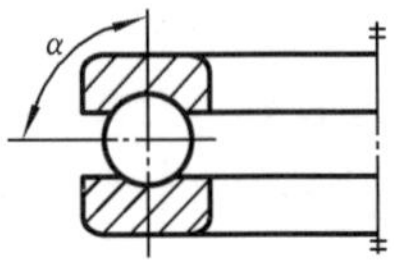

按照承受载荷的方向或公称接触角的不同,滚动轴承可分为:①向心轴承,主要用于承受径向载荷,其公称接触角 α 为 $0°\leqslant\alpha\leqslant45°$;②推力轴承,主要用于承受轴向载荷,其公称接触角 α 为 $45°<\alpha\leqslant90°$(见表 15-1)。

按照滚动体的形状,滚动轴承可分为球轴承和滚子轴承。滚子又分为圆柱滚子、圆锥滚子、球面滚子、滚针等(见图 15-2)。

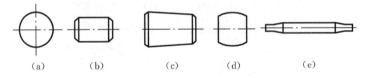

(a)　　　(b)　　　(c)　　　(d)　　　(e)

图 15-2　滚动体的形状

按调心性能,轴承又可分为自动调心轴承和非自动调心轴承。

为了满足机械各种工况的要求,滚动轴承有很多类型,表 15-2 列出了常用滚动轴承的类型和性能特点。

表 15-2　常用滚动轴承的类型和性能特点

轴 承 名 称	类型代号	结构简图 承载方向	极限转速	允许角偏差	性能特点和应用
调心球轴承	1	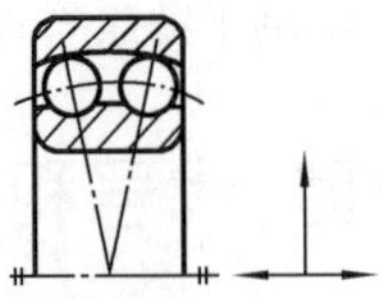	中	$2°\sim3°$	双排钢球,外圈滚道是以轴承中心为中心的球面,故能自动调心,主要承受径向载荷和较小的轴向载荷,适用于多支点和弯曲刚度不足的轴
调心滚子轴承	2	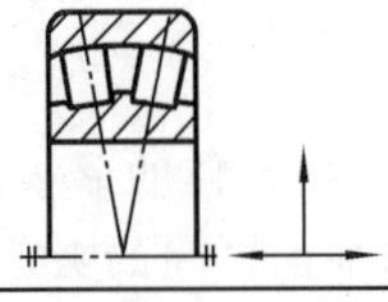	中	$1.5°\sim2.5°$	与调心球轴承相近,能承受较大的径向载荷和少量的轴向载荷,抗振动、冲击

轴承名称	类型代号	结构简图 承载方向	极限转速	允许角偏差	性能特点和应用
圆锥滚子轴承	3		中	2′	能同时承受较大的径向载荷和轴向载荷,公称接触角有 $\alpha=10°$ ~18°和 $\alpha=27°$ ~30°两种。外圈可分离,游隙可调,装拆方便,适用于刚性较大的轴,一般成对使用,对称安装
推力球轴承	5		低	不允许	只能承受轴向载荷,且载荷作用线必须与轴线重合。推力轴承的套圈有轴圈与座圈,轴圈与轴过盈配合并一起旋转;座圈的内径与轴保持一定间隙,置于机座中。单列球轴承仅承受单向轴向载荷,双列球轴承可承受双向轴向载荷。适用于轴向载荷大但转速不高的场合
深沟球轴承	6		高	8′~16′	主要承受径向载荷,同时也可承受一定量的轴向载荷。当转速很高而轴向载荷不太大时,可代替推力球轴承承受纯轴向载荷,应用最广泛。当承受纯径向载荷时,$\alpha=0°$
角接触球轴承	7		高	2′~10′	能同时承受径向、轴向联合载荷,公称接触角 α 有 15°、25°、40° 三种。α 越大,轴向承载能力也越大,通常成对使用,对称安装
圆柱滚子轴承	N		高	2′~4′	能承受较大的径向载荷,不能承受轴向载荷。其结构形式有外圈无挡边(N)、内圈无挡边(NU)、外圈单挡边(NF)、内圈单挡边(NJ)等
滚针轴承	NA		低	不允许	只能承受径向载荷,承载能力大,径向尺寸特小,带内圈或不带内圈。一般无保持架,因而滚针间有摩擦,轴承极限转速低,不允许有角偏差。常用于转速较低而径向尺寸受限制的场合

15.2.2　滚动轴承的代号

滚动轴承的类型很多,每种类型又有不同的结构、尺寸、公差等级和技术要求。为了统一表示各类轴承的特性,便于组织生产和选用,规定了滚动轴承的代号。我国滚动轴承的代号由基本代号、前置代号和后置代号组成,国家标准 GB/T 272—2017 规定了轴承代号的表示方法。滚动轴承代号的构成见表 15-3。

表 15-3　滚动轴承代号的构成

前置代号(□)	基本代号				后置代号(□或加×)							
轴承分部件代号	×(□)	×	×	×	×	内部结构代号	密封、防尘与外部结构代号	保持架及其材料代号	轴承材料代号	公差等级代号	游隙代号	多轴承配置代号	振动及噪声代号	其他代号
	类型代号	尺寸系列代号		内径尺寸系列代号										
		宽(高)度系列代号	直径系列代号											

注:□—字母;×—数字。

1. 基本代号

基本代号是轴承代号的核心部分,用来表示轴承的基本类型、结构和尺寸。它由轴承的类型代号、尺寸系列代号和内径尺寸系列代号组成,见表 15-3。

1) 内径尺寸系列代号

用基本代号右起第一、二位数字表示,常用滚动轴承内径的表示方法参见表 15-4。其他轴承内径的表示方法,可参阅轴承手册。

表 15-4　常用滚动轴承的内径尺寸系列代号

内径尺寸系列代号	00	01	02	03	04~99
轴承内径/mm	10	12	15	17	内径代号×5

2) 尺寸系列代号

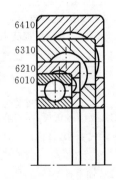

图 15-3　直径系列的对比

由直径系列代号(基本代号右起第三位)和宽(高)度系列代号(基本代号右起第四位)组成。向心轴承和推力轴承的常用尺寸系列代号如表 15-5 所示。图 15-3 所示为内径相同,而直径系列不同的四种轴承的对比,外廓尺寸大,则承载能力强。

表 15-5　常用滚动轴承尺寸系列代号

代　　号	0	1	2	3	4
宽度系列	窄	正常	宽	特　宽	
直径系列	特　轻	轻	中	重	

注:宽度系列代号为零时可略去(但 2、3 类轴承除外)。

3）类型代号

用基本代号右起第五位数字或字母表示,代号及意义如表 15-2 所示。

2. 前置代号

用字母表示成套轴承的分部件。例如,L 表示可分离轴承的可分离套圈;K 表示轴承的滚动体与保持架组件等。

3. 后置代号

用字母(或加数字)表示,置于基本代号右边,并与基本代号空半个汉字距离或用符号"-""/"分隔。按照 GB/T 272—2017 的规定,轴承后置代号排列顺序如表 15-3 所示。

内部结构代号如表 15-6 所示。例如:角接触球轴承等随其不同公称接触角而标注不同代号。

表 15-6　轴承内部结构常用代号

轴承类型	代　号	含　义	示　例
角接触球轴承	C	$\alpha=15°$	7005C
	AC	$\alpha=25°$	7210AC
	B	$\alpha=40°$	7210B
圆锥滚子轴承	B	接触角 α 加大	32310B

公差等级代号如表 15-7 所示。

表 15-7　公差等级代号

代　号	省　略	/P6	/P6x	/P5	/P4	/P2
公差等级符合标准规定的	0 级	6 级	6x 级	5 级	4 级	2 级
示　例	6205	6205/P6	30210/P6x	6205/P5	6205/P4	6205/P2

注:公差等级中 0 级为普通级,向右依次增高,2 级最高;/P6x 仅适用于 2、3 类轴承。

游隙代号:C2、CN、C3、C4、C5 分别表示轴承径向游隙,游隙量依次由小到大。CN 为符合标准规定的 N 组,代号中省略不表示。

例 15-1　试说明滚动轴承代号 62203、30315、7312AC/P62 的含义。

解　(1) 6—深沟球轴承;22—轻宽系列;03—内径 $d=17$ mm。

(2) 3—圆锥滚子轴承;03—中窄系列;15—内径 $d=75$ mm。

(3) 7—角接触球轴承;3—中窄系列;12—内径 $d=60$ mm;AC—接触角 $\alpha=25°$;/P6—6 级公差;2—第 2 组游隙(C2)。当游隙与公差同时表示时,符号 C 可省略。

15.2.3　滚动轴承的类型选择

选择滚动轴承的类型时,需考虑轴承所受的载荷(大小、方向和性质)、轴承的转速、轴承的调心性能、轴承的安装、拆卸及经济性等因素。具体选择时可参考下列原则。

1. 轴承所承受的载荷

对于纯轴向载荷，一般选用推力轴承。较小的纯轴向载荷可选用推力球轴承；较大的纯轴向载荷可选用推力滚子轴承。对于纯径向载荷，一般选用深沟球轴承、圆柱滚子轴承或滚针轴承。当轴承在承受径向载荷的同时，还有不大的轴向载荷，可选用深沟球轴承或接触角不大的角接触球轴承；当轴向载荷较大时，可选用接触角较大的角接触球轴承或圆锥滚子轴承，或者选用向心轴承和推力轴承组合在一起的结构，分别承担径向载荷和轴向载荷。

2. 轴承的转速

轴承的工作转速应低于极限转速。球轴承与滚子轴承相比较，有较高的极限转速。当转速较高时，应优先选用球轴承。

3. 轴承的调心性能

当轴的弯曲变形大、跨距大、刚度差、多支点轴及轴承座分别安装难以对中时，宜选用调心轴承。

4. 轴承的安装和拆卸

在要求安装和拆卸方便的场合，常选用内、外圈可分离的轴承，如圆锥滚子轴承、圆柱滚子轴承等。

5. 经济性要求

球轴承比滚子轴承价格低，而深沟球轴承结构简单，价格便宜，应用最广泛。

15.3 滚动轴承的工作情况及设计准则

1. 滚动轴承的工作情况

滚动轴承工作时，轴承内滚动体的受载情况与外载荷和轴承类型有关。滚动轴承在通过轴心线的轴向载荷 F_a 的作用下，可认为各滚动体所承受的载荷是相等的。当轴承承受纯径向载荷 F_r 作用时（见图15-4），各滚动体的受载情况却不同。假设在 F_r 作用下，内、外圈不变形，由于滚动体弹性变形的影响，则内圈将沿 F_r 方向下降一个距离 δ，上半圈滚动体不承载，而下半圈各滚动体承受不同的载荷。处于 F_r 作用线正下方的滚动体弹性变形量最大，故受载也最大，而远离作用线的各滚动体，其承载逐渐减小。对于 $\alpha=0°$ 的向心轴承，可以导出

$$F_{max} \approx \frac{5F_r}{z}$$

式中：z 为轴承滚动体的总数。

2. 滚动轴承的失效形式及设计准则

滚动轴承的主要失效形式如下。

1）疲劳点蚀

滚动轴承工作过程中，滚动体相对内圈（或外圈）不断地转动，因此滚动体与滚道接触表面经受变应力。此变应力可近似看作载荷按脉动循环变化（见图15-4）。由于脉动循环接触应力的反复作用，滚动体与滚道表面将形成疲劳点蚀，致使轴承不能正常工作。通常，疲劳点蚀是滚动轴承的主要失效形式。

2) 塑性变形

对于转速很低或间歇摆动的轴承,通常不会产生疲劳点蚀。但在过大的静载荷或冲击载荷作用下,滚动体和套圈滚道接触处会产生塑性变形,使轴承运转精度降低,并出现振动和噪声而不能正常工作。

此外,使用维护和保养不当或密封润滑不良等因素,也会引起轴承早期磨损、胶合,内、外圈和保持架破损等不正常失效。

在进行滚动轴承尺寸选择时,应针对轴承的主要失效形式进行必要的计算。其计算准则是:对于一般工作条件下转动的滚动轴承,其主要失效形式是疲劳点蚀,故应进行寿命计算;对于转速很低(如 $n \leqslant 10$ r/min)或摆动的轴承,其主要失效形式是塑性变形,故应进行静强度计算。

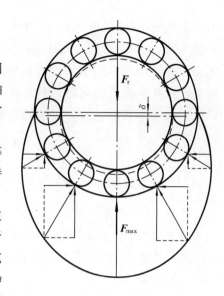

图 15-4 向心轴承中径向载荷的分布

15.4 滚动轴承的计算

1. 滚动轴承的寿命及基本额定寿命

所谓轴承的寿命,是指轴承中任一滚动体或内、外圈滚道上出现第一个疲劳点蚀前的总转数,或在一定转速下的工作小时数。

试验证明:滚动轴承的疲劳寿命是相当离散的。同一批生产的同一型号的轴承,由于材料、热处理和加工过程存在差异等,即使在完全相同的条件下工作,寿命也不一样,相差可达几十倍。因此,对于一个具体的轴承,很难预知其确切的寿命。但大量的轴承寿命试验表明:轴承的可靠性与寿命之间有如图 15-5 所示的关系。

轴承可靠性常用可靠度 R 来度量。一组相同的轴承能达到或超过规定寿命的百分率,称为轴承寿命的可靠度。如图 15-5 所示,当寿命 L 为 1×10^6 r(转)时,可靠度 R 为 90%。

一组同型号的轴承在相同的条件下运转,其可靠度为 90%时,能达到或超过的寿命称为基本额定寿命,记作 L_{10}(单位为 10^6 r)或 L_h[单位为 h(小时)]。换言之,即 90%的轴承在发生疲劳点蚀前能达到或超过的寿命,称为基本额定寿命。对单个轴承来说,能够达到或超过此寿命的概率为 90%。

2. 轴承寿命计算的基本公式

轴承的寿命与所受载荷的大小有关,当轴承的基本额定寿命为 10^6 r 时,轴承所能承受的载荷称为基本额定动载荷,用 C 表示。不同型号的轴承有不同

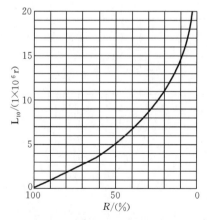

图 15-5 轴承寿命曲线

的基本额定动载荷,轴承的基本额定动载荷值越大,则轴承抗点蚀的能力越强。对于向心轴承,基本额定动载荷是在纯径向载荷作用下进行寿命试验得到的,称为径向基本额定动载荷,用 C_r 表示;对于推力轴承,它是在纯轴向载荷作用下进行寿命试验得到的,称为轴向基本额定动载荷,用 C_a 表示。大量试验表明,滚动轴承的基本额定寿命 L_{10} (10^6 r)与基本额定动载荷 C(N)、当量动载荷 P(N)之间的关系为

$$L_{10} = \left(\frac{C}{P}\right)^\varepsilon \quad 10^6 \text{ r} \tag{15-1}$$

式中:ε 为寿命指数,对于球轴承 $\varepsilon = 3$,对于滚子轴承 $\varepsilon = \frac{10}{3}$;$C$ 为基本额定动载荷(N),对向心轴承为 C_r,对推力轴承为 C_a,C_r、C_a 可在滚动轴承产品样本或机械设计手册中查得。本书附录列出了少量轴承的 C 值供参考。

实际计算时,用小时表示轴承寿命比较方便。如用 n 表示轴的转速(r/min),则式(15-1)可写为

$$L_h = \frac{10^6}{60n}\left(\frac{C}{P}\right)^\varepsilon \quad \text{h} \tag{15-2}$$

式(15-1)和式(15-2)中的 P 称为当量动载荷。P 为一恒定径向(或轴向)载荷,在该载荷作用下,滚动轴承具有与实际载荷作用下相同的寿命。P 值的确定方法将在下面的内容中阐述。

考虑到轴承在高于 100 ℃ 的温度下工作时,基本额定动载荷 C 有所降低,故引进温度系数 f_t 对 C 值予以修正(见表15-8)。考虑到工作中的冲击和振动会使轴承寿命降低,为此引进载荷系数 f_P(见表15-9)。

表 15-8　温度系数 f_t

轴承工作温度/℃	≤100	125	150	175	200	225	250	300	350
温度系数	1.00	0.95	0.90	0.85	0.80	0.75	0.70	0.60	0.50

表 15-9　载荷系数 f_P

载荷性质	无冲击或轻微冲击	中等冲击	强烈冲击
f_P	1.0~1.2	1.2~1.8	1.8~3.0

引入温度系数和载荷系数后,轴承寿命计算式可写为

$$\left.\begin{array}{l} L_h = \dfrac{10^6}{60n}\left(\dfrac{f_t C}{f_P P}\right)^\varepsilon \quad \text{h} \\[3mm] \text{或} \quad C = \dfrac{f_P P}{f_t}\left(\dfrac{60n}{10^6}L_h\right)^{1/\varepsilon} \quad \text{N} \end{array}\right\} \tag{15-3}$$

式(15-3)是设计计算时常用的轴承寿命计算式,由此可确定轴承的寿命或型号。

各类机器中的轴承预期寿命 L_h 的参考值如表15-10所示。

表 15-10　轴承预期寿命 L_h 的参考值

使 用 场 合	预期寿命/h
不经常使用的仪器和设备	300～3 000
短时间或间断使用,中断时不致引起严重后果	3 000～8 000
间断使用,中断会引起严重后果	8 000～12 000
每天工作 8 h 的机械	12 000～20 000
24 h 连续工作的机械	40 000～60 000

3. 滚动轴承的当量动载荷

滚动轴承的基本额定动载荷是在一定的试验条件下确定的,其载荷条件为:向心轴承仅承受纯径向载荷 F_r,推力轴承仅承受纯轴向载荷 F_a。如果作用在轴承上的实际载荷既有径向载荷又有轴向载荷,则必须将实际载荷换算成与试验条件相当的载荷后,才能和基本额定动载荷进行比较。换算后的载荷是一种假定的载荷,故称为当量动载荷。当量动载荷的计算公式为

$$P = XF_r + YF_a \qquad (15\text{-}4)$$

式中:F_r、F_a 分别为轴承的径向载荷及轴向载荷,N;X、Y 分别为径向动载荷系数及轴向动载荷系数,可由表 15-11 查取。其中的 e 值为轴向载荷影响系数,其值与轴承类型和 F_a/C_{0r} 比值有关(C_{0r} 为轴的径向额定静载荷)。当 F_a/F_r $>e$ 时,可由表 15-11 查取 X 和 Y 的数值;当 $F_a/F_r \leqslant e$ 时,轴向力的影响可以忽略不计(这时表中 $Y=0$、$X=1$)。

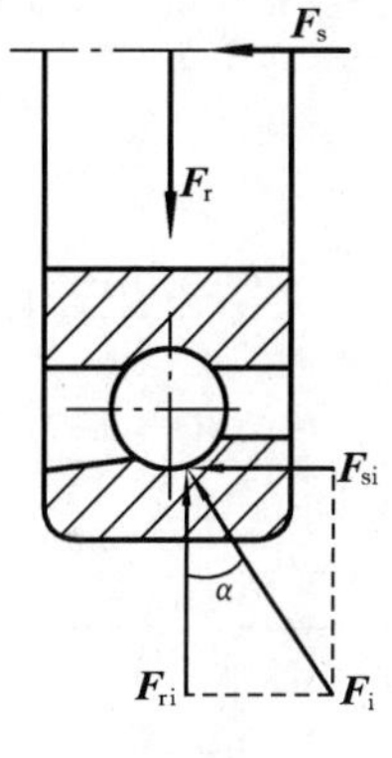

向心轴承只承受径向载荷时

$$P = F_r \qquad (15\text{-}5)$$

推力轴承($\alpha = 90°$)只能承受轴向载荷,其轴向当量动载荷为

图 15-6　径向载荷产生的轴向分力

$$P = F_a \qquad (15\text{-}6)$$

4. 角接触球轴承和圆锥滚子轴承轴向载荷 F_a 的计算

角接触球轴承和圆锥滚子轴承的结构特点是滚动体和滚道接触处存在接触角 α。当它承受径向载荷 F_r 时,作用在承载区内第 i 个滚动体上的法向力 F_i 可分解为径向分力 F_{ri} 和轴向分力 F_{si}(见图 15-6)。各受载滚动体所受轴向分力之和称为轴承的内部轴向力 F_s。力 F_s 的方向总是沿轴向由外圈的宽边端面指向窄边端面,该力的计算公式如表 15-12所示。

表 15-11　向心轴承当量动载荷的 X、Y 值

轴承类型		$\dfrac{F_a}{C_{0r}}$	e	$F_a/F_r > e$		$F_a/F_r \leqslant e$	
				X	Y	X	Y
深沟球轴承 （60000）		0.014	0.19	0.56	2.30	1	0
		0.028	0.22		1.99		
		0.056	0.26		1.71		
		0.084	0.28		1.55		
		0.11	0.30		1.45		
		0.17	0.34		1.31		
		0.28	0.38		1.15		
		0.42	0.42		1.04		
		0.56	0.44		1.00		
角接触 球轴承 （单列）	$\alpha = 15°$ （7000C）	0.015	0.38	0.44	1.47	1	0
		0.029	0.40		1.40		
		0.056	0.43		1.30		
		0.087	0.46		1.23		
		0.12	0.47		1.19		
		0.17	0.50		1.12		
		0.29	0.55		1.02		
		0.44	0.56		1.00		
		0.58	0.56		1.00		
	$\alpha = 25°$ （70000AC）	—	0.68	0.41	0.87	1	0
	$\alpha = 40°$ （70000B）	—	1.14	0.35	0.57	1	0
圆锥滚子轴承 （30000）		—	$1.5\tan\alpha$	0.4	$0.4\cot\alpha$	1	0
调心球轴承 （20000）		—	$1.5\tan\alpha$	0.65	$0.65\tan\alpha$	1	$0.42\tan\alpha$

表 15-12　角接触向心轴承内部轴向力 F_s

轴承类型	角接触向心球轴承			圆锥滚子轴承
	70000C（$\alpha = 15°$）	70000AC（$\alpha = 25°$）	70000B（$\alpha = 40°$）	30000
F_s	eF_r	$0.68F_r$	$1.14F_r$	$F_r/2Y$

注：表中 Y 值为 $F_a/F_r > e$ 时的轴向载荷系数，e、Y 值可查表 15-11。

　　为了使角接触球轴承和圆锥滚子轴承的内部轴向力得到平衡，以免轴向窜动，通常这种轴承都要成对使用，对称安装。安装方式有两种：图 15-7（a）所示为两外圈窄边相对（正装），图 15-7（b）所示为两外圈宽边相对（反装）。其中 $\boldsymbol{F}_A$ 为轴向外载荷，点 O_1、O_2 分别为轴承 1 和轴承 2 的压力中心，即支反力作用点。点 O_1、O_2 与轴承端面的距离 a_1、a_2 可由轴承样本或有关手册查得，但为了简化计算，通常将点 O_1、O_2 简化在轴承宽度的中点。

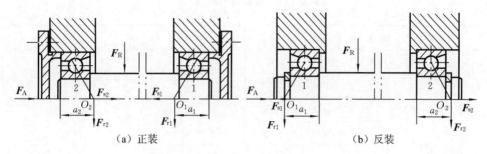

（a）正装   （b）反装

图 15-7   角接触球轴承轴向载荷的分析

在图 15-7 中，F_R 及 F_A 分别是作用于轴上的径向外载荷和轴向外载荷。两轴承所受的径向载荷 F_{r1}、F_{r2} 是根据作用在轴上的外载荷求得的支反力，而两轴承所受的轴向载荷 F_{a1}、F_{a2} 应综合考虑内部轴向力 F_{s1}、F_{s2} 和轴向外载荷 F_A 的影响。

若将轴及轴承内圈视为一体，并取其为脱离体，就可根据力的平衡原理分析轴承所受的轴向载荷。例如，在图 15-7(a) 中，有以下两种受力情况。

(1) 若 $F_A + F_{s2} > F_{s1}$，则轴有向右移动的趋势，但轴承 1 的右端已固定，轴不能向右移动，故此时轴承 1 被压紧，轴承 2 被放松，由力的平衡条件得

$$\left.\begin{array}{l}\text{轴承 1(压紧端)承受的轴向载荷} \qquad F_{a1} = F_A + F_{s2} \\ \text{轴承 2(放松端)承受的轴向载荷} \qquad F_{a2} = F_{s2} \end{array}\right\} \tag{15-7}$$

(2) 若 $F_A + F_{s2} < F_{s1}$，则轴有向左移动的趋势，此时轴承 2 被压紧，轴承 1 被放松。由力的平衡条件得

$$\left.\begin{array}{l}\text{轴承 1(放松端)承受的轴向载荷} \qquad F_{a1} = F_{s1} \\ \text{轴承 2(压紧端)承受的轴向载荷} \qquad F_{a2} = F_{s1} - F_A \end{array}\right\} \tag{15-8}$$

综上所述，压紧端轴承的轴向载荷等于除自身内部轴向力以外其余轴向力的代数和，而放松端轴承的轴向载荷等于它自身的内部轴向力。当轴向外载荷 F_A 与图 15-7(a) 所示的方向相反时，F_A 应取负值。

为了对图 15-7(b) 所示反装结构能同样使用式 (15-7) 和式 (15-8) 来计算轴承的轴向载荷，只需将其中左边轴承(即轴向外载荷 F_A 与内部轴向力 F_s 的方向相反的轴承)定为轴承 1，右边为轴承 2。

5. 滚动轴承的静强度计算

对于转速很低($n \leqslant 10$ r/min)或缓慢摆动的轴承，为了防止在静载荷或冲击载荷作用下，滚动体和内、外圈产生过大的塑性变形，应进行静强度计算。

当轴承既承受径向载荷又承受轴向载荷时，可将它们折合成当量静载荷 P_0。设计时应满足

$$P_0 = X_0 F_r + Y_0 F_a \leqslant \frac{C_0}{S_0} \tag{15-9}$$

式中：X_0、Y_0 分别为径向、轴向静载荷系数(见表 15-13)；S_0 为静强度安全系数(对于旋转精度与平稳性要求高或承受大冲击载荷时取 3，相反情况则取 1.5)。

表 15-13 静载荷系数 X_0、Y_0

轴 承 类 型		X_0	Y_0
深沟球轴承（60000）		0.6	0.5
角接触球轴承	70000C（$\alpha=15°$）	0.5	0.46
	70000AC（$\alpha=25°$）		0.38
	70000B（$\alpha=40°$）		0.26
圆锥滚子轴承（30000）		0.5	查机械设计手册

例 15-2 试求圆柱滚子轴承 NF207 允许的最大径向载荷。已知工作转速 $n=200$ r/min，轴承工作温度 $t<100$ ℃，寿命 $L_h=10\,000$ h，载荷平稳。

解 由《机械设计手册》或本书表 A-1 查得，NF207 圆柱滚子轴承的径向基本额定动载荷 $C_r=28\,500$ N，由表 15-8 查得 $f_t=1$，由表 15-9 查得 $f_P=1$，对滚子轴承取 $\varepsilon=\dfrac{10}{3}$。

对向心轴承，由式（15-3），得

$$P=\frac{f_t C_r}{f_P\left(\frac{60n}{10^6}L_h\right)^{1/\varepsilon}}=\frac{1\times28\,500}{1\times\left(\frac{60\times200}{10^6}\times10\,000\right)^{\frac{3}{10}}}\,\text{N}=6\,778\text{ N}$$

由式（15-5）可得

$$F_r=P=6\,778\text{ N}$$

故在本题规定的条件下，NF207 轴承可承受的最大径向载荷为 6 778 N。

例 15-3 齿轮减速器高速轴的直径 $d=40$ mm，转速 $n=1\,400$ r/min，两轴承所受的径向载荷分别为 $F_{r1}=1\,000$ N、$F_{r2}=1\,500$ N；轴所受的轴向载荷 $F_A=300$ N，并指向轴承 1。工作中有轻微冲击，工作温度低于 100 ℃，要求轴承寿命 $L_h=20\,000$ h，试选择轴承型号。

解 （1）初选轴承型号。

由于该轴的转速较高，而轴向载荷相对于径向载荷又较小，故选择深沟球轴承。依据轴颈直径 $d=40$ mm，初选轴承型号为 6208。查本书表 A-1 或《机械设计手册》可得：$C_r=29\,500$ N，$C_{0r}=18\,000$ N。

（2）计算当量动载荷。

由已知条件知：轴所受的轴向载荷 $F_A=300$ N，并指向轴承 1。因此，该轴向载荷全部由轴承 1 承受。故轴承 1、2 所受的轴向载荷分别为

$$F_{a1}=F_A=300\text{ N}, \quad F_{a2}=0$$

由 $\dfrac{F_{a1}}{C_{0r}}=\dfrac{300}{18\,000}=0.017$，查表 15-11，并由线性插值法求得

$$e=0.2$$

而

$$\frac{F_{a1}}{F_{r1}}=\frac{300}{1\,000}=0.3>e$$

查表 15-11，由线性插值法可求得

$$X_1=0.56, \quad Y_1=2.2$$

由于轴承 2 只承受径向载荷,故有

$$X_2 = 1, \quad Y_2 = 0$$

由于轴承在工作过程中有轻微冲击,工作温度低于 100 ℃,故查表 15-8 和表 15-9 分别得 $f_t = 1.0$, $f_P = 1.1$。由式(15-4)得两轴承的当量动载荷分别为

$$P_1 = X_1 F_{r1} + Y_1 F_{a1} = (0.56 \times 1\,000 + 2.2 \times 300)\ \text{N} = 1\,220\ \text{N}$$

$$P_2 = X_2 F_{r2} + Y_2 F_{a2} = 1 \times 1\,500\ \text{N} = 1\,500\ \text{N}$$

(3)计算轴承的基本额定动载荷。

同一根轴上采用一对同型号的轴承,由于 $P_2 > P_1$,故应以轴承 2 的当量动载荷 P_2 为计算依据。对于球轴承,寿命指数 $\varepsilon = 3$,由式(15-3)得

$$C_{r2} = \frac{f_P P_2}{f_t}\left(\frac{60n}{10^6}L_h\right)^{1/\varepsilon} = \frac{1.1 \times 1\,500}{1}\left(\frac{60 \times 1\,400 \times 20\,000}{10^6}\right)^{1/3}\ \text{N} \approx 19\,615\ \text{N}$$

(4)确定轴承型号。

轴承 6208 的基本额定动载荷 $C_r = 29\,500$ N,由于 $C_{r2} < C_r$,故所选 6208 轴承适用。

例 15-4　如图 15-8 所示,根据工作条件决定在轴的两端反装一对型号为 7207AC 的角接触球轴承,轴上作用有载荷 $F_R = 3\,000$ N,$F_A = 1\,000$ N,载荷平稳无冲击,轴的转速 $n = 450$ r/min,轴颈直径 $d = 35$ mm,轴承预期寿命 $L'_h = 12\,000$ h,轴承工作温度正常,试问:所选轴承型号是否恰当?

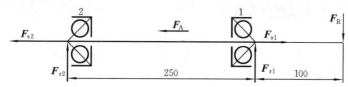

图 15-8　例 15-4 计算简图

解　由《机械设计手册》或表 A-2 可知,7207AC 轴承的 $C_r = 29\,000$ N,$C_0 = 19\,200$ N。

(1)计算两轴承受到的径向载荷 F_{r1} 和 F_{r2}。

$$F_{r1} = \frac{F_R(250+100)}{250} = \frac{3\,000 \times (250+100)}{250}\ \text{N} = 4\,200\ \text{N}$$

$$F_{r2} = \frac{F_R \times 100}{250} = \frac{3\,000 \times 100}{250}\ \text{N} = 1\,200\ \text{N}$$

(2)计算两轴承的内部轴向力 F_{s1}、F_{s2}。

对于 70000AC 型轴承,由表 15-12 得

$$F_{s1} = 0.68 F_{r1} = 0.68 \times 4\,200\ \text{N} = 2\,856\ \text{N}$$

$$F_{s2} = 0.68 F_{r2} = 0.68 \times 1\,200\ \text{N} = 816\ \text{N}$$

(3)计算两轴承所受的轴向力 F_{a1}、F_{a2}。

由于

$$F_A + F_{s2} = (1\,000 + 816)\ \text{N} = 1\,816\ \text{N} < F_{s1}$$

故轴承 2 被压紧,轴承 1 被放松。

轴承 2(压紧端)　$F_{a2} = F_{s1} - F_a = (2\,856 - 1\,000)\ \text{N} = 1\,856\ \text{N}$

轴承 1(放松端)　　　　　$F_{a1} = F_{s1} = 2\,856\ \text{N}$

(4)计算两轴承当量动载荷。

由表 15-11 查得 $e = 0.68$,对轴承 1,有

$$\frac{F_{a1}}{F_{r1}} = \frac{2\ 856}{4\ 200} = 0.68 = e$$

对轴承 2

$$\frac{F_{a2}}{F_{r2}} = \frac{1\ 856}{1\ 200} = 1.55 > e$$

由表 15-11 可得径向动载荷系数和轴向动载荷系数：$X_1 = 1$，$Y_1 = 0$；$X_2 = 0.41$，$Y_2 = 0.87$。

故两轴承的当量动载荷分别为

$$P_1 = X_1 F_{r1} + Y_1 F_{a1} = 1 \times 4\ 200\ \text{N} = 4\ 200\ \text{N}$$

$$P_2 = X_2 F_{r2} + Y_2 F_{a2} = (0.41 \times 1\ 200 + 0.87 \times 1\ 856)\ \text{N} = 2\ 107\ \text{N}$$

（5）验算轴承寿命。

因轴的结构要求两端选择同样尺寸的轴承，而 $P_1 > P_2$，故应以轴承 1 的当量动载荷 P_1 为计算依据。因轴承温度正常，由表 15-8 可得 $f_t = 1$；因载荷平稳无冲击，由表 15-9 可取 $f_P = 1$。

据式(15-3)得

$$L_h = \frac{10^6}{60n}\left(\frac{f_t C_r}{f_P P}\right)^\varepsilon = \frac{10^6}{60 \times 450} \times \left(\frac{1 \times 29\ 000}{1 \times 4\ 200}\right)^3\ \text{h} = 12\ 192.2\ \text{h} > L_h'$$

故所选 7207AC 轴承满足寿命要求。

15.5　滚动轴承的组合设计

为保证轴承在机器中正常工作，除合理选择轴承的类型和尺寸外，还应正确地进行轴承的组合设计，处理好轴承与其周围零件之间的关系，即要正确解决轴承的轴向位置固定、轴承与其他零件的配合、间隙调整、预紧、装拆、润滑和密封等问题。

1. 滚动轴承的支承结构

常用滚动轴承的支承结构有以下两种形式。

1）两端固定式

如图 15-9(a)所示，使轴的两个支点中每一个支点都能限制轴的单向移动，两个支点合起来就限制了轴的双向移动，这种固定方式称为两端固定。它适用于工作温度变化不大的短轴。考虑到轴因受热而伸长，在轴承盖与外圈端面之间应留出热补偿间隙 c，$c =$

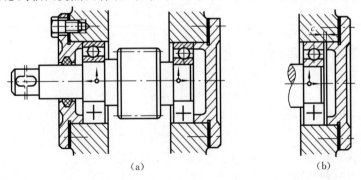

(a)　　　　　　　　　　　　　　(b)

图 15-9　两端固定支承结构

0.2～0.4 mm(见图 15-9(b))。

2) 一端固定、一端游动式

这种固定方式是在两个支点中使一个支点双向固定以承受轴向力,另一个支点可作轴向游动(见图 15-10)。可作轴向游动的支点称为游动支点,显然它不能承受轴向载荷。选用深沟球轴承作为游动支点时,应在轴承外圈与轴承盖间留适当间隙(见图 15-10(a));选用圆柱滚子轴承时,则轴承外圈应作双向固定(见图 15-10(b)),以免内、外圈同时移动,造成过大错位。这种固定方式,适用于温度变化较大的长轴。

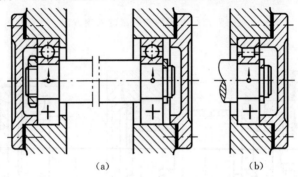

(a) (b)

图 15-10 一端固定、一端游动支承

2. 滚动轴承的轴向固定

滚动轴承的支承结构需要通过轴承内圈和外圈的轴向固定来实现。

滚动轴承内圈与轴间的固定通常采用轴肩(见图 15-11(a))固定一端的位置,为了便于轴承拆卸,轴肩高度应低于滚动轴承内圈的厚度。若需两端固定时,另一端可用弹性挡圈(见图 15-11(b))、轴端挡圈(见图 15-11(c))、圆螺母与止动垫圈等固定(见图 15-11(d))。弹性挡圈结构紧凑,装拆方便,用于承受较小的轴向载荷和转速不高的场合;轴端挡圈用螺钉固定在轴端,可承受中等轴向载荷;圆螺母与止动垫圈用于轴向载荷较大、转速较高的场合。

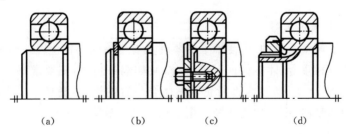

(a) (b) (c) (d)

图 15-11 内圈轴向固定的常用方法

轴承外圈在轴承座孔内轴向固定通常采用挡肩(见图 15-12(a))、轴承盖(见图 15-12(b))、弹性挡圈(见图 15-12(c))。座孔挡肩和轴承盖用于承受较大的轴向载荷,弹性挡圈用于承受较小的轴向载荷。

3. 滚动轴承组合的调整

1) 轴承间隙的调整

轴承间隙的调整方法有:①靠加减轴承盖与机座间垫片的厚度进行调整(见图 15-13(a));②利用螺钉 2 通过轴承外圈压盖 1 移动外圈位置进行调整(见图 15-13(b)),调整之

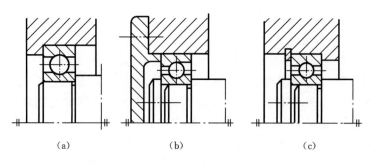

(a)   (b)   (c)

图 15-12　外圈轴向固定的常用方法

后，用螺母 3 锁紧防松。

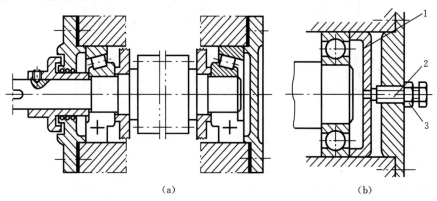

(a)   (b)

图 15-13　轴承间隙的调整

2) 轴承的预紧

轴承的预紧是在安装轴承部件时，预先给轴承施加一定的轴向载荷，使内、外圈产生相对位移而消除游隙，并在套圈和滚动体接触处产生弹性预变形，从而提高轴的旋转精度和刚度。预紧力可以利用金属垫片（见图 15-14(a)）或磨窄套圈（见图 15-14(b)）等方法获得。

3) 轴承组合位置的调整

轴承组合位置调整的目的，是使轴上的零件具有准确的工作位置。如圆锥齿轮传动，要求两个节锥顶点相重合，才能保证正确啮合；又如蜗杆传动，则要求蜗轮中间平面通过蜗杆的轴线等。图 15-15 所示为锥齿轮轴承组合位置的调整，套杯与机座间的垫片 1 用来调整锥齿轮轴的轴向位置，而垫片 2 则用来调整轴承游隙。

4. 滚动轴承的配合

滚动轴承的配合是指轴承内孔与轴颈的配合及轴承外圈与轴承座孔的配合。由于滚动轴承是标准件，故轴承内圈孔与轴的配合采用基孔制，轴承外圈与轴承座孔的配合采用基轴制。

轴承配合的选择应考虑载荷的方向、大小和性质，以及轴承的类型、转速和使用条件等因素。一般转速高、载荷大、温度变化大的轴承应采用较紧的配合；经常装拆的轴承或游动的套圈则采用较松的配合。具体选择可参考有关的机械设计手册。

5. 滚动轴承的装拆

设计轴承组合时，应考虑有利于轴承装拆，以避免在装拆过程中损坏轴承和其他零件。

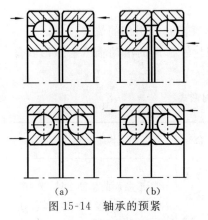

图 15-14 轴承的预紧

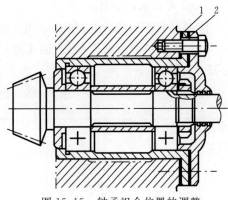

图 15-15 轴承组合位置的调整

图 15-16 所示为轴承拆卸器。若轴肩高度 h 大于轴承内圈外径时,就难以放置拆卸工具的钩头。对外圈拆卸要求也是如此,应留出拆卸高度 h_1(见图 15-17(a))或在壳体上做出能放置拆卸螺钉的螺孔(见图 15-17(b))。

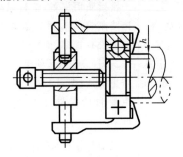

图 15-16 用钩爪器拆卸轴承

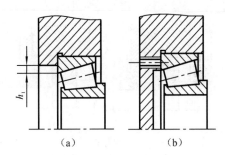

图 15-17 拆卸高度和拆卸螺孔

6. 滚动轴承的润滑

滚动轴承润滑的目的是降低摩擦、减轻磨损。滚动轴承接触部位如能形成油膜,还有缓冲吸振、降低工作温度和噪声等作用。

常用的润滑剂有润滑油和润滑脂两种。滚动轴承的润滑方式通常根据速度因素 dn 值来选择(d 为轴颈直径,mm;n 为轴承工作转速,r/min),参见表 15-14。

表 15-14 各种润滑方式下轴承的允许 dn 值   (10^4mm·r/min)

轴承类型	脂 润 滑	油 润 滑			
		油浴润滑	滴油润滑	循环油润滑	喷雾润滑
深沟球轴承	≤16	25	40	60	＞60
调心球轴承	≤16	25	40	50	—
角接触球轴承	≤16	25	40	60	＞60
圆柱滚子轴承	≤12	25	40	60	＞60
圆锥滚子轴承	≤10	16	23	30	—
调心滚子轴承	≤8	12	20	25	—
推力球轴承	≤4	6	12	15	—

7. 滚动轴承的密封

滚动轴承密封的目的是防止灰尘、水分等进入轴承，并阻止润滑剂的流失。

密封方法可分为两大类：接触式密封和非接触式密封。常用的滚动轴承密封形式如表 15-15 所示。

表 15-15　常用的滚动轴承密封形式

密封类型	图　例	适用场合	说　明
接触式密封	毡圈密封 	脂润滑。要求环境清洁，轴颈圆周速度 $v \leqslant 4 \sim 5$ m/s，工作温度不超过 90 ℃	矩形断面的毡圈 1 被安装在梯形槽内，直接与轴接触，它对轴产生一定的压力而起到密封作用
	密封圈密封 　(a)　　　　　(b)	脂或油润滑。轴颈圆周速度 $v < 7$ m/s，工作温度范围 $-40 \sim 100$ ℃	密封圈用皮革、塑料或耐油橡胶制成，有的具有金属骨架，有的没有骨架，密封圈是标准件。图(a)密封唇朝里，目的是防止漏油；图(b)密封唇朝外，主要目的是防止灰尘、杂质进入
非接触式密封	间隙密封 	脂润滑，要求环境干燥、清洁	靠轴与盖间的细小环形间隙密封，间隙愈小愈长，效果愈好，间隙 $\delta = 0.1 \sim 0.3$ mm。在槽内填上润滑脂，可以提高密封效果
	迷宫式密封 　(a)　　　　　(b)	脂润滑或油润滑。工作温度不高于密封用脂的滴点。密封效果可靠	将旋转件与静止件之间的间隙做成迷宫(曲路)形式，并在间隙中充填润滑油或润滑脂以加强密封效果，分径向、轴向两种：图(a)为径向曲路，径向间隙 $\delta < 0.1 \sim 0.2$ mm；图(b)为轴向曲路，因考虑到轴受热后会伸长，间隙应取大些，$\delta = 1.5 \sim 2$ mm
组合密封	毡圈加迷宫密封 	适用于脂润滑或油润滑	这是组合密封的一种形式，毡圈加迷宫，可充分发挥各自优点，提高密封效果

本章重点、难点

重点:滚动轴承的代号、类型、尺寸选择,滚动轴承的寿命计算、滚动轴承组合设计。
难点:角接触球轴承和圆锥滚子轴承轴向力的计算。

思考题与习题

15-1 滚动轴承一般由哪些元件组成? 各有什么作用?

15-2 滚动轴承的应力特性和主要失效形式是什么?

15-3 试述滚动轴承的计算准则。

15-4 试说明滚动轴承的寿命、基本额定寿命、基本额定动载荷、当量动载荷等概念的含义。

15-5 在选择滚动轴承类型时,应考虑哪些因素?

15-6 试说明下列各滚动轴承代号的类型、结构特点、公差等级及其应用场合:N307/P4;6207/P2;30207;51307/P6;7207AC。

15-7 一农用水泵,决定选用深沟球轴承,轴颈直径 $d=35$ mm,转速 $n=2\,900$ r/min,已知受载较大的轴承的径向载荷 $F_r=1\,810$ N,轴向载荷 $F_a=740$ N,预期计算寿命 $L'_h=6\,000$ h,试选择轴承的型号。

15-8 根据工作要求,某机械传动装置中轴的两端各采用代号为 6309 的深沟球轴承支承,转速 $n=1\,000$ r/min,受径向载荷 $F_r=2\,100$ N,工作时有中等冲击,轴承工作温度估计在 200 ℃,希望寿命不低于 5 000 h。试验算该轴承能否满足要求?

15-9 根据工作条件,决定在某传动轴上安装一对角接触球轴承,如题 15-9 图所示。已知两个轴承的载荷分别为 $F_{r1}=1\,470$ N,$F_{r2}=2\,650$ N,外加轴向力 $F_A=1\,000$ N,轴颈 $d=40$ mm,转速 $n=5\,000$ r/min,常温下运转,有中等冲击,预期寿命 $L_h=2\,000$ h,试选择轴承型号。

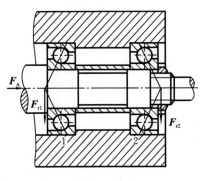

题 15-9 图

15-10　试用序号指出题 15-10 图所示轴系结构上的主要错误，说明原因，并画出正确的结构图（齿轮采用油润滑，轴承用脂润滑）。

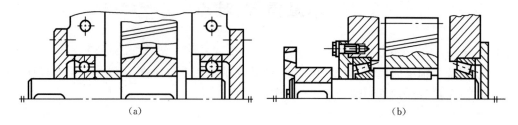

（a）　　　　　　　　　　　　　　　（b）

题 15-10 图

第 16 章 　 联轴器和离合器

联轴器和离合器主要用于轴与轴之间的连接,使它们一起回转并传递转矩。用联轴器连接的两根轴,只有在机器停车后,经过拆卸才能把它们分开。用离合器连接的两根轴,在机器工作中就能方便地使它们分离或接合。

联轴器和离合器大都已标准化。本章仅介绍几种常用的联轴器和离合器。

16.1 　 联 　 轴 　 器

16.1.1 　 联轴器的种类和特点

需要连接的两根轴由于制造、安装误差或工作时零件的变形等原因,在两轴的中心线上存在径向或轴向偏移,或两轴的中心线存在偏角的情况(见图 16-1)。如果联轴器不具有补偿这些相对位移的能力,就会产生附加动载荷,甚至发生强烈振动。

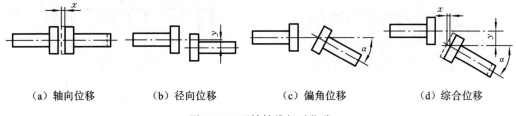

(a) 轴向位移 　 　 　 　 (b) 径向位移 　 　 　 　 (c) 偏角位移 　 　 　 　 (d) 综合位移

图 16-1 　 两轴轴线相对位移

根据联轴器对各种相对位移有无补偿能力,联轴器可分为刚性联轴器(无补偿能力)和挠性联轴器(有补偿能力)两大类。挠性联轴器又可按是否具有弹性元件分为无弹性元件的挠性联轴器和有弹性元件的挠性联轴器两种。

1. 刚性联轴器

凸缘联轴器是较常用的刚性联轴器,它是把两个带有凸缘的半联轴器用普通平键分别与两轴连接,然后用螺栓把两个半联轴器连成一体,以传递运动和转矩(见图 16-2)。这种联轴器有两种主要的结构形式:图 16-2(a)所示的凸缘联轴器是靠铰制孔用螺栓来实现两轴对中和靠螺栓杆承受挤压与剪切来传递转矩;图 16-2(b)所示凸缘联轴器靠一个半联轴器上的凸肩与另一个半联轴器上的凹槽相配合而对中。连接两个半联轴器的螺栓可以采用普通螺栓,转矩靠两个半联轴器结合面的摩擦力来传递。

凸缘联轴器结构简单,使用方便,可传递较大的转矩。但凸缘联轴器要求两轴有良好的对中性,所以这种联轴器适用于制造和安装精度较高且载荷较平稳的场合。

2. 挠性联轴器

1) 无弹性元件的挠性联轴器

(1) 十字滑块联轴器。

十字滑块联轴器由两个端面均开有径向凹槽的半联轴器 1、3 和一个两面带有凸牙的

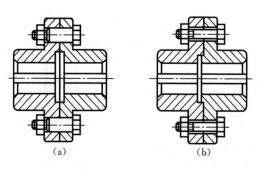

图 16-2　凸缘联轴器

中间圆盘 2 组成,如图 16-3 所示。因凸牙可在凹槽中滑动,故可补偿安装及运动时两轴间的相对径向位移。

十字滑块联轴器结构简单,径向尺寸小,一般用于有较大径向位移、工作平稳、低速的场合。

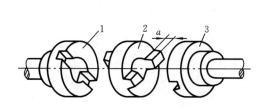

图 16-3　十字滑块联轴器

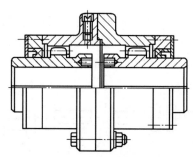

图 16-4　齿式联轴器

（2）齿式联轴器。

齿式联轴器是利用内、外啮合的齿轮实现两轴的连接和传递转矩,如图 16-4 所示。齿式联轴器由两个具有外齿的半联轴器和两个带有内齿的外壳组成,两个外壳在凸缘处用螺栓连接,两个半联轴器分别用键同主动轴和从动轴连接。由于轮齿间留有较大的间隙和外齿轮的齿顶制成椭球面,故能补偿两轴的不同心和偏斜。这类联轴器能传递很大的转矩,并允许有较大的偏移量,安装精度要求不高;但质量较大,成本较高,在重型机械中广泛使用。

2) 有弹性元件的挠性联轴器

（1）弹性套柱销联轴器。

弹性套柱销联轴器在结构上和凸缘联轴器很相似(见图 16-5),只是用套有弹性套的柱销代替了螺栓,故可缓冲减振。这种联轴器制造容易,装拆方便,成本较低,但弹性套易磨损,寿命较短。它适用于连接载荷平稳,需正、反转或启动频繁的传递中、小转矩的轴。

（2）弹性柱销联轴器。

弹性柱销联轴器如图 16-6 所示,工作时转矩是通过主动轴上的键、半联轴器、弹性柱销、另一半联轴器及键而传到从动轴上去的。为了防止柱销脱出,在半联轴器的外侧,用螺钉固定了挡板。这种联轴器与弹性套柱销联轴器很相似,但传递转矩的能力很大,结构更为简单,安装、制造方便,耐久性好。弹性柱销有一定的缓冲和吸振能力,允许被连接两

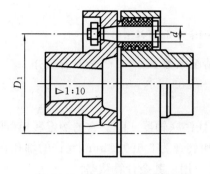

图 16-5　弹性套柱销联轴器

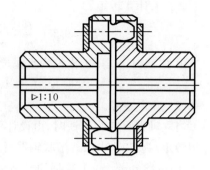

图 16-6　弹性柱销联轴器

轴有一定的轴向位移及少量的径向位移和角位移。

16.1.2　联轴器的选择

　　绝大多数联轴器均已标准化和系列化,因此,设计时主要解决联轴器类型和型号的合理选择问题。选择联轴器时,可先依据机器的工作条件选定合适的类型,然后按照计算转矩、轴的转速、轴端直径和空间尺寸等要求,从标准中选择适当的联轴器型号。所选联轴器应满足

$$T_c \leqslant [T] \quad 和 \quad n \leqslant n_{max} \tag{16-1}$$

式中:T_c、$[T]$ 分别为计算转矩和所选联轴器的许用转矩,N·m;n、n_{max} 分别为轴的转速和所选联轴器允许的最高转速,r/min。$[T]$ 和 n_{max} 的值可从标准中查出。

　　T_c 可由式(16-2)计算:

$$T_c = K_A T \tag{16-2}$$

式中:T 为联轴器所传递的名义转矩,N·m;K_A 为工作情况系数,其值如表 16-1 所示。

表 16-1　工作情况系数 K_A

工 作 机	原动机为电动机时
转矩变化很小的机械,如发电机、小型通风机、小型离心泵	1.3
转矩变化较小的机械,如透平压缩机、木工机械、运输机	1.5
转矩变化中等的机械,如搅拌机、增压机、有飞轮的压缩机、冲床	1.7
转矩变化和有中等冲击载荷的机械,如织布机、水泥搅拌机、拖拉机	1.9
转矩变化和冲击载荷较大的机械,如挖掘机、碎石机、造纸机、起重机	2.3
转矩变化大和冲击载荷大的机械,如压延机、重型初轧机	3.1

　　例 16-1　电动机经减速器拖动水泥搅拌机工作。已知电动机的功率 $P = 11$ kW,转速 $n = 970$ r/min,电动机轴的直径和减速器输入轴的直径均为 42 mm,试选择电动机与减速器之间的联轴器。

　　解　(1)选择类型。

　　为了缓和冲击和减轻振动,选用弹性套柱销联轴器。

（2）求计算转矩。

$$T = 9\ 550\ \frac{P}{n} = 9\ 550 \times \frac{11}{970}\ \text{N} \cdot \text{m} = 108\ \text{N} \cdot \text{m}$$

由表 16-1 查得，工作机为水泥搅拌机时的工作情况系数 $K_A = 1.9$，故计算转矩

$$T_c = K_A T = 1.9 \times 108\ \text{N} \cdot \text{m} = 205.2\ \text{N} \cdot \text{m}$$

（3）确定型号。

当联轴器材料为铸铁时，由设计手册选取弹性套柱销联轴器 TL7。它的额定转矩（即许用转矩）为 500 N·m，半联轴器材料为铸铁时，许用转速为 3 600 r/min，允许的轴孔直径为 40～48 mm。以上数据均能满足本题的要求，故合用。其余计算从略。

16.2　离　合　器

离合器在机器运转中可将传动系统随时分离或接合。离合器的类型很多，常用的可分为牙嵌式和摩擦式两大类。

16.2.1　常用离合器

1. 牙嵌式离合器

牙嵌式离合器由两个端面上带牙的半离合器 1、2 组成，如图 16-7 所示。其中半离合器 1 固定在主动轴上，另一半离合器 2 通过导键或花键与从动轴相连，并可由操纵机构的滑环 3 使其作轴向移动，以实现离合器的分离与接合。牙嵌式离合器借助端面牙之间的相互嵌合来传递运动和转矩。

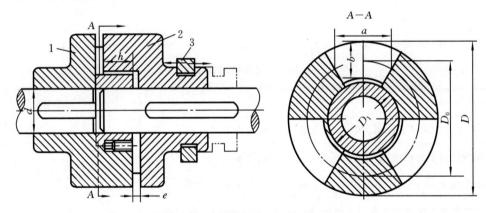

图 16-7　牙嵌式离合器

牙嵌式离合器的牙形有三角形、梯形和锯齿形（见图 16-8）。三角形牙传递中、小转矩，牙数为 15～60。梯形、锯齿形牙可传递较大的转矩，牙数为 3～15。梯形牙可以补偿磨损后的牙侧间隙，故应用最广。锯齿形牙只能单向工作，反转时由于有较大的轴向分力，会迫使离合器自行分离。各牙应精确等分，以使载荷均布。

2. 圆盘摩擦离合器

圆盘摩擦离合器是在主动摩擦盘转动时，由主、从动盘的接触面间产生的摩擦力矩来传递转矩的，有单盘式和多盘式两种。

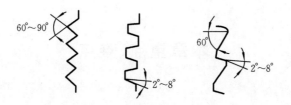

图 16-8　牙嵌式离合器的牙型

图 16-9 所示为单盘式摩擦离合器。摩擦盘 3 固定在主动轴 1 上,另一摩擦盘 4 用导键与从动轴 2 连接,它可以沿轴向滑动,工作时利用操纵机构操纵环 5,移动摩擦盘 4 向摩擦盘 3 施加轴向压力,使两盘压紧后产生摩擦力来传递转矩。为了增大摩擦系数,可在一个盘子的表面贴上摩擦片。单盘式摩擦离合器结构简单,但传递转矩的能力受到结构尺寸的限制。在传递较大转矩时,可采用多盘式摩擦离合器。

图 16-10 所示为多盘式摩擦离合器,主动轴 1 与外鼓轮 2 相连,从动轴 9 用键与内套筒 10 相连。离合器内有两组摩擦片:一组外摩擦片 4 和一组内摩擦片 5。外摩擦片的外圆与外鼓轮之间通过花键连接,而其内圆不与其他零件接触;内摩擦片的内圆与内套筒之间也通过花键连接,其外圆不与其他零件接触。工作时,向左移动滑环 8,带动杠杆 7 和压板 3 使两组摩擦片压紧,此时离合器便处于接合状态。若向右移动滑环时摩擦片被松开,离合器被分开。另外,调节螺母 6 用来调整摩擦片间的压力。由于多盘式摩擦离合器是通过多对摩擦盘一起工作来提高摩擦力的,摩擦力提高了很多,但所需轴向力并没有明显增加,也没有增大离合器的径向尺寸,这是多盘式摩擦离合器最大的优点。但是,摩擦盘的数目过多,将会影响离合器分离的灵活性,所以摩擦盘的总数常限制在 25～30。

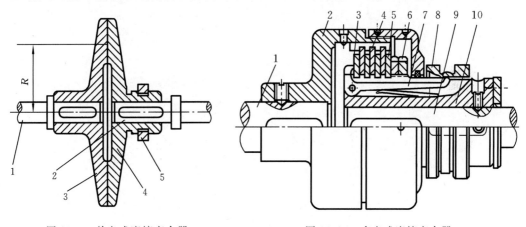

图 16-9　单盘式摩擦离合器　　　　　图 16-10　多盘式摩擦离合器

16.2.2　离合器的设计和选用

目前大多数离合器已标准化和系列化,所以一般无须对离合器进行设计,只需要参考有关手册对离合器进行选用。

选用离合器时,首先根据机器的使用要求和工作条件,并结合各种离合器的性能特点,正确选择离合器的类型。在确定类型之后,可根据载荷、转速、轴的尺寸等确定离合器的型号和尺寸,具体方法可参照有关设计手册。

本章重点、难点

重点：了解联轴器和离合器的类型、工作原理、结构形式和选用方法。

难点：掌握各种联轴器的选用方法。

思考题与习题

16-1 联轴器和离合器的功用有何异同？分别用在什么场合？

16-2 为什么有的联轴器要求严格对中，而有的联轴器则可以允许有较大的综合位移？

16-3 刚性联轴器和挠性联轴器有何差别？举例说明它们适用于什么场合。

16-4 联轴器的选择包括哪些内容？

16-5 试比较牙嵌式离合器和摩擦式离合器的特点和应用。

16-6 电动机与水泵之间用联轴器连接。已知电动机功率 $P = 11$ kW，转速 $n = 960$ r/min，电动机外伸轴端直径 $d_1 = 42$ mm，水泵轴的直径为 $d_2 = 38$ mm，试选择联轴器的类型和型号。

附录 A 常用轴承的径向基本额定动载荷 C_r 和径向额定静载荷 C_{0r}

表 A-1 常用向心轴承的径向基本额定动载荷 C_r 和径向额定静载荷 C_{0r}　　(kN)

轴承内径 /mm	深沟球轴承(60000型)								圆柱滚子轴承(N0000型,NF0000型)							
	*(1)0		(0)2		(0)3		(0)4		10		(0)2		(0)3		(0)4	
	C_r	C_{0r}	C_r	C_{0r}	C_r	C_{0r}	C_r	C_{0r}	C_r	C_{0r}	C_r	C_{0r}	C_r	C_{0r}	C_r	C_{0r}
10	4.58	1.98	5.10	2.38	7.65	3.48	—	—	—	—	—	—	—	—	—	—
12	5.10	2.38	6.82	3.05	9.72	5.08	—	—	—	—	—	—	—	—	—	—
15	5.58	2.85	7.65	3.72	11.5	5.42	—	—	—	—	7.98	5.5	—	—	—	—
17	6.00	3.25	9.58	4.78	13.5	6.58	22.7	10.8	—	—	9.12	7.0	—	—	—	—
20	9.38	5.02	12.8	6.65	15.8	7.88	31.0	15.2	10.5	9.2	12.5	11.0	18.0	15.0	—	—
25	10.0	5.85	14.0	7.88	22.2	11.5	38.2	19.2	11.0	10.2	14.2	12.8	25.5	22.5	—	—
30	13.2	8.30	19.5	11.5	27.0	15.2	47.5	24.5	13.0	12.8	19.5	18.2	33.5	31.5	57.2	53.0
35	16.2	10.5	25.5	15.2	33.2	19.2	56.8	29.5	19.5	18.8	28.5	28.0	41.0	39.2	70.8	68.2
40	17.0	11.8	29.5	18.0	40.8	24.0	65.5	37.5	21.2	22.0	37.5	38.2	48.8	47.5	90.5	89.8
45	21.0	14.8	31.5	20.5	52.8	31.8	77.5	45.5	23.2	23.8	39.8	41.0	66.8	66.8	102	100
50	22.0	16.2	35.0	23.2	61.8	38.0	92.2	55.2	25.0	27.0	43.2	48.5	76.0	79.5	120	120
55	30.2	21.8	43.2	29.2	71.5	44.8	100	62.5	35.8	40.0	52.8	60.2	97.8	105	128	132
60	31.5	24.2	47.8	32.8	81.8	51.8	108	70.0	38.5	45.0	62.8	73.5	118	128	155	162
65	32.0	24.8	57.2	40.0	93.8	60.5	118	78.5	39.0	46.5	73.2	87.5	125	135	170	178
70	38.5	30.5	60.8	45.0	105	68.0	140	99.6	47.0	57.0	112.0	135.0	145	162	215	232

表 A-2 常用角接触球轴承的径向基本额定动载荷 C_r 和径向额定静载荷 C_{0r}　　(kN)

轴承内径 /mm	70000C 型($\alpha=15°$)				70000AC 型($\alpha=25°$)				70000B 型($\alpha=40°$)			
	*(1)0		(0)2		(1)0		(0)2		(0)2		(0)3	
	C_r	C_{0r}	C_r	C_{0r}	C_r	C_{0r}	C_r	C_{0r}	C_r	C_{0r}	C_r	C_{0r}
10	4.92	2.25	5.82	2.95	4.75	2.12	5.58	2.82	—	—	—	—
12	5.42	2.65	7.35	3.52	5.20	2.55	7.10	3.35	—	—	—	—
15	6.25	3.42	8.68	4.62	5.95	3.25	8.35	4.40	—	—	—	—
17	6.60	3.85	10.8	5.95	6.30	3.68	10.5	5.65	—	—	—	—
20	10.5	6.08	14.5	8.22	10.0	5.78	14.0	7.82	14.0	7.85	—	—
25	11.5	7.46	16.5	10.5	11.2	7.08	15.8	9.88	15.8	9.45	26.2	15.2
30	15.2	10.2	23.0	15.0	14.5	9.85	22.0	14.2	20.5	13.8	31.0	19.2

续表

轴承内径 /mm	70000C 型（$\alpha=15°$）				70000AC 型（$\alpha=25°$）				70000B 型（$\alpha=40°$）			
	* (1)0		(0)2		(1)0		(0)2		(0)2		(0)3	
	C_r	C_{0r}	C_r	C_{0r}	C_r	C_{0r}	C_r	C_{0r}	C_r	C_{0r}	C_r	C_{0r}
35	19.5	14.2	30.5	20.0	18.5	13.5	29.0	19.2	27.0	18.8	38.2	24.5
40	20.0	15.2	36.8	25.8	19.0	14.5	35.2	24.5	32.5	23.5	46.2	30.5
45	25.8	20.5	38.5	28.5	25.8	19.5	36.8	27.2	36.0	26.2	59.5	39.8
50	26.5	22.0	42.8	32.0	25.2	21.0	40.8	30.5	37.5	29.0	68.2	48.0
55	37.2	30.5	52.8	40.5	35.2	29.2	50.5	38.5	46.2	36.0	78.8	56.5
60	38.2	32.8	61.0	48.5	36.2	31.5	58.2	46.2	56.0	44.5	90.0	66.3
65	40.0	35.5	69.8	55.2	38.0	33.8	66.5	52.2	62.5	53.2	102	77.8
70	48.2	43.5	70.2	60.0	45.8	41.5	69.2	57.5	70.2	57.2	115	87.2

注：* 尺寸系列代号括号中的数字通常省略。

表 A-3　常用圆锥滚子轴承的径向基本额定动载荷 C_r 和径向额定静载荷 C_{0r}　　　（kN）

轴承代号	轴承内径 /mm	C_r	C_{0r}	轴承代号	轴承内径 /mm	C_r	C_{0r}
30203	17	20.8	21.8	30303	17	28.2	27.2
30204	20	28.2	30.5	30304	20	33.0	33.2
30205	25	32.2	37.0	30305	25	46.8	48.0
30206	30	43.2	50.5	30306	30	59.0	63.0
30207	35	54.2	63.5	30307	35	75.2	82.5
30208	40	63.0	74.0	30308	40	90.8	108
30209	45	67.8	83.5	30309	45	108	130
30210	50	73.2	92.0	30310	50	130	158
30211	55	90.8	115	30311	55	152	188
30212	60	102	130	30312	60	170	210
30213	65	120	152	30313	65	195	242
30214	70	132	175	30314	70	218	272

参 考 文 献

[1]　吴亚平,刘玮,边祖光.工程力学教程[M].北京:化学工业出版社,2012.

[2]　银建中.工程力学[M].北京:化学工业出版社,2017.

[3]　陈景秋,张培源.工程力学[M].2版.北京:高等教育出版社,2009.

[4]　杨可桢,程光蕴,李仲生,钱瑞明.机械设计基础[M].7版.北京:高等教育出版社,2020.

[5]　孙桓,陈作模,葛文杰.机械原理[M].8版.北京:高等教育出版社,2013.

[6]　濮良贵,纪名刚.机械设计[M].10版.北京:高等教育出版社,2019.

[7]　邓宗全,于红英,王知行.机械原理[M].3版.北京:高等教育出版社,2015.

[8]　李继庆,李育锡.机械设计基础[M].3版.北京:高等教育出版社,2012.

[9]　申永胜.机械原理教程[M].3版.北京:清华大学出版社,2015.

[10]　朱东华.机械设计基础[M].3版.北京:机械工业出版社,2017.

[11]　徐灏.机械设计手册[M].2版.北京:机械工业出版社,2004.

[12]　张策.机械原理与机械设计(上、下)[M].3版.北京:机械工业出版社,2018.

[13]　成大先.机械设计手册[M].6版.北京:化学工业出版社,2016.